CMP BOOKS

机工工控

U0168529

ᴇPLAN电气设计

基础与应用

闫聪聪 段荣霞 李瑞 等/编著

机械工业出版社
CHINA MACHINE PRESS

本书以 EPLAN P8 2.7 为平台，介绍了电气设计的方法和技巧，主要包括 EPLAN P8 概述、原理图设计基础、文件管理、元件与设备、元件的电气连接、图形符号的绘制、原理图中的后续操作、原理图中的高级操作、PLC 设计，以及报表生成与输出等内容。本书内容由浅入深，从易到难，各章节既相对独立又前后关联。在介绍的过程中，编者根据自己多年的从业经验及教学心得，及时给出总结和相关提示，以帮助读者快速掌握相关知识。全书内容讲解翔实，图文并茂，思路清晰。

随书赠送的电子资源，包含全书实例操作过程的视频讲解文件和实例源文件，读者可以方便、直观地观看和使用以配合学习本书内容。

本书既可以作为 EPLAN 初学者的入门教程，也可以作为电路设计及相关行业工程技术人员及高等院校相关专业师生的学习参考用书。

图书在版编目（CIP）数据

EPLAN 电气设计基础与应用 / 闫聪聪等编著. —北京：机械工业出版社，2020.9（2023.2 重印）
ISBN 978-7-111-66790-2

Ⅰ. ①E… Ⅱ. ①闫… Ⅲ. ①电气设备－计算机辅助设计－应用软件 Ⅳ. ①TM02-39

中国版本图书馆 CIP 数据核字（2020）第 200204 号

机械工业出版社（北京市百万庄大街 22 号　邮政编码 100037）
策划编辑：尚　晨　　责任编辑：尚　晨
责任校对：张艳霞　　责任印制：邹　敏
北京盛通商印快线网络科技有限公司印刷

2023 年 2 月第 1 版·第 5 次印刷
184mm×260mm · 28.25 印张 · 697 千字
标准书号：ISBN 978-7-111-66790-2
定价：139.00 元

电话服务 网络服务

客服电话：010-88361066　　　机 工 官 网：www.cmpbook.com
　　　　　010-88379833　　　机 工 官 博：weibo.com/cmp1952
　　　　　010-68326294　　　金 书 网：www.golden-book.com
封底无防伪标均为盗版　　　机工教育服务网：www.cmpedu.com

前　言

EPLAN 是一款主要面向高级电气设计和自动化集成的系统设计和管理软件。多年来致力于统一的数字化解决方案，其强大的设计功能及标准化数据库，已被业内人士认可。EPLAN P8 2.7 版本特别针对数字化解决方案进行了更新。EPLAN P8 2.7 平台提供了开创性的新功能，涵盖了目前的所有功能范围和流程步骤。

EPLAN 建立了机械、电气和控制工程之间的桥梁，它以 EPLAN P8 2.7 为基础平台，能够实现包括电气设计、流体设计、仪表设计、机械设计等跨专业的工程设计。平台软件包括 EPLAN Electric P8 2.7、EPLAN Cogineer、EPLAN Pro Panel、EPLAN Data Portal、EPLAN Fluid、EPLAN Preplanning 和 EPLAN Harness proD。用户可以在不同的专业领域中使用不同的平台进行设计。

本书以 EPLAN Electric P8 2.7 为平台，介绍了电气设计的方法和技巧，主要包括 EPLAN P8 概述、原理图设计基础、文件管理、元件与设备、元件的电气连接、图形符号的绘制、原理图中的后续操作、原理图中的高级操作、PLC 设计，以及报表生成与输出等内容。本书内容由浅入深，从易到难，各章节既相对独立又前后关联。在介绍的过程中，编者根据自己多年的从业经验及教学心得，及时给出总结和相关提示，以帮助读者快速掌握相关知识。全书内容讲解翔实，图文并茂，思路清晰。

为了配合读者自学和高校教学的需要，全书所有实例均配有操作过程演示 MP4 视频文件，读者可以扫描相关页面二维码观看。同时，本书提供 EPLAN 实例源文件。读者可以关注机械工业出版社计算机分社官方微信公众号——"IT 有得聊"获取资源下载链接，并可获得更多增值服务和最新资讯。

本书由闫聪聪、段荣霞、李瑞、王敏、张辉、赵志超、徐声杰、朱玉莲、赵黎黎、李兵、李亚莉、甘勤涛、杨雪静、孟培、解江坤、万金环、张亭、井晓翠、孙立明共同编写。

由于编者水平有限，书中不足之处在所难免，望广大读者批评指正，编者将不胜感激。

编　者

目　　录

前言
第1章　**EPLAN P8 概述** ··· 1
1.1　EPLAN P8 的主要特点 ··· 1
1.2　EPLAN P8 的运行环境 ··· 1
1.3　启动 EPLAN Electric P8 2.7 ·· 3
1.4　EPLAN P8 2.7 的开发环境 ··· 5
　　1.4.1　EPLAN Electric P8 2.7 的集成开发环境 ································· 5
　　1.4.2　EPLAN Pro Panel 的集成开发环境 ·· 6
　　1.4.3　EPLAN Fluid 2.7 的集成开发环境 ··· 7
　　1.4.4　EPLAN Harness proD 的集成开发环境 ··································· 7
1.5　初识 EPLAN Electric P8 2.7 ·· 9
1.6　EPLAN Electric P8 2.7 的文件管理 ··· 12
　　1.6.1　项目文件 ··· 13
　　1.6.2　图纸页文件 ·· 14
第2章　**原理图设计基础** ··· 16
2.1　原理图图纸设置 ··· 16
　　2.1.1　电气图的分类 ··· 16
　　2.1.2　图框 ·· 18
　　2.1.3　报表 ·· 21
2.2　工作环境设置 ·· 22
　　2.2.1　设置主数据存储路径 ·· 23
　　2.2.2　设置图形编辑环境 ·· 23
　　2.2.3　设置界面字体 ··· 27
　　2.2.4　设置用户显示界面 ·· 28
第3章　**文件管理** ··· 34
3.1　项目管理 ··· 34
　　3.1.1　项目管理数据库 ··· 34
　　3.1.2　项目的打开、创建与删除 ··· 36
　　3.1.3　项目的复制与删除 ·· 40
　　3.1.4　项目文件重命名 ··· 41
　　3.1.5　设置项目结构 ··· 41
3.2　图纸管理 ··· 44
　　3.2.1　图页导航器 ·· 44
　　3.2.2　图页的创建 ·· 45

3.2.3　图页的打开 ··· 46

3.2.4　图页的删除 ··· 47

3.2.5　图页的选择 ··· 47

3.2.6　图页的重命名 ·· 48

3.2.7　图页的移动、复制 ·· 49

3.3　层管理 ··· 55

3.3.1　图层的设置 ··· 55

3.3.2　图层列表 ·· 57

3.4　综合实例——自动化流水线电路 ······························ 59

第4章　元件与设备 ··· 69

4.1　元件符号 ·· 69

4.1.1　元件符号的定义 ··· 69

4.1.2　符号变量 ·· 69

4.1.3　元件符号库 ·· 70

4.1.4　"符号选择"导航器 ··· 70

4.1.5　加载符号库 ·· 72

4.2　放置元件符号 ··· 74

4.2.1　搜索元件符号 ·· 74

4.2.2　元件符号的选择 ··· 75

4.2.3　符号位置的调整 ··· 78

4.3　元件的复制和删除 ··· 83

4.3.1　复制元件 ·· 83

4.3.2　剪切元件 ·· 83

4.3.3　粘贴元件 ·· 84

4.3.4　删除元件 ·· 84

4.4　符号的多重复制 ··· 84

4.5　属性设置 ·· 85

4.5.1　元件标签 ·· 86

4.5.2　显示标签 ·· 88

4.5.3　符号数据/功能数据 ··· 89

4.5.4　部件 ··· 92

4.6　设备 ·· 93

4.6.1　设备导航器 ·· 93

4.6.2　部件管理 ·· 94

4.6.3　新建设备 ··· 101

4.6.4　放置设备 ··· 104

4.6.5　设备属性设置 ··· 106

4.6.6　更换设备 ··· 109

4.6.7　设备的删除和删除放置 ·· 110

4.6.8　启用/停用设备保护 ·· 114

第5章 元件的电气连接 ·· 116

5.1 电气连接 ·· 116

  5.1.1 自动连接 ·· 116

  5.1.2 连接导航器 ·· 120

5.2 连接符号 ·· 123

  5.2.1 导线的角连接模式 ·· 124

  5.2.2 导线的T节点连接模式 ·· 125

  5.2.3 导线的断点连接模式 ·· 128

  5.2.4 导线的十字接头连接模式 ·· 128

  5.2.5 导线的对角线连接模式 ·· 129

5.3 连接类型 ·· 130

5.4 实例——局部电路 ·· 133

5.5 端子 ·· 137

  5.5.1 设置端子 ·· 138

  5.5.2 分散式端子 ·· 141

  5.5.3 端子排 ·· 142

  5.5.4 端子排定义 ·· 145

  5.5.5 端子的跳线连接 ·· 148

  5.5.6 备用端子 ·· 154

  5.5.7 实例——电动机手动直接起动电路 ································ 154

5.6 盒子连接点/连接板/安装板 ·· 164

  5.6.1 母线连接点 ·· 164

  5.6.2 连接分线器 ·· 166

  5.6.3 线束连接 ·· 168

  5.6.4 中断点 ·· 170

  5.6.5 实例——局部电路插入线束 ······································ 172

5.7 电缆连接 ·· 174

  5.7.1 电缆定义 ·· 175

  5.7.2 电缆默认参数 ·· 178

  5.7.3 电缆连接定义 ·· 179

  5.7.4 电缆导航器 ·· 180

  5.7.5 电缆选型 ·· 182

  5.7.6 多芯电缆 ·· 185

  5.7.7 电缆编辑 ·· 186

  5.7.8 屏蔽电缆 ·· 191

5.8 电位 ·· 193

  5.8.1 电位跟踪 ·· 194

  5.8.2 电位连接点 ·· 194

  5.8.3 电位定义点 ·· 196

  5.8.4 电位导航器 ·· 198

　　　5.8.5　网络定义点 ··198

　5.9　综合实例——自动化流水线主电路 ······················199

第6章　图形符号的绘制 ··211

　6.1　使用图形工具绘图 ··211

　　　6.1.1　绘制直线 ··211

　　　6.1.2　绘制折线 ··214

　　　6.1.3　绘制多边形 ··215

　　　6.1.4　绘制长方形 ··217

　　　6.1.5　绘制圆 ···219

　　　6.1.6　绘制圆弧 ··220

　　　6.1.7　绘制扇形 ··222

　　　6.1.8　绘制椭圆 ··222

　　　6.1.9　绘制样条曲线 ···224

　6.2　注释工具 ···225

　　　6.2.1　文本 ···225

　　　6.2.2　文本分类 ··226

　　　6.2.3　放置图片 ··229

　6.3　图形编辑命令 ··230

　　　6.3.1　比例缩放命令 ···231

　　　6.3.2　修剪命令 ··231

　　　6.3.3　圆角命令 ··232

　　　6.3.4　倒角命令 ··232

　　　6.3.5　修改长度命令 ···233

　　　6.3.6　拉伸命令 ··233

　6.4　表格 ···234

　　　6.4.1　表格式列表视图 ··234

　　　6.4.2　复制和粘贴数据 ··235

　6.5　综合实例——制作七段数码管元件 ·······················236

第7章　原理图中的后续操作 ··244

　7.1　原理图中的常用操作 ···244

　　　7.1.1　工作窗口的缩放 ··244

　　　7.1.2　刷新原理图 ··245

　　　7.1.3　查找操作 ··245

　　　7.1.4　视图的切换 ··247

　　　7.1.5　命令的重复、撤销和重做 ···································247

　7.2　编号管理 ···249

　　　7.2.1　连接编号设置 ···249

　　　7.2.2　放置连接编号 ···254

　　　7.2.3　手动编号 ··255

　　　7.2.4　自动编号 ··255

7.2.5 手动批量更改线号 ·································· 257

7.3 页面的排序 ·· 259

7.3.1 页面编号 ·· 259

7.3.2 设置编号 ·· 261

7.3.3 检测对齐 ·· 262

7.4 宏 ··· 263

7.4.1 创建宏 ·· 263

7.4.2 插入宏 ·· 265

7.4.3 页面宏 ·· 267

7.4.4 宏值集 ·· 269

7.4.5 实例——创建标题栏宏 ··························· 273

7.5 图框的属性编辑 ·· 277

7.6 精确定位工具 ·· 280

7.6.1 栅格显示 ·· 280

7.6.2 动态输入 ·· 281

7.6.3 对象捕捉模式 ··· 281

7.6.4 智能连接 ·· 282

7.7 综合实例——绘制图框 ································ 284

第8章 原理图中的高级操作 ······························· 295

8.1 工具的使用 ·· 295

8.1.1 批量插入电气元件和导线节点 ················ 295

8.1.2 项目的导入与导出 ··································· 297

8.1.3 文本固定 ·· 299

8.2 原理图的查错及编译 ···································· 300

8.2.1 运行检查 ·· 301

8.2.2 检测结果 ·· 301

8.3 黑盒设备 ··· 302

8.3.1 黑盒 ··· 302

8.3.2 设备连接点 ·· 304

8.3.3 黑盒的逻辑定义 ······································· 306

8.3.4 实例——热交换器 ··································· 307

8.4 结构盒 ··· 311

8.4.1 插入结构盒 ·· 311

8.4.2 项目属性 ·· 314

8.5 关联参考 ··· 316

8.5.1 关联参考设置 ··· 316

8.5.2 成对的关联参考 ······································· 317

8.5.3 中断点的关联参考 ··································· 320

8.6 坐标 ·· 323

8.6.1 基点 ··· 323

8.6.2 坐标位置 ·· 323

8.6.3 实例——绘制开关符号 ································ 324

8.6.4 增量 ·· 326

8.7 综合实例——车床控制电路 ································ 326

8.7.1 设置绘图环境（车床控制）···················· 326

8.7.2 绘制主电路 ·· 329

8.7.3 绘制控制电路 ··· 338

8.7.4 绘制照明电路 ··· 344

8.7.5 绘制辅助电路 ··· 346

第 9 章 PLC 设计 ·· 350

9.1 新建 PLC ··· 350

9.1.1 创建 PLC 盒子 ··· 351

9.1.2 PLC 导航器 ·· 355

9.1.3 PLC 连接点 ·· 356

9.1.4 PLC 电源和 PLC 卡电源 ······························ 359

9.1.5 创建 PLC ··· 362

9.2 PLC 编址 ··· 364

9.2.1 设置 PLC 编址 ··· 364

9.2.2 进行 PLC 编址 ··· 366

9.2.3 触点映像 ·· 367

9.2.4 PLC 总览输出 ··· 373

9.3 综合实例——花样喷泉控制电路 ························ 373

9.3.1 设置绘图环境（花样喷泉控制）················ 374

9.3.2 绘制 PLC ··· 376

9.3.3 绘制原理图 ··· 384

第 10 章 报表生成与输出 ·· 391

10.1 报表设置 ·· 391

10.1.1 显示/输出 ··· 392

10.1.2 输出为页 ·· 392

10.1.3 部件 ··· 394

10.2 报表生成 ·· 394

10.2.1 自动生成报表 ··· 395

10.2.2 实例——创建自动化流水线电路 ················ 398

10.2.3 按照模板生成报表 ······································ 402

10.2.4 报表操作 ·· 402

10.3 打印与报表输出 ·· 402

10.3.1 打印输出 ·· 403

10.3.2 设置接口参数 ··· 404

10.3.3 导出 PDF 文件 ·· 405

10.3.4 导出图片文件 ··· 408

　　　　10.3.5　导出 DWX/DWF 文件 ……………………………………………………………408

　　10.4　综合实例——细纱机控制电路 …………………………………………………………410

　　　　10.4.1　设置绘图环境（细纱机）………………………………………………………410

　　　　10.4.2　绘制主电路 1 ……………………………………………………………………411

　　　　10.4.3　绘制多绕组电源变压器 …………………………………………………………417

　　　　10.4.4　绘制整流桥 ………………………………………………………………………424

　　　　10.4.5　绘制主电路 2 ……………………………………………………………………427

　　　　10.4.6　报表输出 …………………………………………………………………………431

　　　　10.4.7　编译并保存项目 …………………………………………………………………438

附录　常用逻辑符号对照表 ……………………………………………………………………………439

第 1 章　EPLAN P8 概述

EPLAN P8 是一款以电气设计为基础的跨专业设计软件，其功能涵盖电气设计、流体设计、仪表设计和机械设计等领域。EPLAN 拥有一系列丰富的产品群，主要分为：EPLAN Electric P8、EPLAN Fluid、EPLAN Harness proD 和 EPLAN Pro Panel 等，这几款产品主要面向工业自动化设计，是工业设计自动化的得力帮手。EPLAN 设计出的产品符合 IEC、JIC、GOST、GB 等设计标准。其中，EPLAN Electric P8 是一款主要面向高级电气设计和自动化集成的系统设计和管理软件。

本章具体介绍 EPLAN P8 2.7 的基本特点、软件平台及工作环境，熟悉软件界面，为后面的操作使用打好基础。

1.1　EPLAN P8 的主要特点

EPLAN 多年来致力于形成统一的数字化解决方案，EPLAN P8 2.7 版本特别针对这一主题进行了更新。EPLAN 平台 P8 2.7 提供了开创性的新功能，涵盖所有功能范围和流程步骤。

该版本同样注重工程设计主题，使用 EPLAN 进行日常工作将更加简便，主要特点包括下面几个方面：

1）导航器中具有个性化属性的视图以更加清晰的条理布局，即使项目较大，也能更方便、快速地定位。

2）在 EPLAN 平台与 Siemens TIA Portal 之间的新接口中进行跨学科数据交换成为焦点：以工业 4.0 环境下 Automation ML 格式为基础，确保适应未来的需求。

3）通过在现有项目中用折线标记原理图区域，并将其应用于中央模板库中，可以更快地掌握电气和流体设计的标准化和重复利用。此库也可作为模板，用于掌握 EPLAN Cogineer（一键式自动创建原理图的全新工程设计解决方案）。

4）采用新方案创建管道及仪表流程图的 EPLAN Preplanning、EPLAN Pro Panel 中具备全新的设计方式和生产接口，并配有全新客户端服务器技术的新版 EPLAN Smart Wiring。

1.2　EPLAN P8 的运行环境

1. 常规前提条件
EPLAN 平台的操作需要 Microsoft 的 .NET Framework 4.5.2。

2. 操作系统
EPLAN 平台现仅支持 64 位版本的 Microsoft 操作系统，如 Windows 7、Windows 8.1 和 Windows 10，且所安装的 EPLAN 语言必须被操作系统所支持。

EPLAN 平台可支持下列操作系统：

（1）工作站

● Microsoft Windows 7 SP1（64 位）Professional、Enterprise、Ultimate 版。

- Microsoft Windows 8.1（64 位）Pro、Enterprise 版。
- Microsoft Windows 10（64 位）Pro、Enterprise 版 - 构件编号 1709。
- Microsoft Windows 10（64 位）Pro、Enterprise 版 - 构件编号 1803。

（2）服务器

- Microsoft Windows Server 2012（64 位）。
- Microsoft Windows Server 2012 R2（64 位）。
- Microsoft Windows Server 2016（64 位）。
- 配备 Citrix XenApp 7.15 和 Citrix Desktop 7.15 的终端服务器。

（3）Microsoft 产品

作为通过 EPLAN 创建 Microsoft Office 文件格式的前提条件，必须在计算机上安装一个 EPLAN 所支持的 Office 版本。

- Microsoft Office 2010（32 位和 64 位）*。
- Microsoft Office 2013（32 位和 64 位）*。
- Microsoft Office 2016（32 位和 64 位）*。
- Microsoft Internet Explorer 11。
- Microsoft Edge。

根据部件管理、项目管理和词典的数据库选择，必须使用 64 位 Office 版本。

（4）SQL-Server（64 位）

- Microsoft SQL Server 2012。
- Microsoft SQL Server 2014。
- Microsoft SQL Server 2016。
- Microsoft SQL Server 2017。

（5）PDF-Redlining

- Adobe Reader Version XI。
- Adobe Reader Version XI Standard / Pro 版。
- Adobe Reader Version DC。
- Adobe Reader Version DC Standard / Pro 版。

（6）PLC 系统（PLC & Bus Extension）

- ABB Automation Builder。
- Beckhoff TwinCAT 2.10。
- Beckhoff TwinCAT 2.11。
- 3S Codesys。
- Mitsubishi GX Works2。
- Schneider Unity Pro V10.0。
- Schneider Unity Pro V11.1。
- Siemens SIMATIC STEP 7/5.4 SP4 版。
- Siemens SIMATIC STEP 7/5.5 版。
- Siemens SIMATIC STEP 7 TIA/14 SP1 版。
- Logi.cals Automation。
- Rexroth IndraWorks。

- Rockwell Studio 5000 Architect V20。
- Rockwell Studio 5000 Architect V21。

3. 64 位版本的 EPLAN 平台

由于使用 64 位版本的 EPLAN 平台，请遵循下列特殊注意事项：

1）为了可以将 Access 数据库用于部件管理、项目管理和字典，必须先安装 64 位版本的 Microsoft 操作系统。已安装的 Microsoft Office 应用程序也必须全是 64 位版本的。

2）如果已安装了 32 位版本的 Microsoft Office 应用程序，则必须针对部件管理、项目管理和字典使用 SQL 服务器数据库。

提示：

在 EPLAN 平台中使用 Access 数据库还需要先安装 Microsoft Access Runtime 组件。

3）如果未安装 Microsoft Office 或者当使用的是不含 Microsoft Access 的 Microsoft Office 时，可以从 Microsoft 的网页上单独下载 Microsoft Access Runtime 组件。

如果使用的是含 Microsoft Access 的 Microsoft Office，则在安装 Microsoft Office 时将会一并安装该组件：

- 只要已经安装了 Microsoft Access，则在安装 Microsoft Office 2013 及其之前版本时，便包含了该组件。
- 对于 Microsoft Office 2016 的 "Click-to-Run"（即点即用）安装，在安装 Microsoft Access 时未包含该组件。在这种情况下，同样也必须下载 Microsoft Access Runtime 组件。

1.3 启动 EPLAN Electric P8 2.7

启动 EPLAN Electric P8 2.7 非常简单。EPLAN Electric P8 2.7 安装完毕系统会将 EPLAN Electric P8 2.7 应用程序的快捷方式图标在开始菜单中自动生成。

执行 "开始" → "EPLAN Electric P8 2.7"，显示 EPLAN Electric P8 启动界面，如图 1-1 所示，稍后自动弹出如图 1-2 所示的 "选择许可" 对话框，选择 "EPLAN Electric P8-Professional" 选项，单击 "确定" 按钮，关闭对话框。

图 1-1　EPLAN Electric P8 启动界面

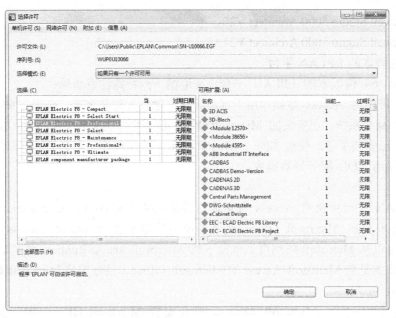

图 1-2 "选择许可"对话框

之后将弹出"选择菜单范围"对话框，如图 1-3 所示，在选择菜单范围的对话框中有三个选项：初级用户、中级用户、专家，默认勾选"专家"选项。

图 1-3 "选择菜单范围"对话框

每个用户模式都与 EPLAN 确定的特定菜单范围相链接。可在下次启动程序时重新修改已设置的模式。

- 初级用户：可访问绘制原理图和使用宏及导航器需要的功能。
- 中级用户：可从中使用特定的舒适功能（例如显示操作如显示最小字号、显示空白文本框等）；另外可使用数据导入功能。
- 专家：可访问全部功能，即可另外使用工作准备需要的功能（例如进行系统设置、编辑主数据、使用修订和项目选项、使用数据备份）。
- 不再显示此对话框：勾选该复选框，启动主程序时，不再显示该对话框，默认选择"专家"选项。需要重新显示选择界面时，可在菜单栏中选择"设置"→"用户"→"显示"→"界面"，重新激活"不再显示此对话框"复选框。
- 完成菜单选择后，单击"确定"按钮，关闭对话框。启动 EPLAN Electric P8 2.7 主程序窗口，如图 1-4 所示。

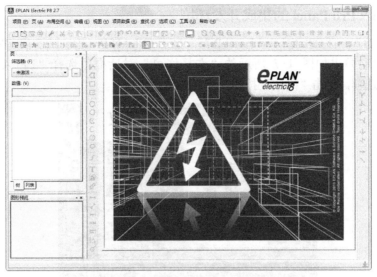

图 1-4　EPLAN Electric P8 2.7 主程序窗口

1.4　EPLAN P8 2.7 的开发环境

为了让用户对电路设计软件 EPLAN Electric P8 2.7 有一个整体的认识和理解，下面介绍一下 EPLAN P8 中原理图不同的设计环境。

1.4.1　EPLAN Electric P8 2.7 的集成开发环境

EPLAN Electric P8 2.7 的所有电路设计工作都是在集成开发环境中进行的，同时集成开发环境也是 EPLAN Electric P8 2.7 启动后的主工作接口。集成开发环境具有友好的人机接口，而且设计功能强大、使用方便、易于上手。如图 1-5 所示为 EPLAN Electric P8 2.7 集成开发环境窗口。EPLAN P8 2.7 的集成开发环境窗口类似于 Windows 的资源管理器窗口。设有主菜单、工具栏，左边为 "页" 面板（文件工作面板）与 "图形预览" 面板，中间对应的是主工作区，以方便操作，最下面的是状态条。

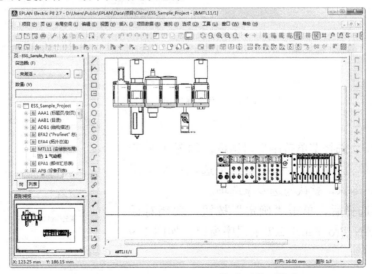

图 1-5　EPLAN Electric P8 2.7 集成开发环境窗口

1.4.2 EPLAN Pro Panel 的集成开发环境

执行"开始"→"EPLAN Pro Panel 2.7",显示 EPLAN Pro Panel 2.7 启动界面,如图 1-6 所示,稍后自动弹出如图 1-7 所示的"选择许可"对话框,选择"EPLAN Pro Panel - Professional"选项,单击"确定"按钮,关闭对话框。

图 1-6　EPLAN Pro Panel 2.7 启动界面

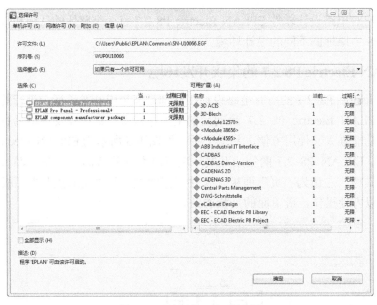

图 1-7　"选择许可"对话框

之后将弹出"选择菜单范围"对话框,如图 1-8 所示,在选择菜单范围的对话框中有三个选项:初级用户、中级用户、专家,默认勾选专家选项。

完成菜单选择后,单击"确定"按钮,关闭对话框。启动 EPLAN Pro Panel 2.7 主程序窗口,如图 1-9 所示。

图 1-8　"选择菜单范围"对话框

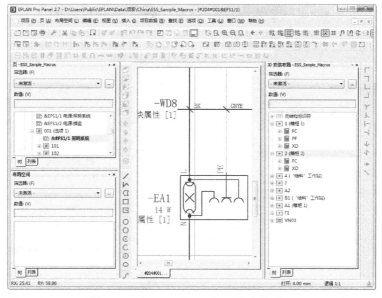

图 1-9　EPLAN Pro Panel 2.7 主程序窗口

1.4.3　EPLAN Fluid 2.7 的集成开发环境

执行"开始"→"EPLAN Fluid 2.7"，显示 EPLAN Fluid 2.7 启动界面，如图 1-10 所示，稍后自动弹出如图 1-11 所示的"选择许可"对话框，选择"EPLAN Fluid 2.7-Professional"选项，单击"确定"按钮，关闭对话框。

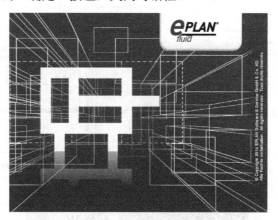

图 1-10　EPLAN Fluid 2.7 启动界面

之后将弹出"选择菜单范围"对话框，如图 1-12 所示，在选择菜单范围的对话框中有三个选项：初级用户、中级用户、专家，默认勾选专家选项。

完成菜单选择后，单击"确定"按钮，关闭对话框。启动 EPLAN Fluid 2.7 主程序窗口，如图 1-13 所示。

1.4.4　EPLAN Harness proD 的集成开发环境

执行"开始"→"EPLAN Harness proD 2.7"，显示 EPLAN Harness proD 2.7 启动界面，如图 1-14 所示，稍后自动弹出如图 1-15 所示的"选择许可"对话框，选择"EPLAN

Harness proD 2.7-Professional"选项，单击"确定"按钮，关闭对话框。

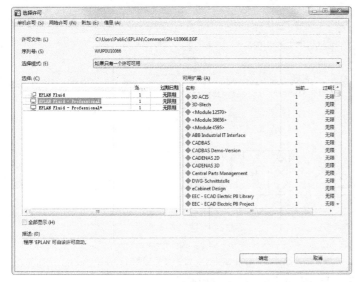

图 1-11 "选择许可"对话框   图 1-12 "选择菜单范围"对话框

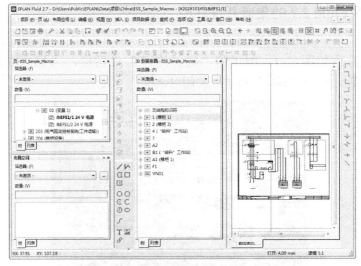

图 1-13 EPLAN Fluid 2.7 主程序窗口

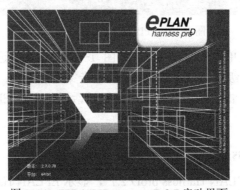

图 1-14 EPLAN Harness proD 2.7 启动界面

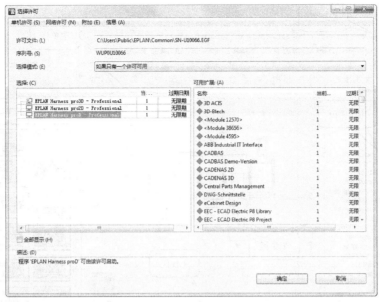

图 1-15 "选择许可"对话框

启动 EPLAN Harness proD 2.7 主程序窗口,打开项目文件,显示按照电路图组装后的电气柜 3D、2D 模型效果图,如图 1-16 所示。

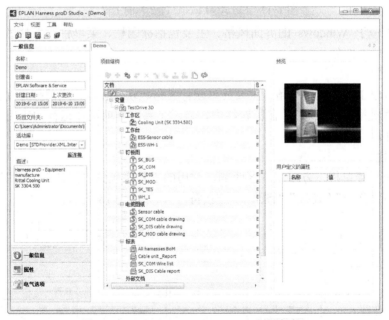

图 1-16 EPLAN Harness proD 2.7 主程序窗口

1.5 初识 EPLAN Electric P8 2.7

进入 EPLAN Electric P8 2.7 的主窗口后,就能领略到 EPLAN P8 2.7 界面的精致与美观,如图 1-17 所示。用户可以在该窗口中进行项目文件的操作,如创建新项目、打开文件等。

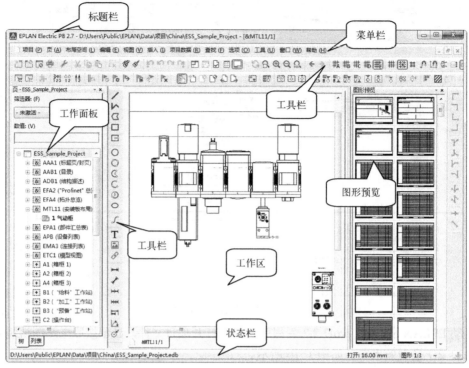

图 1-17 EPLAN Electric P8 2.7 的主窗口

主窗口类似于 Windows 的界面风格，主要包括标题栏、菜单栏、工具栏、工作区、工作面板及状态栏 6 部分。

1. 标题栏

标题栏位于工作区的左上角，主要显示软件名称、软件版本、当前打开的文件名称、文件路径与文件类型（后缀名）。在标题栏中，显示了系统当前正在运行的应用程序和用户正在使用的文件。

2. 工具栏

工具栏位于菜单栏下方或工作区两侧，常用的工具栏包括"默认""视图""符号""项目编辑""页""盒子""连接""图形""连接符号"，如图 1-18 所示。

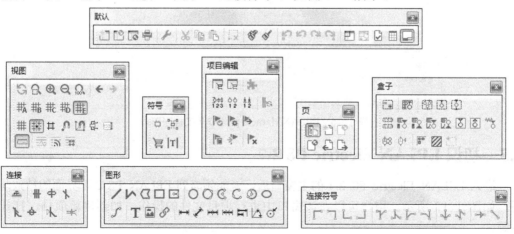

图 1-18 常用工具栏

1）工具栏可以在绘图区浮动显示，如图 1-19 所示，此时显示该工具栏标题，并可关闭该工具栏，可以拖动浮动工具栏到工作区边界，使其变为固定工具栏，此时该工具栏标题隐藏。也可以把固定工具栏拖出，使其成为浮动工具栏。

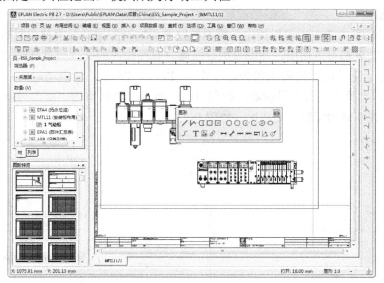

图 1-19　浮动工具栏

2）在工具栏上单击右键，弹出快捷菜单，如图 1-20 所示，显示所有工具栏命令，若需要显示某工具栏，选中该命令，在该工具栏命令前显示对勾，表示该工具栏显示在工作区，将其拖动到一侧固定，方便绘图使用。

3）选择快捷菜单中的"调整"命令，弹出如图 1-21 所示的"调整"对话框，在该对话框中显示所有的工具栏与菜单栏命令，可以进行设置。

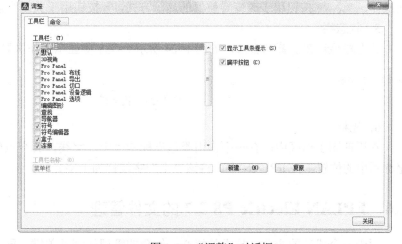

图 1-20　快捷工具栏命令　　　　　　　　　　　　　　图 1-21　"调整"对话框

3．菜单栏

菜单栏包括"项目""页""布局空间""编辑""视图""插入""项目数据""查找""选项""工具""窗口""帮助"12 个菜单按钮。

4．导航器

在 EPLAN P8 2.7 中，可以使用系统型导航器和编辑型导航器两种类型的面板。系统型导航器在任何时候都可以使用，而编辑型导航器只有在相应的文件被打开时才可以使用。使用导航器是为了便于设计过程中的快捷操作。EPLAN P8 2.7 被启动后，系统将自动激活"页"导航器和"图形预览"导航器，如图 1-22 所示，可以单击"页"导航器底部的标签"树""列表"在不同的面板之间切换，如图 1-23 所示。

图 1-22 "页"导航器和"图形预览"导航器

图 1-23 "树""列表"面板之间切换

导航器有自动浮动显示和锁定显示 2 种显示方式，▼ 按钮用于在各种导航器之间进行切换操作，单、⊟ 按钮用于改变导航器的显示方式，✕ 按钮用于关闭当前导航器。

5．状态栏

状态栏显示在屏幕的底部，如图 1-24 所示。在左侧显示工作区鼠标放置点的坐标。

| RX: 92.85 RY: 19.24 | | 打开: 4.00 mm | 逻辑 1:1 | # ~ |

图 1-24 状态栏

6．光标

在原理图工作区中，有一个作用类似光标的"十"字线，其交点坐标反映了光标在当前坐标系中的位置。在 EPLAN 中，将该"十"字线称为十字光标。

1.6 EPLAN Electric P8 2.7 的文件管理

对于一个成功的企业，技术是核心，健全的管理体制是关键。同样，评价一个软件的好坏，文件的管理系统也是很重要的一个方面。EPLAN Electric P8 2.7 提供了两种文件——项目文件和设计时生成的图纸页文件。图纸设计时生成的图纸页文件可以放在项目文件中，也可以单独放置。

1.6.1 项目文件

EPLAN 中存在两种类型的项目——宏项目和原理图项目。宏项目用来创建、编辑、管理和快速自动生成宏（部分或标准的电路），这些宏包括窗口宏、符号宏和页面宏。宏项目中保存着大量的标准电路，标准电路间不存在控制间的逻辑关联，不像原理图项目那样描述一个控制系统或控制产品的整套工程图纸（各个电路间有非常清楚的逻辑和控制顺序）。

原理图项目是一套完整的工程图形项目，项目图纸中包含电气原理图、单线图、总览图、安装板和自由绘图，同时还包含存入项目中的一些主数据信息。

在 EPLAN Electric P8 2.7 中，EPLAN 主数据的核心是指符号、图框和表格。符号是在电气或电子原理图上用来表示各种电器和电子设备（如导线、电阻电容、晶体管、熔断器等）的图形。图框是电气工程制图中图纸上限定绘图区域的线框。完整的电气图框通常由边框线、图框线、标题栏和会签栏组成。表格是指电气工程项目设计中，根据评估项目原理图图纸，所绘制的项目需要的各种图表，包括项目的封页、目录表、材料清单、接线表、电缆清单、端子图表、PLC 总览表等。

主数据除核心数据外，还包括部件库、翻译库、项目结构标识符、设备标识符集、宏电路和符合设计要求的各种规则和配置。

当一个外来项目中含有与主数据不一样的符号、图框、表格时，可以用项目数据同步系统主数据，将同步的信息用于其他项目。

选择菜单栏中的"工具"→"主数据"→"同步当前项目"命令，弹出"主数据同步"对话框，如图 1-25 所示，查看项目主数据和系统主数据的关系。

图 1-25 "主数据同步"对话框

在左侧"项目主数据"列表下显示项目主数据信息，该列表下显示的信息包括三种状态："新的""相同""仅在项目中"。"新的"表示项目主数据比系统主数据新；"相同"表示项目主数据与系统主数据一致；"仅在项目中"表示此数据仅仅在此项目主数据中，系统主数据中没有；图中F01_07状态为"仅在项目中"，系统主数据中没有该信息。

在右侧"系统主数据"列表下显示系统主数据信息。状态包括"相同"和"未复制引入"，"相同"表示系统主数据与项目主数据一致，"未复制引入"表示此数据仅在系统主数据中，项目主数据中没有使用。

选择"项目主数据"列表中的数据，单击"向右复制"按钮⟶，可将数据由项目中复制到系统主数据中；选择"系统主数据"列表中的数据，单击"向左复制"按钮⟵，可将数据由系统中复制到项目主数据中。

单击 更新(U) ▾按钮或该按钮下拉列表中的"项目"→"系统"选项，可以快速一次性的更新项目主数据或系统主数据。

用 EPLAN 格式的项目是以一个文件夹的形式保存在磁盘上的，常规的 EPLAN 项目由 *.edb 和*.elk 组成。*.edb 是个文件夹，其内包含子文件夹，这里存储着 EPLAN 的项目数据。*.elk 是一个链接文件，当双击它时，会启动 EPLAN 并打开此项目。

1.6.2 图纸页文件

一个工程项目图纸由多个图纸页组成，典型的电气工程项目图纸包含封页、目录表、电气原理图、安装板、端子图表、电缆图表、材料清单等图纸页。

EPLAN 中含有多种类型的图纸页，不同类型的图纸页的含义和用途不同，为方便区别，每种类型的图纸页以不同的图标显示。

按生成的方式分，EPLAN 中页的分类有两类，即手动和自动。交互式即为手动绘制图纸，设计者与计算机互动，根据工程经验和理论设计图纸。自动式图纸是根据评估逻辑使图纸生成。

交互式图纸包括 11 种类型，具体描述如下：

● 单线原理图（交互式）：单线图是功能的总览表，可与原理图互相转换/实时关联。

● 多线原理图（交互式）：电气工程中的电路图。

● 管道及仪表流程图（交互式）：仪表自控中的管道及仪表流程图。

● 流体原理图（交互式）：流体工程中的原理图。

● 安装板布局（交互式）：安装板布局图设计。

● 图形（交互式）：无逻辑绘图。

● 外部文档（交互式）：可与外界连接的文档。

● 总览（交互式）：总览功能的描述。

● 拓扑（交互式）：原理图中布线路径二维网络设计。

● 模型视图（交互式）：基于布局空间 3D 模型生成的 2D 绘图。

● 预规划（交互式）：用于预规划模块中的图纸页。

Electric P8 2.7 中支持项目级别的文件管理，在一个项目文件里包括设计中生成的一切文件。一个项目文件类似于 Windows 系统中的"文件夹"，在项目文件中可以执行对文件的各种操作，如新建、打开、关闭、复制与删除等。但需要注意的是，项目文件只负责管理，在保存文件时，项目中各个文件是以单个文件的形式保存的。

如图 1-26 所示为任意打开的一个项目文件。从该图可以看出，该项目文件包含了与整个设计相关的所有文件。

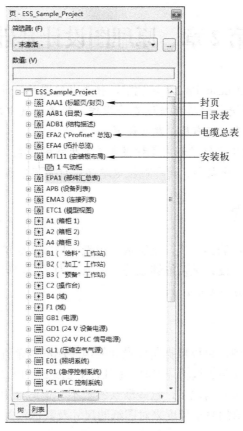

图 1-26　项目文件

第 2 章　原理图设计基础

概括地说，EPLAN Electric P8 2.7 环境下，整个电路图的设计过程先是设置原理图编辑环境，创建项目与页，并进行编辑环境设置等操作，接着放置电路图的组成部分，包括符号、设备等电路部件，然后进行布局、属性设置。

EPLAN Electric P8 2.7 提供了利用各种报表工具生成的报表，同时可以对设计好的原理图和各种报表进行存盘和输出打印，为印刷板电路的设计做好准备。

2.1　原理图图纸设置

原理图设计是电路设计的第一步，是制板、报表等后续步骤的基础。因此，一幅原理图正确与否，直接关系到整个设计是否能够成功。另外，为了方便自己和他人读图，原理图的美观、清晰和规范也是十分重要的。

2.1.1　电气图的分类

在电气图的绘制过程中，可以根据所要设计的电路图的复杂程度，先对电气图图纸进行设置。虽然在进入电路原理图的编辑环境时，EPLAN Electric P8.2.7 系统会自动给出相关的图纸默认参数，但是在大多数情况下，这些默认参数不一定适合用户的需求，尤其是图纸尺寸。用户可以根据设计对象的复杂程度来对图纸的尺寸及其他相关参数进行重新定义。

1. 图纸分类

电气图纸分为三类，分别为柜体图纸、区域图纸和工位图纸，所有图纸中涉及标准柜体（其中包括 MCP/VFP/HMI/PB/BS/SW/JB/TS/TJB）的名称时，需使用全称表示，如 EC-BMP-B1-UB1-010&030-MCP01；机器人控制柜、焊接控制柜、涂胶控制柜、螺柱焊控制柜、修磨器、阀岛、IP67 模块、电机、区域扫描仪、光栅、光栅复位盒、急停盒等均使用简称，如 UB1-010-RC01。

- 柜体图纸：使用柜体名称来命名，如 MCP、VFP、SW、HMI、JB 等标准柜体，包括柜内布局图、电源分配图、通信图、接线图、柜体本体图、BOM 等。
- 区域图纸：包括柜体间电源连接图、网络连接图、特殊线缆图、接地图等。
- 工位图纸：按工位夹具名称来命名，工位内各夹具、设备、模块、阀岛、传感器等连接图。

2. 图纸系统结构

通常采用根据工艺划分的区域进行图纸的绘制，针对一个完成的工程项目，EPLAN 绘图通常采用二级结构：

- 高层代号：可分为基本设计、原理图、施工设计。
- 位置代号：为高级代号的下一级结构，如图 2-1 所示。

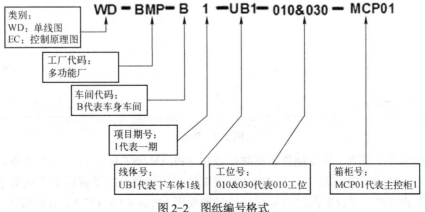

图 2-1　显示图纸系统结构

不同类型的原理图对应不同的表格类型，具体见表 2-1。

表 2-1　图纸结构类型

位置代号	名称	对应表格
List	目录	*.f06
Nation	力框文档	*.f15
Identifiers	结构标识符总览	*.f24
PLC101	多线原理图（交互式）	图形*.f28
CabinetLayout	安装板布局（交互式）	图形*.f28
TerminalView	端视图	*.f13
根据需要建立不同类型的图纸时，会自动提示需要的表格		

页结构命名一般采用的是高层代号+位置代号+页名，也可以采用高层代号+页名的方式，建议使用高层代号+页名这种页结构方式，这种结构看上去省略了位置代号，但是在绘制电气图时在相应的图纸中仍然有位置代号（使用了位置盒）。

3．图纸编号

为了方便对绘制完成的图纸进行查找与区分，为图纸添加编号，编号格式如图 2-2 所示，不同符号与数字代表不同的含义。

图 2-2　图纸编号格式

4. 图纸组成

图纸中包含不同的组成部分,下面简单介绍这些概念。

● 符号:是元件的图形化表示。是用图形标识一个设备或概念的元件、标记或符号。

● 设备:由一个或多个元件组成,例如接触器线圈和触点,其中,线圈和触点是元件,也可称之为主功能线圈和辅助功能触点。

● 元件:在原理图设计中元件以元件符号的形式出现。元件是组成设备的个体单位。

● 黑盒:由图形元素构成,代表物理上存在的设备,通常用黑盒描述标准符号库中没有的符号。

● 结构盒:表示隶属现场同一位置、功能相近或者具有相同页结构的一组设备,其无具体结构亦不属于设备,但它有设备标识名称,只是一种示意。

● PLC 盒子:描述 PLC 系统的硬件描述,例如数字输入输出卡、模拟输入输出卡、电源单元等。

2.1.2 图框

图框是项目图纸的一个模板,每一页电气图纸共用一个图框,如图 2-3 所示。图框的构成主要以说明整个项目为目的,主要包括的内容有:设计或制图人、审核人、项目号、项目名称、客户名称、当前页内容、总页数、当前页数、版本号等,说明部分主要体现在标题栏中,如图 2-4 所示。

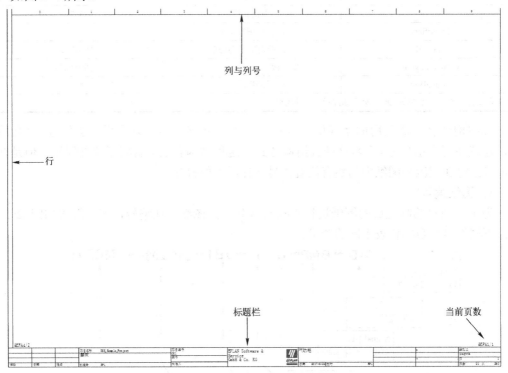

图 2-3　图框

为了后续设计需要,建议制作图框时做成和 EPLAN P8 GB 类似的 A3 图框,即图框中有行和列,并做适当的修改。因为 GB A3 图框的制图信息放在图框的右下角会干扰图框右部电气元件的放置,建议制图信息这部分适当地采用 EPLAN P8 IEC A3 图框部分。

			项目名称	ESS_Sample_Project		项目编号	
			磨床			001	
						图号	
修改	日期	姓名	创建者	EPL		批准人	

EPLAN Software & Service GmbH & Co. KG		气动柜			
		日期	2017-6-22	校对	EPL

	=		&MTL11		
			安装模布局		
	+		页		1
			页数	21 从	260

图 2-4　标题栏

当需要在图上显示出图的某一部分，如功能单元、结构单元、项目组时，可用点画线围框表示。如在图上含有安装在别处而功能与本图相关的部分，这部分可加双点画线。

1. 新建图框

选择菜单栏中的"工具"→"主数据"→"图框"→"新建"命令，弹出"创建图框"对话框，如图 2-5 所示，选择图框模板，输入新图框名称，默认保存在 EPLAN 数据库中，如图 2-6 所示。

图 2-5　"创建图框"对话框

图 2-6　修改图框名称

完成路径设置后，单击"保存"按钮，弹出"图框属性"对话框，显示创建的新图框参数，显示栅格值、触点映像间距、非逻辑页上显示列号，如图 2-7 所示。

单击按钮，弹出如图 2-8 所示的"属性选择"对话框，在该对话框中选择图框属性，选中"行数"和"列数"，如图 2-9 所示；单击 按钮，删除图框属性。

图 2-7 "图框属性"对话框

图 2-8 "属性选择"对话框

图 2-9 "图框属性"对话框

完成属性设置后，单击"确定"按钮，完成新图框的创建，在"页"导航器中显示创建的新图框，如图 2-10 所示。

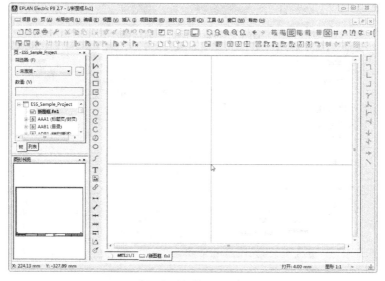

图 2-10 创建的新图框

2. 设置图框属性

在"页"导航器中单击右键，弹出快捷菜单，如图 2-11 所示。

图 2-11　快捷菜单

1）选择"属性"命令，弹出"图框属性"对话框，编辑新图框参数。

2）选择"配置显示"命令，弹出"配置显示"对话框，显示新图框的配置信息，包括
"结构标识符""页""项目"如图 2-12 所示。

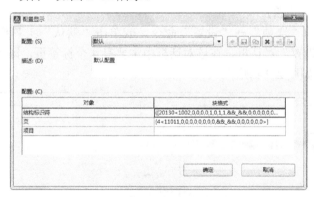

图 2-12　"配置显示"对话框

3）选择"表格式编辑"命令，弹出"编辑功能数据"选项板，编辑新图框的配置数
据，如图 2-13 所示。

3. 放置图框

新建空白图框后，需要绘制图框外轮廓，后面章节介绍具体绘制步骤。

2.1.3　报表

EPLAN 中的各类报表基本上都是自动生成，常用的包括：目录、部件列表、柜体清单
等。需要注意的是，在绘图过程中不确定先后顺序，一般先绘制详细的原理图（标注器件的型
号、厂商、名称等信息），基于原理图信息快速生成各类报表文件和清单，不需要重复编辑。

图框和报表一般放置在 EPLAN 默认位置，图框和表格更新变动时，原理图自动进行更新。

图 2-13　"编辑功能数据"选项板

2.2　工作环境设置

在原理图的绘制过程中，其效率和正确性，往往与环境参数的设置有着密切的关系。参数设置的合理与否，直接影响到设计过程中软件的功能是否能得到充分的发挥。

在 EPLAN Electric P8 2.7 电路设计软件中，原理图编辑器工作环境的设置是通过原理图的"设置"对话框来完成的。

选择菜单栏中的"选项"→"设置"命令，或单击"默认"工具栏中的"设置"按钮，系统将弹出"设置"对话框，在该对话框中主要有 4 个标签页，即"项目""用户""工作站"和"公司"，如图 2-14 所示。

图 2-14　"设置"对话框

在对话框的树形结构中显示四个类别的设置：项目制定的、用户指定的、工作站指定的和公司制定，该类别下分别包含更多的子类别。

2.2.1 设置主数据存储路径

在 EPLAN 安装过程中，已经设置系统主数据的路径、公司代码和用户名称，EPLAN 自动把主数据保存在默认路径下，若需要重新修改，在"设置"对话框中选择"用户"→"管理"→"目录"，设置主数据存储路径，如图 2-15 所示。

图 2-15 "设置"对话框

2.2.2 设置图形编辑环境

EPLAN Electric 图形编辑环境可用同的颜色显示各个电路组成部件，以便于区分。用户可以根据个人习惯进行设置，并且可以决定是否在编辑器内显示属性名称。

1. 二维图形编辑环境

在"设置"对话框中选择"用户"→"图形的编辑"→"2D"，打开二维图形编辑环境的设置对话框，在该对话框包括"颜色设置""光标""鼠标滚轮功能"和"默认栅格尺寸"等，如图 2-16 所示。

（1）"颜色设置"选项组

该选项组用于设置编辑环境不同对象的颜色。

在"配置"下拉列表中显示二维编辑环境背景色，可选择颜色包括白色、灰色、黑色、浅灰色。在"外部符号""成对关联参考""隐藏元素""电位跟踪"选项下单击颜色显示框，系统将弹出如图 2-17 所示的颜色选择对话框，在该对话框中可以设置选中对象的颜色。单击 >> 按钮，扩展颜色选择对话框，如图 2-18 所示，单击 << 按钮，返回简易的颜色选择对话框，选中对象颜色后，单击"确定"按钮，关闭对话框。

图 2-16 "2D"选项卡

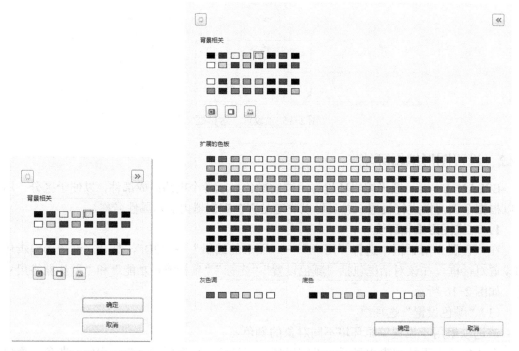

图 2-17 颜色选择对话框　　　　　　　图 2-18 颜色选择扩展对话框

（2）"光标"选项组

该选项组主要用于设置光标的类型。在"显示"下拉列表框中，包含"十字线""小十字"两种光标类型，如图 2-19 所示。

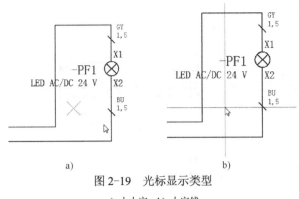

图 2-19　光标显示类型

a) 小十字　b) 十字线

系统默认为"十字线"类型，即光标在原理图中以十字线显示。选择光标的类型"小十字"，光标在原理图中以小十字显示，在该选项下还可激活"放置符号和宏时的显示十字线"复选框，即光标在原理图中一般以小十字显示，但当放置符号和宏时光标以十字线显示。

（3）"默认栅格尺寸"选项组

进入原理图编辑环境后，编辑窗口的背景是网格型的，这种网格就是可视网格，是可以改变的。网格为设备的放置和线路的连接带来了极大的方便，使用户可以轻松地排列设备、整齐地走线。EPLAN 提供了"栅格大小 A""栅格大小 B""栅格大小 C""栅格大小 D""栅格大小 E" 5 种网格，对这 5 种网格大小进行具体设置，如图 2-20 所示。

默认栅格尺寸	
栅格大小 A: (A)	1.00 mm
栅格大小 B: (B)	2.00 mm
栅格大小 C: (C)	4.00 mm
栅格大小 D: (D)	8.00 mm
栅格大小 E: (E)	16.00 mm

图 2-20　栅格大小设置

（4）"鼠标滚轮功能"选项组

该选项组主要用于设置系统的鼠标滚轮在图纸中的操作功能，使用鼠标滚轮，可移动或缩放图纸。有两个选项可以供用户选择，即"如文字处理""如 CAD"。

- 如文字处理：选择该单选钮，鼠标滚轮使用功能与 Word 等文字处理软件中使用方法相同。即鼠标滚轮上下滑动时，图纸上下移动。
- 如 CAD：选择该单选钮，鼠标滚轮使用功能与 CAD 中方法相同。即鼠标滚轮上下滑动时，图纸放大和缩小；按住鼠标滚轮上下滑动时，图纸上下移动。

（5）选项设置

- 最小字号：勾选该复选框，设置图形编辑环境中文字大小的最小值，默认为 2mm。
- 显示隐藏元素：勾选该复选框，图形编辑环境中显示所有隐藏的元素。
- 打印或导出隐藏元素：勾选该复选框，打印图纸时显示、导出所有隐藏的元素。
- 显示工具条提示：勾选该复选框，在图纸中显示工具条提示。
- 显示属性名称：勾选该复选框，在图纸中显示设备或符号等对象的属性名称。

2．三维图形编辑环境

在"设置"对话框中选择"用户"→"图形的编辑"→"3D"，在该界面设置三维编辑环境，包括颜色设置、光标、鼠标滚轮和默认栅格，如图 2-21 所示。

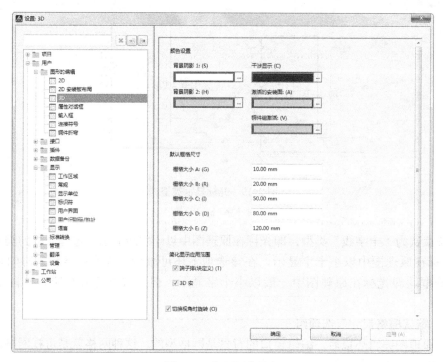

图 2-21 "3D"选项卡

（1）"颜色设置"选项组

该选项组用于设置编辑环境背景颜色。

在"背景阴影 1"、"背景阴影 2"颜色框中设置 3D 编辑环境背景阴影颜色。在"干涉显示"、"激活的安装面"、"铜件组激活"选项下单击颜色显示框，系统将弹出如图 2-22 所示的颜色选择对话框，在该对话框中可以设置不同情况下背景的颜色。选中对象颜色后，单击"确定"按钮，关闭对话框。

（2）"默认栅格尺寸"选项组

三维编辑环境下 EPLAN 提供了"栅格大小 A""栅格大小 B""栅格大小 C""栅格大小 D""栅格大小 E"5 种网格，这 5 种网格大小与二维编辑环境下默认值不同，如图 2-23 所示。

图 2-22 颜色选择对话框

图 2-23 栅格大小设置

（3）"简化显示应用范围"选项组

该选项组主要用于设置对象应用范围。包含"端子排"和"3D 宏"两种应用对象。

（4）切换视角时旋转

勾选该复选框后，在 3D 编辑器中，为显示模型切换视角时，模型自动旋转。

2.2.3　设置界面字体

在"设置"对话框中选择"公司"→"图形的编辑"→"字体，该对话框设置电路图的文字，如图 2-24 所示。

此标签页分为两大部分。

● 字体：在字体 1 到字体 10 下拉列表中选择字体类型，如图 2-25 所示。

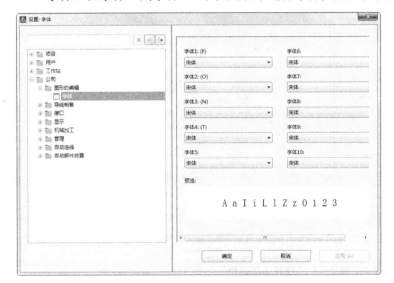

图 2-24　"文字"选项卡　　　　　　　　　　　　　　　　　图 2-25　选择字体类型

● 预览：显示选择的当前字体演示。

若需要导出 PDF 文件，需要将"字体 1"字体设置为"Arial Unicode MS"，如图 2-26 所示。

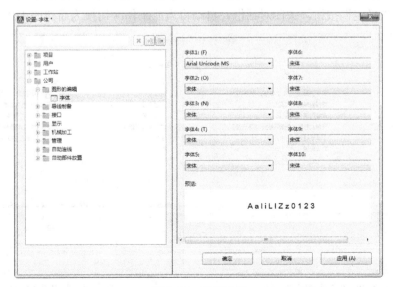

图 2-26　字体设置

2.2.4　设置用户显示界面

在 EPLAN Electric P8.2.7 电路设计软件中，原理图编辑器的用户界面是在"设置"对话框中来完成的。

1．设置工作区域

在"设置"对话框中选择"用户"→"显示"→"工作区域"选项，如图 2-27 所示，显示原理图编辑器的用户界面的工作区配置，在"配置"下拉列表中选择"默认"选项，表示原理图编辑器工作区为默认设置。

图 2-27　"设置工作区域"选项

单击"新建"按钮 ，弹出"新配置"对话框，如图 2-28 所示，在"配置"列表框下显示系统已有的工作区配置类型，根据需要选择、新建要添加的工作区配置类型。

选择"机械设计"选项，如图 2-29 所示，在"名称"文本框下输入要添加的配置名称与描述的详细信息，该工作区中自动显示"页导航器""图形和文本格式"和"图形符号工具栏"。单击"确定"按钮，关闭对话框，自动将当前工作区切换为新建的工作区配置。

图 2-28　"新配置"对话框

图 2-29　新建配置类型

单击"编辑"按钮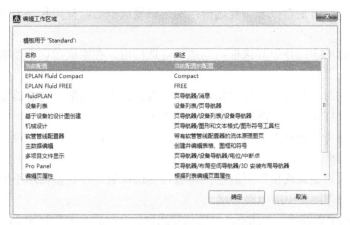，弹出"编辑工作区域"对话框，如图 2-30 所示为编辑工作区域模板。

图 2-30 "编辑工作区域"对话框

2. 设置常规参数

在"设置"对话框中选择"用户"→"显示"→"常规"选项，如图 2-31 所示，显示原理图用户常规对话框的环境参数。

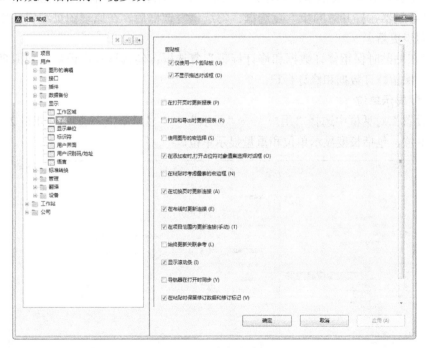

图 2-31 "常规"选项

1）剪贴板：该选项组用于设置在复制、剪切到剪贴板或打印时的操作属性。

● "仅使用一个剪贴板"复选框：勾选该复选框后，在复制、剪切到剪贴板后对象只使用一个剪贴板。

● "不显示描述对话框"复选框：勾选该复选框后，在复制、剪切到剪贴板后的对象不显示描述对话框。

2）"在打开页时更新报表"复选框：勾选该复选框后，在打开项目中的原理图页时根据原理图页中的变动更新项目中的报表文件。

3）"打印和导出时更新报表"复选框：勾选该复选框后，打印和导出项目中的原理图页时更新报表文件。

4）"使用图形的宏选择"复选框：勾选该复选框后，在原理图页中绘制图形时，选择使用图形的宏。

5）"在添加宏时，打开占位符对象值集选择对话框"复选框：勾选该复选框后，在原理图页中添加宏时，打开占位符对象值集选择对话框。

6）"在粘贴时考虑叠套的宏边框"复选框：勾选该复选框后，在原理图页中在粘贴对象时考虑叠套的宏边框。

7）"在切换页时更新连接"复选框：勾选该复选框后，在切换显示不同的原理图页时，更新切换打开的原理图页中的电路连接。

8）"在布线时更新连接"复选框：勾选该复选框后，在原理图页中布线时更新电路连接。

9）"在项目范围内更新连接（手动）"复选框：勾选该复选框后，在对项目范围内的原理图页文件进行操作时手动更新连接。

10）"始终更新关联参考"复选框：勾选该复选框后，始终更新原理图页中的关联参考。

11）"显示滚动条"复选框：勾选该复选框后，在原理图页编辑环境中显示滚动条。

12）"导航器在打开时同步"复选框：勾选该复选框后，在原理图页编辑环境中导航器在打开时同步更新。

13）"在粘贴时保留修订数据和修订标记"复选框：勾选该复选框后，在原理图页中粘贴对象时，保留修订数据和修订标记。

3．设置显示单位

在"设置"对话框中选择"用户"→"显示"→"显示单位"选项，如图 2-32 所示，设置图纸单位，包括长度显示单位和重量显示单位。

图 2-32 "显示单位"选项

通过"长度显示单位"选项组下设置长度单位为 mm（M），也可以设置为英寸（I）。一般在绘制和显示时设为 mm（公制），此外，还可以设置单位数字的小数点位数。

通过"重量显示单位"选项组下设置重量单位为 kg（K）（公制单位，千克），也可以设置为 lb（L）（英制单位，磅）。一般在绘制和显示时设为 kg（K）。

4．设置标识符

项目结构标识符是对项目结构的标识或描述，除了设备标识块"功能分配""工厂代号""安装地点"和"文档类型"外，用户自定义的标识结构还包含一个用户自定义的可自由选择前缀的设备标识块。可以在创建项目时确定由一个用户自定义的页面结构和一个用户自定义的设备结构构成的自定义项目结构。相反，一个用户自定义的设备结构也可以随后通过项目属性对话框来更改。按照相同方法确定所有结构。

在"设置"对话框中选择"用户"→"显示"→"标识符"选项，如图 2-33 所示，设置标识符在原理图编辑器的显示方式。

标识符的显示方式包括下面两种：

- 按字母顺序排列新标识符：当需要添加标识符时，自动命名的标识符按字母顺序排列。
- 在末尾插入新标识符：需要添加标识符时，在前面已命名的标识符末尾插入新标识符。

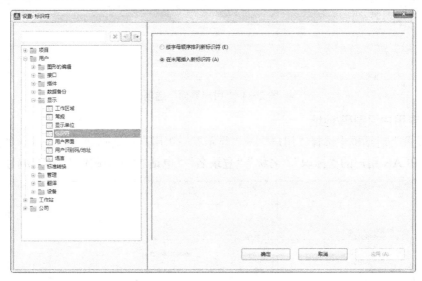

图 2-33 "标识符"选项

5．设置用户界面

在"设置"对话框中选择"用户"→"显示"→"用户界面"选项，如图 2-34 所示，显示原理图编辑器的用户界面的工作区配置。

- 最近打开项目的数量：设置用户界面中可以打开的项目的数量，默认值为 4。
- 预览中页框的最小宽度：设置用户界面中预览中页框的最小宽度，默认值为 64。
- 重新打开最近的项目：勾选该复选框，启动软件后，自动重新打开最近的项目。
- 重新打开最近的页：勾选该复选框，启动软件后，自动重新打开最近的页。只有勾选"重新打开最近的项目"复选框，才能激活该选项。
- 管理项目指定的图形编辑器：勾选该复选框，启动软件后，管理项目指定的图形编辑器。
- 显示标识性的编号：勾选该复选框，图形编辑器中设备将显示标识性的编号。

- 在名称后：勾选"显示标识性的编号"后，激活该命令，勾选该复选框，在设备名称后显示标识性的编号。
- 重新激活不显示消息：勾选该复选框，启动软件后，重新激活命令后不显示消息。
- 写保护的项目的颜色设置：在该选项下显示"配置（2D）""背景阴影 1（3D）"和"背景阴影2（3D）"的配色方案。分别设置2D、3D编辑环境下编辑器的底色。

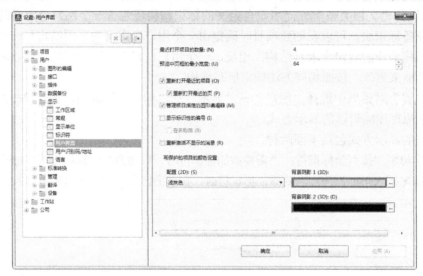

图 2-34 "用户界面"选项

6. 设置用户识别码/地址

在"设置"对话框中选择"用户"→"显示"→"用户识别码/地址"选项，如图 2-35 所示，显示 EPLAN 用户的"标识""名称""登录名""电话""电子邮件""客户编号"。

图 2-35 "用户识别码/地址"选项

7. 设置语言

在"设置"对话框中选择"用户"→"显示"→"语言"选项，如图 2-36 所示，显示原理图编辑器中对话框语言、可选语言及帮助系统的语言，默认为"zh_CN（中文（中国））"。

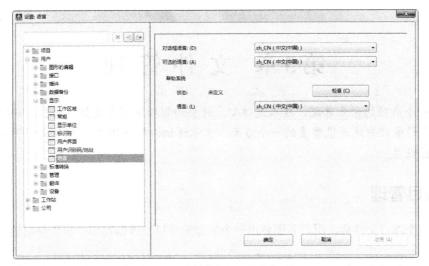

图 2-36 "语言"选项

第3章 文 件 管 理

对于一个成功的企业来说，技术是核心，健全的管理体制是关键。同样，评价一个软件的好坏，文件管理系统是很重要的一个方面。本章详细讲解 EPLAN 中的文件管理系统与对应的功能区设置。

3.1 项目管理

新建一个项目文件后，用户界面弹出一个活动的项目管理器窗口"页"导航器，如图 3-1 所示。

EPLAN 中项目文件夹下放置不同的文档进行管理，为了合理地进行项目管理，EPLAN 中可以将项目结构设定为描述性的，这样就起到了相同的作用，如图 3-2 所示。

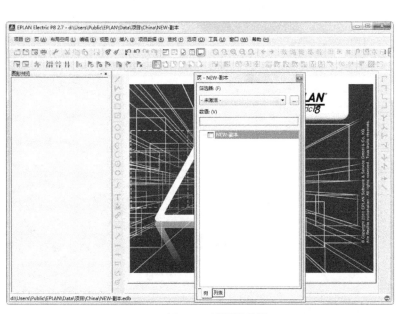

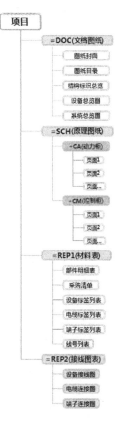

图 3-1　项目管理器　　　　　　　　　　图 3-2　项目管理结构图

3.1.1 项目管理数据库

项目管理始终与 Projects.mdb 项目管理数据库一同打开，将目录读入项目管理中，然后通过项目管理访问此目录中的全部项目。项目管理数据库包括 Access 和 SQL 服务器。

选择菜单栏中的"项目"→"管理"命令，设置管理的项目文件目录。选择该命令后，弹出如图 3-3 所示的"项目管理数据库"对话框，显示"Access（访问）"与"SQL 服务器"路径。

图 3-3 "项目管理数据库"对话框

EPLAN 默认使用的数据库是 Access，但是当部件库过大时，在查找、编辑等操作时，将会变得非常缓慢，所以这时候需要考虑使用 SQL 部件库。使用 SQL 不仅可安装在本地（个人用），还可以运行到云端或局域网服务器（多人用），但 SQL 部件库需要定时升级。

单击 按钮，弹出"选择项目管理数据库"对话框，如图 3-4 所示，重新选择 Access 数据库路径；单击 按钮，弹出"新建 Access 数据库"对话框，如图 3-5 所示，新建 Access 数据库路径。

图 3-4 "选择项目管理数据库"对话框

图 3-5 "新建 Access 数据库"对话框

3.1.2 项目的打开、创建与删除

常规的原理图项目可以分为不同的项目类型，每种类型的项目可以处在设计的不同阶段，因而有不同的含义。例如，常规项目是描述一套图纸，而修订项目则描述这套图纸版本的变化。

1. 打开项目

选择菜单栏中的"项目"→"打开"命令，或单击"默认"工具栏中的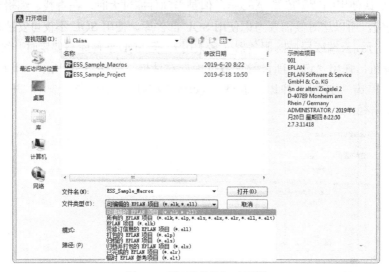（打开项目）按钮，弹出如图 3-6 所示的"打开项目"对话框，打开已有的项目。在图中"文件类型"下拉列表中显示打开项目时，可供选择的原理图项目类型有以下几种。

图 3-6　"打开项目"对话框

原理图项目类型后缀名及其含义：

- *.elk：可编辑的 EPLAN 项目。
- *.ell：可编辑的 EPLAN 项目，带有跟踪变化功能。
- *.elp：压缩成包的 EPLAN 项目。
- *.els：归档的 EPLAN 项目。
- *.elx：归档并压缩成包的 EPLAN 项目。
- *.elr：已关闭的 EPLAN 项目。
- *.elt：临时的 EPLAN 参考项目。

2. 创建项目

在进行工程设计时，通常要先创建一个项目文件，这样有利于对文件的管理。

1）选择菜单栏中的"项目"→"新建"命令，或单击"默认"工具栏中的（新项目）按钮，弹出如图 3-7 所示的对话框，创建新的项目。

2）在"项目名称"文本框下输入创建新的项目名称。在"页"面板中显示创建的新项目。

3）在"默认位置"文本框下显示要创建的项目文件的路径，单击按钮，弹出"选择目录"对话框，选择路径文件夹，如图 3-8 所示。

4）在"模板"文本框下输入项目模板。

项目模板允许基于标准、规则和数据创建项目。项目模板含有预定义的数据，指定的主

数据（符号、表格和图框），各种预定义配置、规则、层管理信息及报表模板等。

图 3-7 "创建项目"对话框　　　　　　　　　　　　图 3-8 "选择目录"对话框

单击 ⋯ 按钮，弹出"选择项目模板/基本项目"对话框，选择模板路径文件夹，如图 3-9 所示。

图 3-9 "选择项目模板/基本项目"对话框

项目模版新建有以下几种：

● GB_tpl001.ept 项目模版：中国国家标准，包含主数据，如符号、表格、图表。
● GOST_tpl001.ept 项目模版：俄罗斯电气标准，包含主数据，如符号、表格、图表。
● IEC_tpl001.ept 项目模版：国际电工委员会标准，包含主数据，如符号、表格、图表。
● NFPA_tpl001.ept 项目模版：美国国家消防协会标准，包含主数据，如符号、表格、图表。
● Num_tpl001.ept 项目模版：预设值顺序编号包含主数据，如符号、表格、图表。

如果使用项目管理或者项目向导建立项目，首先要做的事情就是选择项目模板。项目模板包含：项目模板和基本项目模板。项目模板和基本项目模板都是可以预定义和创建的，选择菜单栏中的"项目"→"组织"命令，弹出如图 3-10 所示的子菜单。

图 3-10 "组织"子菜单

● 选择"创建基本项目"命令,弹出如图 3-11 所示的"创建基本项目"对话框,创建
  基本项目模板。应用基本项目模板创建项目后,项目结构和页结构就被固定,而且
  不能修改。

图 3-11 "创建基本项目"对话框

● 选择"创建项目模板"命令,弹出如图 3-12 所示的"创建项目模板"对话框,创建
  项目模板。
● 设置创建日期:勾选该复选框,添加项目创建日期信息。
● 设置创建者:勾选该复选框,添加项目创建者信息。

5)完成项目参数设置的项目如图 3-13 所示,单击"确定"按钮,关闭对话框,弹出如
图 3-14 所示的"项目属性"对话框。根据选择的模板设置创建项目的参数,同样也可以在
属性对话框中添加或删除新建项目的属性。

图 3-12 "创建项目模板"对话框

图 3-13 项目参数设置

图 3-14 项目属性

6）完成属性设置后，关闭对话框，在"页"面板中显示创建的新项目，如图 3-15 所示。

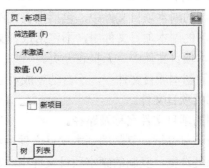

图 3-15 新建项目文件

3．关闭项目

选择菜单栏中的"项目"→"关闭"命令，或单击"默认"工具栏中的 (关闭项目)
按钮，关闭项目文件。

知识拓展：

EPLAN 没有专门的保存命令，因为它是实时保存的，任何操作（新建、删除、修改
等）完成后，系统都会自动保存。

4．项目快捷命令

在"页"面板上选中项目文件，单击鼠标右键，弹出快捷菜单，选择"项目"命令，如
图 3-16 所示，在子菜单中显示新建、打开、关闭命令，可以新建项目、打开项目、关闭项目。

3.1.3 项目的复制与删除

1．复制项目

在页导航器中选择想要复制的项目，选择菜单栏中的"项目"→"复制"命令，弹出如
图 3-17 所示的"复制项目"对话框。

图 3-16　快捷菜单

图 3-17　"复制项目"对话框

1）复制项目的方法包括 4 种：
- 全部，包含报表：复制的副本项目文件中，包括报表文件。
- 全部，不含报表：复制的副本项目文件中，不包括报表文件。
- 仅头文件：复制的副本项目文件中，无报表无页。
- 非自动生成页：复制的副本项目文件中，不自动生成页原理图。

2）源项目：显示要复制的项目文件。

3）目标项目：输入复制的项目文件名称及路径。

4）设置创建日期：勾选该复选框，复制的副本项目文件中添加项目创建日期信息。

5）设置创建者：勾选该复选框，复制的副本项目文件中添加项目创建者信息。

复制后的项目文件如图 3-18 所示。

EPLAN 完成复制项目文件后，将项目文件*.elk 和所属的项目目录*.edb 复制到目标目录，将位于项目管理之外的目标目录自动读入到项目管理中。EPLAN 也可以选择复制多个项目文件。

2．删除项目

选择菜单栏中的"项目"→"删除"命令，删除选中的项目文件。当执行项目删除命令后，会出现"删除项目"对话框，如图 3-19 所示，确认是否删除。删除操作是不可恢复的，需谨慎操作。

图 3-18　复制项目文件　　　　　　　　图 3-19　"删除项目"对话框

3.1.4　项目文件重命名

在"页"面板中选择要重命名的项目文件，选择菜单栏中的"项目"→"重命名"命令，弹出"重命名项目"对话框，如图 3-20 所示，输入新项目文件的名称。

3.1.5　设置项目结构

在 EPLAN 中进行项目规划，首先应该考虑项目采用的项目结构，因为新建项目时所设定的结构在设计的过程中是不可以修改的。此外，项目结构对图纸的数量、表达方式都是有影响的，一个设计合理的项目，它的项目结构首先要设置恰当。

图 3-20　项目重命名

EPLAN 中，项目结构由页结构和设备结构构成。设备结构由其他单个结构构成，例如有"常规设备""端子排""电缆""黑盒"等。这些结构中的任何一种都可以单独构成设备。

1．项目结构

在图 3-21 中显示新建的项目文件，该项目文件下不包含任何文件。

关于"项目结构"，新的电气设计标准 GB/T 5094.1—2018《工业系统、装置与设备以及工业产品结构原则与参照代号　第 1 部分：基本规则》中专门对项目结构进行了详细解释，在这个新标准中，用"功能面"和"位置面"来扩展了旧的标准中的"高层代号"和"位置代号"这两个术语。为使系统的设计、制造、维修或运营高效率地进行，往往将系统及其信息分解成若干部分，每一部分又可进一步细分。这种连续分解的部分和这些部分的组合就称为"结构"，在 EPLAN 中，就是指"项目结构（Project Structure）"。

电气设计标准中介绍一个系统主要从三个方面进行，如图 3-22 显示项目的分层结构：

图 3-21　项目文件

图 3-22　项目的分层结构

- 功能面结构（显示系统的用途，对应 EPLAN 中高层代号，高层代号一般用于进行功能上的区分）。
- 位置面结构（显示该系统位于何处，对应 EPLAN 中的位置代号，位置代号一般用于设置元件的安装位置）。
- 产品面结构（显示系统的构成类别，对应 EPLAN 中的设备标识，设备标识表明该元件属于哪一个类别，是保护器件还是信号器件或执行器件）。

2. 结构标识符

EPLAN 除了给定的项目设备标识配置外，还可以创建用户自定义的配置并用它来确定自己的项目结构。用户可以借助设备标识配置创建页结构和设备结构，在该配置中确定使用不同的带有相应结构标识的设备标识块，EPLAN 还提供预定义的设备标识配置。此外，还可以为自己的项目结构创建用户自定义的设备标识配置。

选择菜单栏中的"项目数据"→"结构标识符管理"命令，弹出"标识符"对话框，如图 3-23 所示，该对话框中显示高层代号、位置代号、文档类型三个选项组。

图 3-23　"标识符"对话框

42

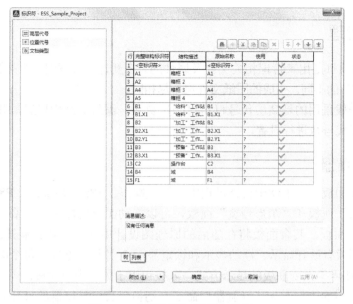

图 3-23 "标识符"对话框（续）

在对话框中为设备标识符的高层代号、位置代号和文档类型自定义选择一个前缀，或者在可以自由选择的位置上输入选择的一个前缀。

● 高层代号段，其前缀符号为"="。

● 位置代号段，其前缀符号为"+"。

● 文档代号段，其前缀符号为"&"。

单击"查找"按钮，弹出"查找项目结构"对话框，通过输入的标识符名称查找项目结构，如图 3-24 所示。

图 3-24 "查找项目结构"对话框

3. 标识符命名

种类代号指用以识别项目种类的代号，前缀符号为"-"，有如下三种表示方法。

1）由字母代码和数字组成，如-K2（种类代号段的前缀符号+项目种类的字母代码+同一项目种类的序号），如-K2M（前缀符号+种类的字母代码+同一项目种类的序号+项目的功能字母代码）。

2）用顺序数字（1，2，3，…）表示图中的各个项目，同时将这些顺序数字和它所代表的项目排列于图中或另外的说明中，如-1，-2，-3，…

3）对不同种类的项目采用不同组别的数字编号。如对电流继电器用 11、12。

如果创建一个新的设备标识配置时已经为相应的设备标识块指定了"标识性的"或"描述性的"属性，则可以选择设备标识块的前缀和分隔符，或输入用户自定义的前缀和分隔符。在用户自定义的项目结构中也可以确定设备标识块的可选的和/或用户自定义的前缀和分隔符。

3.2　图纸管理

EPLAN 的项目是用来管理相关文件及属性的。在新建项目下创建相关的图纸文件，如根据创建的文件类型的不同，生成的图纸文件也不尽相同。

原理图页一般采用的是高层代号+位置代号+页名，添加页结构描述，分别对高层代号、位置代号、高层代号数进行设置。

3.2.1　图页导航器

使用工作区面板是为了便于设计过程中的快捷操作。EPLAN Electric P8 被启动后，系统将自动激活"页"面板和"图形预览"面板，可以拖动面板的标签，调整导航器位置。下面简单介绍"页"面板，其余面板将在随后的原理图设计中详细讲解。展开的面板如图 3-25 所示。工作区面板有展开显示、浮动显示和锁定显示 3 种显示方式。每个面板的右上角都有 2 个按钮，▲按钮用于改变面板的显示方式，✖按钮用于关闭当前面板。

选择菜单栏中的"页"→"导航器"命令，切换"页"导航器的打开与关闭，默认打开的属性面板如图 3-25a 所示；向外拖动打开的导航器的标签，浮动显示导航器，如图 3-25b 所示；单击▲按钮，展开显示导航器，如图 3-25c 所示。

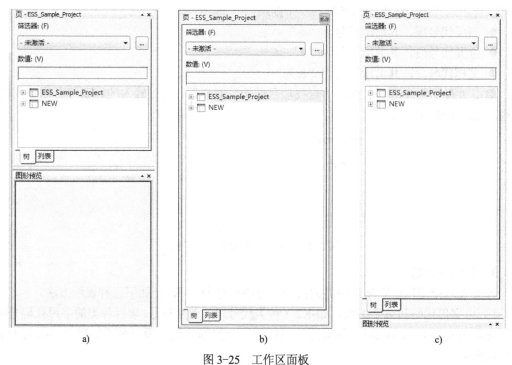

a)　　　　　　　　　　b)　　　　　　　　　　c)

图 3-25　工作区面板

a) 固定显示　b) 浮动显示　c) 展开显示

"页"导航器包含"树""列"两个标签，按下〈Ctrl+Tab〉键，在"树"和"列表"标签之间切换。也可利用单击光标实现列表结构和树结构之间的切换。

在图 3-26 所示打开的项目文件中，通过按下〈Ctrl+F12〉键，在当前打开的图形编辑器与"页"导航器（"可固定的"对话框）、"图形预览"缩略框之间切换。

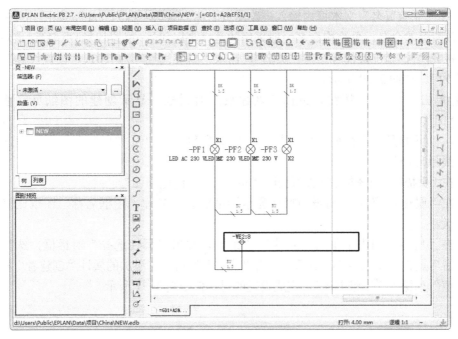

图 3-26   在图形编辑器中切换

3.2.2   图页的创建

1）在如图 3-26 所示的"页"导航器中选中项目名称，选择菜单栏中的"页"→"新建"命令，或在"页"导航器中选中项目名称上单击右键，弹出如图 3-27 所示的快捷菜单，选择"新建"按钮，弹出如图 3-28 所示的"新建页"对话框。

图 3-27   快捷菜单

图 3-28   "新建页"对话框

在该对话框中设置原理图页的名称、类型与属性等参数。单击"扩展"按钮，弹出"完整页名"对话框，在已存在的结构标识中选择，可手动输入标识，也可创建新的标识。

2）在"完整页名"文本框内输入电路图页名称，默认名称为"/1"，如图 3-29 所示。设置原理图页的命名，页结构命名一般采用的是"高层代号+位置代号+页名"，该对话框中设置"高层代号""位置代号"与"页名"，输入"高层代号"为 T01，"位置代号"为 A1，"页名"为 1，如图 3-29 所示。

3）单击 确定 按钮，返回"新建页"对话框，显示创建的图纸页完整页名为"=T01+A1/1"。

● 从"页类型"下拉列表中选择需要页的类型。在"页类型"下拉列表中选择"多线原理图"。
● 在"页描述"文本框输入图纸描述"电气工程中的电路图"。
● 在"属性名-数值"列表中默认显示图纸的表格名称、图框名称、图纸比例与栅格大小。
● 在"属性"列表中单击"新建"按钮 ，弹出"属性选择"对话框，选择"创建者"属性，如图 3-30 所示，单击"确定"按钮，在添加的属性"创建者"栏的"数值"列输入"三维书屋"，完成设置的对话框如图 3-31 所示。

图 3-29 "完整页名"对话框

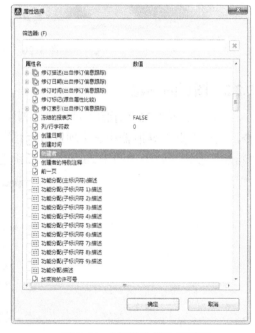

图 3-30 "属性选择"对话框

● 单击"应用"按钮，可重复创建相同参数设置的多张图纸。每单击一次，创建一张新原理图页，在创建者框中会自动输入用户标识。
● 单击"确定"按钮，完成图页添加，在"页"导航器中显示添加原理图页结果，如图 3-32 所示。

3.2.3 图页的打开

选中"页"导航器上选择要打开的原理图页，选择菜单栏中的"页"→"打开"命令或在"页"导航器中选中的原理图页上单击右键，弹出快捷菜单，选择"打开"命令，打开选择的文件，如图 3-33 所示。

图 3-31 "新建页"对话框

图 3-32 新建图页文件

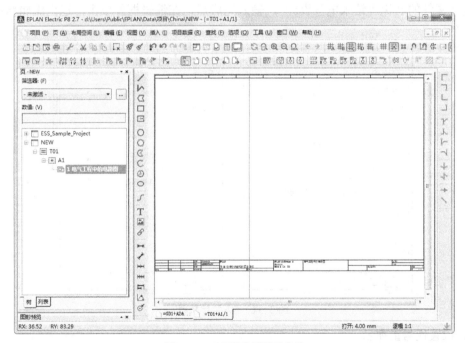

图 3-33 打开原理图页文件

3.2.4 图页的删除

删除原理图页文件比较简单，和 Windows 一样选中后按〈Delete〉键即可，或在"页"导航器中选中的原理图页上单击右键，选择快捷命令"删除"，另外，删除操作是不可恢复的，需谨慎操作。

3.2.5 图页的选择

图页的选择包括以下三种：

1）在"页"导航器中可利用鼠标直接双击原理图页的名称。

2）选择在菜单栏的"页"→"上一页""下一页"命令，即可选择当前选择页的上一页或下一页。

3）按快捷键。

● 〈Page Up〉：显示前一页。

● 〈Page Down〉：显示后一页。

3.2.6　图页的重命名

图页结构命名一般采用的是"高层代号+位置代号+页名"，相对应的，对图页的重命名，需要分别对高层代号、位置代号和页名进行重命名。

1. 高层代号重命名

在"页"导航器中选择要重命名的高层代号文件，选择菜单栏中的"页"→"重命名"命令或在"页"导航器中选中的原理图页上单击右键，弹出快捷菜单，选择"重命名"命令，高层代号文件进入编辑状态，激活编辑文本框，如图 3-34 所示，输入新原理图高层代号文件的名称"钻床电气设计"，输入完成后，在编辑框外单击，退出编辑状态，完成重命名。

图 3-34　"页"导航器

2. 位置代号重命名

在"页"导航器中选择要重命名的图页文件的位置代号，选择菜单栏中的"页"→"重命名"命令或在"页"导航器中选中的原理图页上单击右键，弹出快捷菜单，选择"重命名"命令，图页文件的位置代号进入编辑状态，激活编辑文本框，如图 3-35 所示，输入新图页名称"Z35<摇臂>"，输入完成后，在编辑框外单击，退出编辑状态，完成重命名。

不论原理图页是否打开，重命名操作都会立即生效。

3. 页名重命名

在"页"导航器中选择要重命名的图页文件的页名，选择菜单栏中的"页"→"重命名"命令或在"页"导航器中选中的原理图页上单击右键，弹出快捷菜单，选择"重命名"命令，图页文件的页名进入编辑状态，激活编辑文本框，输入新图页名称，输入完成后，在编辑框外单击，退出编辑状态，完成重命名。

3.2.7 图页的移动、复制

EPLAN Electric P8 使用项目文件夹把一个设计中的所有原理图页组织在一起,一个项目文件可能包含多个原理图页文件夹。可以把多页原理图从一个文件夹转移到另一个文件夹,也可以把同一个原理图页复制到多个原理图页文件夹中。如果一个项目(.elk 文件)中有多个原理图页,在其他项目中也要用到,用户可以把这些原理图页从一个项目中转移到另一个项目中,或复制到另一个项目中,这样可以充分利用现有资源,避免重复设计。下面介绍操作方法。

1. 原理图页的转移

1)在"页"导航器中选定要移动的项目文件夹"NEW"下的原理图页"1",可以按住〈Ctrl+Shift〉键选择多个图页,如图 3-36 所示。

图 3-35 图页重命名   图 3-36 选择要复制的原理图页

2)如果是移动到项目文件夹,选择菜单栏中的"编辑"→"剪切"命令,如果是复制到项目文件夹则选择菜单栏中的"编辑"→"复制"命令。

3)选定目标项目文件夹"NEW",选择菜单栏中的"编辑"→"粘贴",弹出如图 3-37 所示的"调整结构"对话框。在该对话框中显示选择要复制的源原理图页与目标原理图页,可以修改要复制的源原理图页与目标原理图页的名称,以及调整源原理图页的粘贴位置与名称。

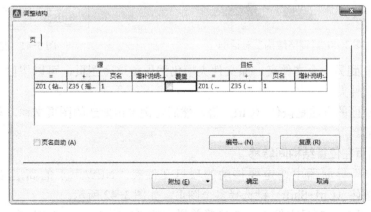

图 3-37 "调整结构"对话框

勾选"页名自动"复选框，在自动激活"覆盖"复选框后，并存在与将覆盖的页同名的原理图页，调整页名，目标原理图页的页名自动更改为 2，页名的数字编号自动递增，如图 3-38 所示。

单击　确定　按钮，在选中的原理图页 1 下粘贴相同的原理图页 2，结果如图 3-39 所示。

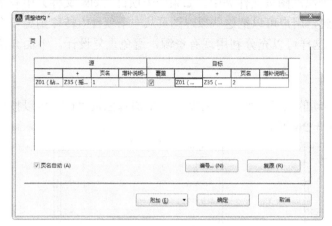

图 3-38　页名自动递增

图 3-39　复制同层原理图页

另一种更简单的操作如下。

选中一个原理图页，左键直接拖曳到目标文件夹，弹出如图 3-40 所示的"调整结构"对话框，在该对话框中显示的目标原理图页编号已自动递增为 3，单击　确定　按钮，在选中的原理图页 1 下粘贴相同的原理图页 2，结果如图 3-41 所示。

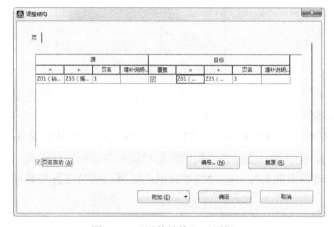

图 3-40　"调整结构"对话框

图 3-41　拖动复制

如果想复制到另一个文件夹，原文件夹中仍然保留这个图页，可以按住〈Ctrl〉键，然后拖曳到目标文件夹。

选中多个页面的方法是按住〈Ctrl〉键，然后左键单击要选的图页文件，与 Windows 中的操作是一样的。

2．原理图页在位置结构间转移

1）在"页"导航器中选定要移动的项目文件夹"NEW"下的高层结构"Z35（摇臂）"，也可以按住〈Ctrl+Shift〉键选择多个图页，如图 3-42 所示。

2）如果是移动到项目文件夹，选择菜单栏中的"编辑"→"剪切"命令，如果是复制到项目文件夹则选择菜单栏中的"编辑"→"复制"命令。

3）选定目标项目文件夹"NEW"，选择菜单栏中的"编辑"→"粘贴"，弹出如图 3-43 所示的"调整结构"对话框。在该对话框中将位置结构的源原理图页"Z35（摇臂）"修改为"Z50（摇臂）"，完成移动或复制，结果如图 3-44 所示。

图 3-42　选择原理图页

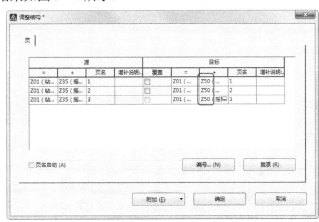

图 3-43　"调整结构"对话框

图 3-44　复制 Z50（摇臂）

另一种更简单的操作如下。

选中一个位置结构的原理图页，左键直接拖拽到目标项目文件夹。如果想复制到另一个项目文件夹，原项目文件夹中仍然保留这个位置结构的图页，可以按住〈Ctrl〉键，然后拖拽到目标项目文件夹。

选中多个页面的方法是按住〈Ctrl〉键，然后左键单击要选的位置结构的图页文件，与 Windows 中的操作是一样的。

3．高层结构原理图页在不同项目之间转移步骤

1）在"页"导航器中选定要移动的项目文件夹下高层结构原理图页 Z01（钻床电气设计）文件，左键选择要移动的原理图页。

2）选择菜单栏中的"编辑"→"剪切"命令或"复制"命令，剪切或复制该高层结构下所有的原理图页。

3）打开目标项目，单击左键选择原理图页文件夹，要移动的图页放在这里。

4）选择菜单栏中的"编辑"→"粘贴"，弹出如图 3-45 所示的"调整结构"对话框。在该对话框中将位置结构的源原理图页"Z01（钻床电气设计）"修改为目标原理图页"C01（车床电气设计）"，完成移动或复制，结果如图 3-46 所示。

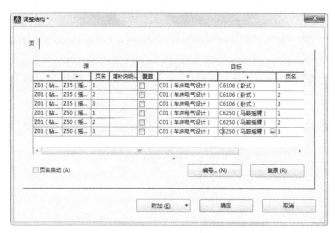

图 3-45 "调整结构"对话框

图 3-46 复制创建 C01（车床电气设计）

5）注意两个项目都要保存一下，这一步很重要，以免丢失数据。

4. 不同项目间的复制与剪切

同样，也可以把整个原理图页文件夹从一个项目中转移到另一个项目中。在"页"导航器中打开两个工程，在一个项目中选择要移动的原理图页，单击左键直接拖曳到另一个项目的目标原理图文件夹中，弹出如图 3-47 所示的"调整结构"对话框，默认要移动的原理图页移动结果如图 3-48 所示。如果进行复制操作，则拖拽时按住〈Ctrl〉键即可，复制结果如图 3-49 所示。

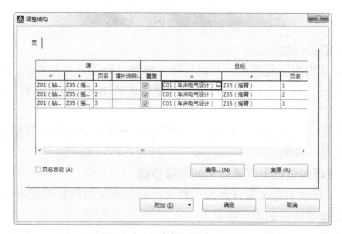

图 3-47 "调整结构"对话框

图 3-48 移动原理图页

图 3-49 复制原理图页

当把图页移动到目标工程中后,需要立即保存。如果没有及时保存,很可能会导致数据丢失。

同样,高层结构及原理图页的文件夹也可以从一个项目中移动到另一个项目中,操作方法类似,这里不再赘述。

5. 图页的复制

下面讲解如何利用菜单命令移动、复制不同结构层次的原理图文件图页。

1) 在"页"导航器中,打开项目文件,选中原理图页,单击右键,选择"重命名"命令,修改图页名称为"主回路",结果如图 3-50 所示。

2) 选择菜单栏中的"页"→"复制从/到..."命令,弹出"复制页"对话框,如图 3-51所示,在"选定的项目"下显示要复制的项目文件,在该选项组下可选择任意原理图页,单击扩展按钮 ,弹出如图 3-52 所示的对话框,在该对话框中显示当前属性管理器中打开的项目文件,从中选择需要操作的项目文件。

除此之外,还可以对未打开的项目文件进行复制操作,单击 按钮,弹出"打开项目"对话框,在该对话框中选择任意项目文件,选择选定要复制的项目文件,如图 3-53 所示。完成项目选择后,返回"复制页"对话框,单击 按钮,将选中的"主回路"原理图页复制到右侧"当前项目"中,如图 3-54 所示,若有需要,还可以选择其余原理图文件进行复制,在图 3-55 所示的"页"导航器中显示最终的复制结果。

图 3-50 打开项目文件

图 3-51 "复制页"对话框

图 3-52 "项目选择"对话框

图 3-53 "打开项目"对话框

图 3-54　复制"主回路"

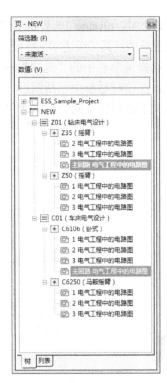

图 3-55　复制结果

3.3　层管理

EPLAN 图层的概念类似投影片,将不同属性的对象分别放置在不同的投影片(图层)上。例如,将原理图中的设备、连接点、黑盒、流体等分别绘制在不同的图层上,每个图层可设定不同的线型、线条颜色,然后把不同的图层堆栈在一起成为一张完整的视图,这样就可使视图层次分明,方便图形对象的编辑与管理。一个完整的图形就是由它所包含的所有图层上的对象叠加在一起构成的,如图 3-56 所示。

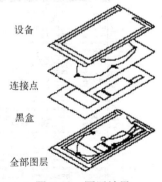

设备

连接点

黑盒

全部图层

图 3-56　图层效果

3.3.1　图层的设置

用图层功能绘图之前,用户首先要对图层的各项特性进行设置,包括建立和命名图层、设置当前图层、设置图层的颜色和线型、图层是否关闭,以及图层删除等。

EPLAN Electric P8 提供了详细直观的"层管理"对话框，用户可以方便地通过对该对话框中的各选项及其二级选项进行设置，从而实现创建新图层、设置图层颜色及线型的各种操作。

选择菜单栏中的"选项"→"层管理"命令，系统打开如图 3-57 所示的"层管理"对话框，在该对话框中包括图形、符号图形、属性放置、特殊文本和 3D 图形这五个选项组，该五类下还包括不同类型的对象，分别对不同对象设置不同类型的层。

图 3-57 "层管理"对话框

1）"新建图层"按钮：单击该按钮，图层列表中出现一个新的图层名称"新建_层1"，用户可使用此名称也可改名，如图 3-58 所示。

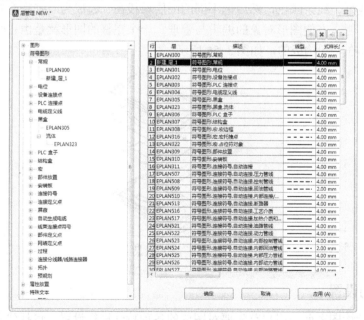

图 3-58 新建图层

2）"删除图层"按钮 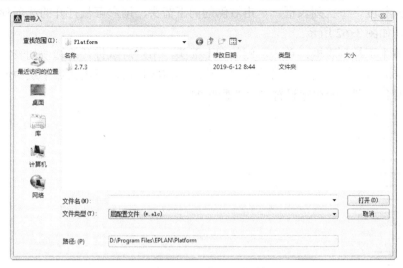：在图层列表中选中某一图层，然后单击该按钮，则把该图层删除。

3）"导入"按钮：在图层列表中导入选中的图层，单击该按钮，弹出"层导入"对话框，选择层配置文件"*.elc"，导入设置层属性的文件，如图 3-59 所示。

图 3-59 "层导入"对话框

4）"导出"按钮：在图层列表中导出设置好的图层模板，单击该按钮，弹出"层导出"对话框，导出层配置文件"*.elc"，如图 3-60 所示。

图 3-60 "层导出"对话框

3.3.2 图层列表

图层列表区显示已有的层及其特性。要修改某一层的某一特性，单击它所对应的图标即可。列表区中各列的含义如下。

1）"在状态"：指示项目的类型，有图层过滤器、正在使用的图层、空图层和当前图层 4 种。

2）"层"：显示满足条件的图层名称。如果要对某图层修改，首先要选中该图层的名称。

3）"描述"：解释该图层中的对象。

4）"线型"下拉列表框：单击右侧的向下箭头，用户可从打开的选项列表中选择一种线型，使之成为当前线型，如图 3-61 所示。修改当前线型后，不论在哪个层中绘图都采用这种线型，但对各个层的线型设置是没有影响的。

5）"样式长度"下拉列表框：单击右侧的向下箭头，用户可从打开的选项列表中选择一种默认长度，如图 3-62 所示。

6）"线宽"下拉列表框：单击右侧的向下箭头，用户可从打开的选项列表中选择一种线宽，如图 3-63 所示，使之成为当前线宽。修改当前线宽后，不论在哪个层中绘图都采用这种线宽，但对各个图层的线宽设置是没有影响的。

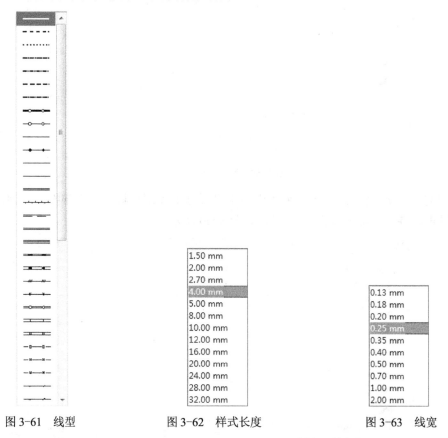

| 图 3-61　线型 | 图 3-62　样式长度 | 图 3-63　线宽 |

7）颜色：显示和改变图层的颜色。如果要改变某一图层的颜色，单击其对应的颜色图标，系统打开如图 3-64 所示的选择颜色对话框，用户可从中选择需要的颜色，单击 >> 按钮，扩展对话框，显示扩展的色板，增加可选的颜色。

8）"字号"下拉列表框：单击右侧的向下箭头，用户可从打开的选项列表中选择一种字号，修改当前字号后，该层中的对象默认使用该字号的文字。

9）"方向"下拉列表框：单击右侧的向下箭头，用户可从打开的选项列表中选择一种文字方向。

10）"角度"下拉列表框：单击右侧的向下箭头，用户可从打开的选项列表中选择一种对象放置角度，包括 0°、45°、90°、135°、180°、-45°、-90°、-135°。

11）"行间距"下拉列表框：单击右侧的向下箭头，用户可从打开的选项列表中选择一种行间距，包括单倍行距、1.5 倍间距、双倍间距。

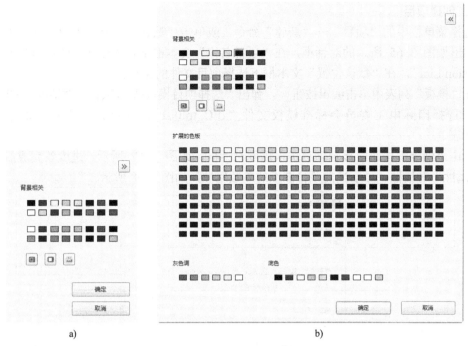

图 3-64 选择颜色对话框

a) 颜色板 b) 扩展颜色板

12)"段落间距"下拉列表框：单击右侧的向下箭头，用户可从打开的选项列表中选择间距大小。

13)"文本框"下拉列表框：单击右侧的向下箭头，用户可从打开的选项列表中选择文本框类型，包括长方形、椭圆形、类椭圆。

14)"可见"复选框：勾选该复选框，该层在原理图中显示，否则不显示。

15)"打印"复选框：勾选该复选框，该层在原理图打印时可以打印，否则不能由打印机打出。

16)"锁定"复选框：勾选该复选框，图层呈现锁定状态，该层中的对象均不会显示在绘图区中，也不能由打印机打出。

17)"背景"复选框：勾选该复选框，该层在原理图中显示背景，否则不显示。

18)"可按比例缩放"复选框：勾选该复选框，该层在原理图中显示时可按比例缩放，否则不可按比例缩放。

19)"3D 层"复选框：勾选该复选框，该层在原理图中显示 3D 层，否则不显示。

3.4 综合实例——自动化流水线电路

3.4 综合实例——自动化流水线电路

随着工业的发展，不同控制种类的流水线自动控制分拣装置大量出现，大大提高了企业的生产效率和产品质量，同时减轻了企业一线工人的负担。

本实例设计的电气项目是一个办公用品的自动化流水线控制系统，所涉及的单元包括热床站电机电路、冲床站电机电路等。

1. 创建项目

选择菜单栏中的"项目"→"新建"命令，或单击"默认"工具栏中的 （新项目）按钮，弹出如图 3-65 所示的对话框，在"项目名称"文本框下输入创建新的项目名称"Auto Production Line"，在"默认位置"文本框下选择项目文件的路径。

在"模板"列表中单击编辑按钮 ⌐，弹出"选择项目模板/基本项目"对话框，如图 3-66 所示，选择国际电工委员会标准模板文件"IEC_tpl001"，其包含主数据，如符号、表格、图表。

单击"确定"按钮，显示项目进入进度对话框，如图 3-67 所示，进度条完成后，弹出"项目属性"对话框，显示当前项目图纸的参数属性，如图 3-68 所示。

图 3-65 "创建项目"对话框

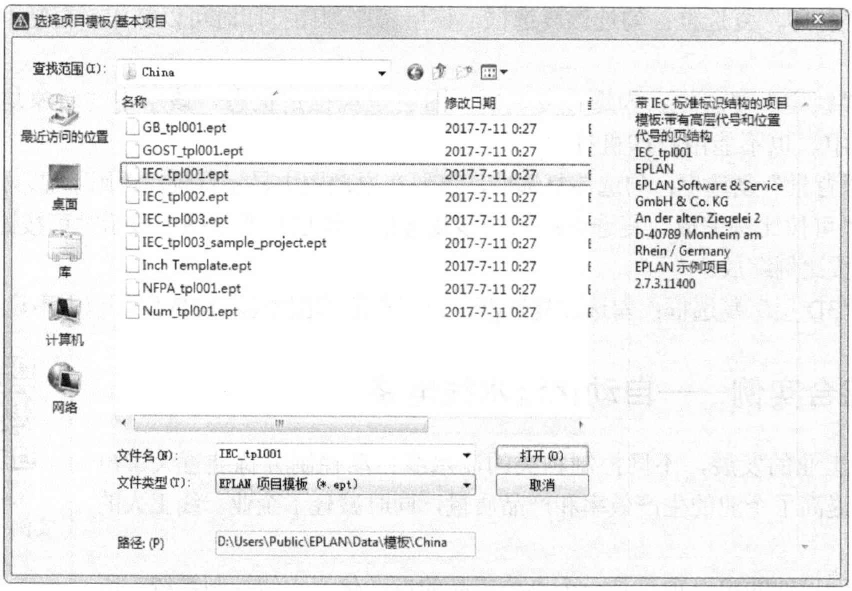

图 3-66 "选择项目模板/基本项目"对话框

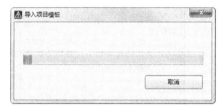

图 3-67　进度对话框　　　　　　　　　　　　　图 3-68　"项目属性"对话框

　　打开"属性"选项卡，显示"属性名-数值"列表中的参数，单击"新建"按钮 ，弹出"属性选择"对话框，选择"审核人"属性，如图 3-69 所示，单击"确定"按钮，在添加的属性"审核人"栏的"数值"列输入"三维书屋"，完成设置的对话框如图 3-70 所示。

图 3-69　"属性选择"对话框

如图 3-70 所示，单击"确定"按钮，关闭对话框，在"页"导航器中显示创建的空白新项目"Auto Production Line.elk"，如图 3-71 所示。在项目路径下自动创建"Auto Production Line.elk"文件和"Auto Production Line.edb"文件夹。

图 3-70 "项目属性"对话框

图 3-71 空白新项目

2. 图页的创建

1）在"页"导航器中选中项目名称"Auto Production Line"，选择菜单栏中的"页"→"新建"命令，如图 3-72 所示，或在"页"导航器中选中项目名称上单击右键，选择"新建"命令，弹出如图 3-73 所示的"新建页"对话框。

图 3-72 新建命令

图 3-73 "新建页"对话框

在该对话框中"完整页名"文本框内输入电路图页名称，默认名称为"/1"。单击"扩展"按钮⌐⌐，弹出"完整页名"对话框，设置原理图页的命名，页结构命名一般采用的是"高层代号+位置代号+页名"，该对话框中设置"高层代号""位置代号"及"页名"，输入"高层代号"为 Z01（主电路）、"位置代号"为 A1、"页名"为 1，如图 3-74 所示。

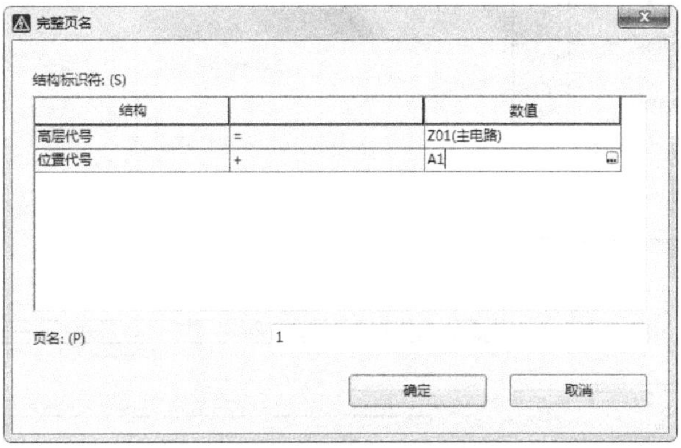

图 3-74 "完整页名"对话框

2）单击 确定 按钮，返回"新建页"对话框，显示创建的图纸页完整页名为"=Z01（主电路）+A1/1"。

从"页类型"下拉列表中选择需要页的类型。在"页类型"下拉列表中选择"单线原理图"，"页描述"文本框输入图纸描述"主电路绘制"。

在"属性名-数值"列表中默认显示图纸的表格名称、图框名称、图纸比例与栅格大小。在"属性"列表中单击"删除"按钮⊠，删除"创建者的特别注释"属性，完成设置的对话框如图 3-75 所示。

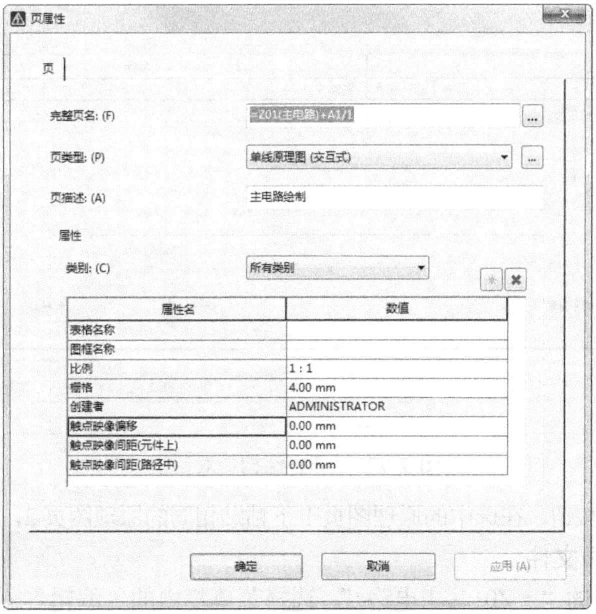

图 3-75 "新建页"对话框

单击"确定"按钮，在"页"导航器中创建原理图页 1，如图 3-76 所示。

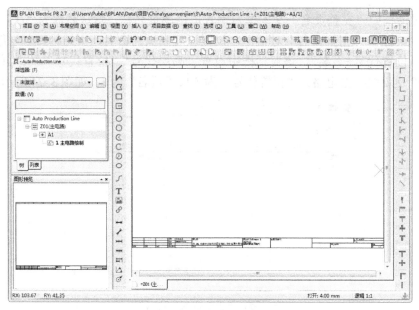

图 3-76　新建图页文件

3. 复制原理图页文件

选择项目文件中的"= Z01（主电路）+A1/1"，选择菜单栏中的"编辑"→"复制"命令，选择菜单栏中的"编辑"→"粘贴"，弹出如图 3-77 所示的"调整结构"对话框。在该对话框中显示选择要复制的源原理图页与目标原理图页，勾选"页名自动"复选框，自动激活"覆盖"复选框，目标原理图页的页名自动更改为 2，如图 3-77 所示。

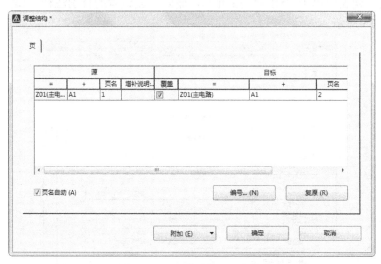

图 3-77　"调整结构"对话框

单击 [确定] 按钮，在选中的原理图页 1 下粘贴相同的原理图页 2，结果如图 3-78 所示。

4. 复制原理图页文件

选择项目文件中的"= Z01（主电路）"，选择菜单栏中的"编辑"→"复制"命令，选择菜单栏中的"编辑"→"粘贴"，弹出如图 3-79 所示的"调整结构"对话框。在该对话框中显示选择要复制的源原理图页与目标原理图页，取消勾选"页名自动"复选框，调整目标原理图页的页名。

图 3-78　复制同层原理图页

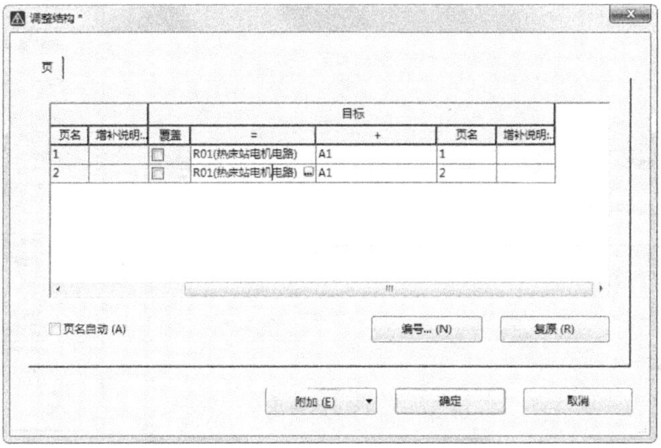

图 3-79　"调整结构"对话框

单击 ⬚ 确定 ⬚ 按钮，在选中的原理图"Z01（主电路）"下的所有原理图页粘贴原理图 R01（热床站电机电路）下，结果如图 3-80 所示。

5. 图页重命名

在"页"导航器中选中原理图页位置代号 A1，单击鼠标右键弹出选择"属性"命令，弹出如图 3-81 所示的"页属性"对话框，在该对话框中编辑原理图页的名称、类型与属性等参数。

图 3-80　复制原理图页

图 3-81　"页属性"对话框

在"完整页名"文本框右侧单击"扩展"按钮⬚，弹出"完整页名"对话框，在该对话框中设置"位置代号"，如图 3-82 所示。单击 ⬚ 确定 ⬚ 按钮，退出对话框。修改"页描述"文本框中内容为"热床站电机电路绘制"，如图 3-83 所示，单击 ⬚ 确定 ⬚ 按钮，退出对话框。

图 3-82 "完整页名"对话框   图 3-83 "页属性"对话框

6. 复制原理图

选择菜单栏中的"页"→"复制从/到…"命令，弹出"复制页"对话框，如图 3-84 所示，在"选定的项目"下显示要复制的项目文件"A1"。

图 3-84 "复制页"对话框

单击→按钮，将选中的"A1"原理图复制到右侧"当前项目"R01 下，弹出"调整结构"对话框，修改目标原理图的结构与名称，如图 3-85 所示，完成复制的对话框显示结果如图 3-86 所示。

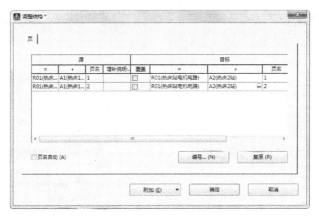

图 3-85 "调整结构"对话框

单击→按钮，将选中的"Z01"原理图复制到右侧"当前项目"下，如图 3-87 所示，弹出"调整结构"对话框，如图 3-88 所示，修改目标原理图的结构与名称，如图 3-89 所示，完成复制的对话框修改后，单击"关闭"按钮，关闭对话框。

图 3-86 复制"A1"

图 3-87 "复制页"对话框

"页"导航器中选择"=C01(主电路)+A1(冲床站电机)/1"，单击鼠标右键选择"属性"命令，弹出属性对话框，设置原理图页的页描述，如图 3-90 所示，用同样的方法设置

"=C01(主电路)+A1(冲床站电机)/2",在图 3-91 中显示了修改后的结果。

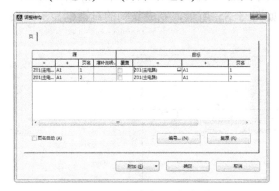

图 3-88 "调整结构"对话框修改前

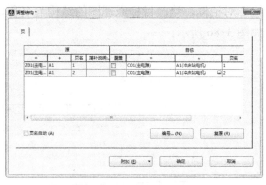

图 3-89 "调整结构"对话框修改后

图 3-90 "页属性"对话框

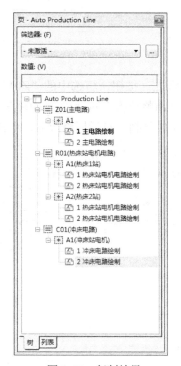

图 3-91 复制结果

第4章　元件与设备

在绘制电路原理图的过程中，首先要在图纸上放置需要的元件与设备。EPLAN Electric P8 2.7 作为一个专业的电子电路计算机辅助设计软件，一般常用的电子元件符号与设备分别可以在它们各自的库中找到，用户只需在 EPLAN Electric P8 2.7 库中查找所需的元件符号与设备，并将其放置在图纸适当的位置即可。

4.1　元件符号

符号（电气符号）是电器设备（Electrical Equipment）的一种图形表达，符号存放在符号库中。是广大电气工程师之间的交流语言，用来传递系统控制的设计思维，将设计思维体现出来的，就是电气工程图纸。为了工程师之间能彼此看懂对方的图纸，专业的标准委员会或协会制定了统一的电气标准。目前常见的电气设计标准有 IEC 61346(IEC-International Electrotechnical Commission，即国际电工委员会，也称为（欧标），以及 GOST（俄罗斯国家标准）与 GB4728（中国国标）等。

4.1.1　元件符号的定义

元件符号是用电气图形符号、带注释的围框或简化外形表示电气系统或设备中组成部分之间相互关系及其连接关系的一种图标。广义地说表明两个或两个以上变量之间关系的曲线，用以说明系统、成套装置或设备中各组成部分的相互关系或连接关系，或者用以提供工作参数的表格、文字等，也属于电气图。

符号根据功能显示下面的分类：

● 不表示任何功能的符号，如连接符号，包括角节点、T 节点。
● 表示一种功能的符号，如常开触点、常闭触点。
● 表示多种功能的符号，如电击保护开关、熔断器、整流器。
● 表示一个功能的一部分，如设备的某个连接点、转换触点。

元件符号命名建议采用"标识字母+页+行+列"表示，这个在使用 EPLAN Electric P8 2.7 提供的国标图框时更能体现出这种命名的优势，EPLAN Electric P8 2.7 的 IEC 图框没有列。虽然 EPLAN P8 也提供其他形式的元器件命名方式，诸如"标识字母+页+数字"或者"标识字母+页+列"，元件在图纸中是唯一确定的。假如一列有多个断路器（也可能是别的器件），如果删除或添加一个断路器，剩下的断路器名称则需要重新命名。如果采用"标志字母+页+行+列"这种命名方式，元件在图纸中也是唯一确定的。

4.1.2　符号变量

一个符号通常具有 A～H 等 8 个变量和 1 个触点映像变量。所有符号变量共有相同的属性，即相同的标识、相同的功能和相同的连接点编号，只有连接点图形的不同。

图 4-1 中的开关变量包括 1、2 的连接点，图 4-1a～图 4-1h 分别代表开关变量 A～H。以 A 变量为基准，逆时针旋转 90°，形成 B 变量；再以 B 变量为基准，逆时针旋转 90°，形成 C 变量；再以 C 变量为基准，逆时针旋转 90°，形成 D 变量；而 E、F、G、H 变量分别是 A、B、C、D 变量的镜像显示结果。

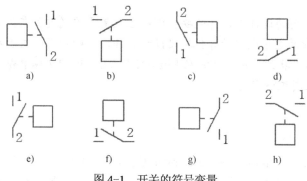

图 4-1　开关的符号变量

4.1.3　元件符号库

EPLAN Electric P8 2.7 中内置四大标准的符号库，分别是 IEC、GB、NFPA 和 GOST 标准的元件符号库，元件符号库又分为原理图符号和单线图符号库。

● IEC_Symbol：符合 IEC 标准的原理图符号库。
● IEC_single_Symbol：符合 IEC 标准的单线图符号库。
● GB_Symbol：符合 GB 标准的原理图符号库。
● GB_single_Symbol：符合 GB 标准的单线图符号库。
● NFPA_Symbol：符合 NFPA 标准的原理图符号库。
● NFPA_single_Symbol：符合 NFPA 标准的单线图符号库。
● GOST_Symbol：符合 GOST 标准的原理图符号库。
● GOST_single_Symbol：符合 GOST 标准的单线图符号库。

在 EPLAN Electric P8 2.7 中，安装了符合 IEC、GB 的多种标准的符号库，同时增加公司常用的符号库。

4.1.4　"符号选择"导航器

1）选择菜单栏中的"项目数据"→"符号"命令，在工作窗口左侧就会出现"符号选择"标签，并自动弹出"符号选择"导航器。在"筛选器"下拉列表中选择标准的符号库，如图 4-2 所示。

2）单击"筛选器"右侧的 按钮，系统将弹出如图 4-3 所示的"筛选器"对话框，可以看到此时系统已经装入的标准的符号库，包括 IEC、GB 的多种标准的符号库。

在"筛选器"对话框中，按钮用来新建标准符号库， 用来新建标准符号库， 用来保存新建的标准符号库， 用来删除标准符号库， 和 按钮是用来导入、导出元件库。

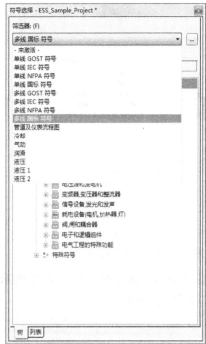

图 4-2　选择标准的符号库

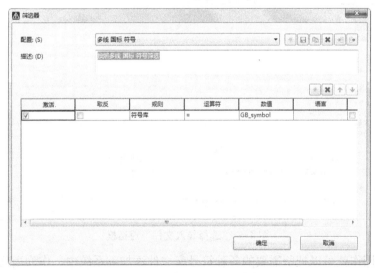

图 4-3　"筛选器"对话框

3）单击"新建"图按钮，弹出"新配置"对话框，显示符号库中已有的符号库信息，在"名称""描述"栏输入新符号库的名称与库信息的描述，如图 4-4 所示。单击"确定"按钮，返回"筛选器"对话框，显示新建的符号库"IEC 符号"，在下面的属性列表中，单击"数值"列，弹出"值选择"对话框，勾选所有默认标准库，如图 4-5 所示。单击"确定"按钮，返回"筛选器"对话框，完成新建的符号库"IEC 符号"的选择。

图 4-4 "新配置"对话框　　　　　　　　　　图 4-5 "值选择"对话框

4）单击"导入"按钮弹出如图 4-6 所示的"选择导入文件"对话框，导入"*.xml"文件，加载绘图所需的符号库。

图 4-6 "选择导入文件"对话框

重复上述操作就可以把所需要的各种符号库文件添加到系统中，作为当前可用的符号库文件。加载完毕后，单击"确定"按钮，关闭"筛选器"对话框。这时所有加载的符号库都显示在"选择符号"导航器中，用户可以选择使用。

选择"多线 国标 符号"，显示打开项目文件下的"GB_Symbol"（符合 GB 标准的原理图符号库），在该标准库下显示电器工程符号与特殊符号，如图 4-7 所示。

4.1.5　加载符号库

装入所需元件符号库的操作步骤如下：

选择菜单栏中的"项目数据"→"符号"命令，在工作窗口左侧就会出现"符号选择"标签，并自动弹出"符号选择"导航器，如图 4-8 所示。

72

图 4-7　选择符号

图 4-8　符号库

1）在项目文件或项目文件下的符号库上单击右键，弹出快捷菜单如图 4-8 所示，选择"设置"命令，系统将弹出如图 4-9 所示的"设置符号库"对话框。

可以看到此时系统已经装入的元件符号库，包括"SPECIAL""GB_symbol"（符合 GB 标准的原理图符号库）"GB_signal_symbol"（符合 GB 标准的单线符号库）"GRAPHICS"和"OS_SYM_ESS"。"SPECIAL"和"GRAPHICS"是 EPLAN 的专用符号库，其中，"SPECIAL"不可编辑，"GRAPHICS"可编辑。

在"设置符号库"对话框中，左侧"行"列是显示元件符号库排列顺序的。

2）加载绘图所需的元件符号库。在"设置符号库"对话框中列出的是系统中可用的符号库文件。单击空白行后的"…"按钮，如图 4-10 所示，系统将弹出如图 4-11 所示的"选择符号库"对话框。在该对话框中选择特定的库文件夹，然后选择相应的库文件，单击"打开"按钮，所选中的符号库文件就会出现在"设置符号库"对话框中。

图 4-9　"设置符号库"对话框 1　　　　　　图 4-10　"设置符号库"对话框 2

图 4-11 "选择符号库"对话框

重复上述操作就可以把所需要的各种符号库文件添加到系统中，作为当前可用的符号库文件。加载完毕后，单击"确定"按钮，关闭"设置符号库"对话框。这时所有加载的元件库都分类显示在"符号选择"导航器中，用户可以选择使用。

4.2 放置元件符号

原理图有两个基本要素，即元件符号和线路连接。绘制原理图的主要操作就是将元件符号放置在原理图图纸上，然后用线将元件符号中的引脚连接起来，建立正确的电气连接。在放置元件符号前，需要知道元件符号在哪一个符号库中，并载入该符号库。

4.2.1 搜索元件符号

EPLAN Electric P8 提供了强大的元件搜索能力，帮助用户轻松地在元件符号库中定位元件符号。

选择菜单栏中的"插入"→"符号"命令，系统将弹出如图 4-12 所示的"符号选择"对话框，打开"列表"选项卡，在该选项卡中用户可以搜索需要的元件符号。搜索元件需要设置的参数如下：

1)"筛选器"下拉列表框：用于选择查找的符号库，系统会在已经加载的符号库中查找。

2)"直接输入"文本框：用于设置查找符号，进行高级查询，如图 4-13 所示。在该选项文本框中，可以输入一些与查询内容有关的过滤语句表达式，有助于使系统进行更快捷、更准确的查找。在文本框中输入"E"，光标立即跳转到第一个以这个关键词字符开始的符号上，在文本框下的列表中显示符合关键词的元件符号，在右侧显示 8 个变量的缩略图。

可以看到，符合搜索条件的元件名、描述在该面板上被一一列出，供用户浏览参考。

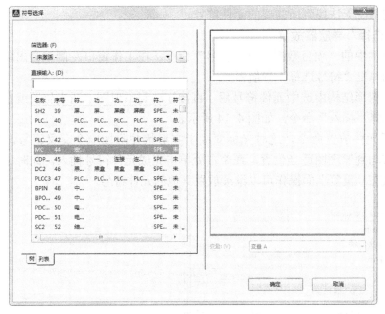

图 4-12 "符号选择"对话框

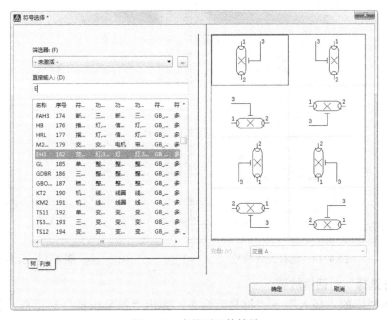

图 4-13 查找到元件符号

4.2.2 元件符号的选择

在符号库中找到元件符号后,加载该符号库,以后就可以在原理图上放置该元件符号了。在工作区中可以将符号一次或多次放置在原理图上,但不能一次选择多个符号放置在原理图上。

EPLAN Electric P8 中有两种元件符号放置方法,分别是通过"符号选择"导航器放置和"符号选择"对话框。在放置元件符号之前,应该首先选择所需元件符号,并且确认所需元件符号所在的符号库文件已经被装载。若没有装载符号库文件,请先按照前面介绍的方法进行装载，否则系统无法找到所需要的元件符号。

1. "符号选择"导航器放置

选择菜单栏中的"项目数据"→"符号"命令，在工作窗口左侧就会出现"符号选择"标签，并自动弹出"符号选择"导航器。

在导航器树形结构中选中元件符号后，直接拖动到原理图中适当位置或在该元件符号上单击右键，选择"插入"命令，如图4-14所示。

自动激活元件放置命令，这时光标变成十字形状并附加一个交叉记号，如图4-15所示，将光标移动到原理图适当位置，在空白处单击完成元件符号插入，此时鼠标仍处于放置元件符号的状态，重复上面操作可以继续放置其他的元件符号。

图4-14　选择元件符号

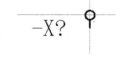

图4-15　元件放置

2. "符号选择"对话框放置

选择菜单栏中的"插入"→"符号"命令，弹出"符号选择"对话框，如图4-16所示。在筛选器下列表中显示的树形结构中选择元件符号。各符号根据不同的功能定义分摊到不同的组中。通过切换树形结构，可以浏览不同的组，直到找到所需的符号。

在"筛选器"下拉列表中显示所有的未筛选的符号库，在下拉列表中显示当前符号库类型，如图4-17所示。单击 ⋯ 按钮，弹出"筛选器"对话框，如图4-18所示，前面"符号选择"导航器中已介绍如何创建、编辑符号库，这里不再赘述。

在树形结构中选中元件符号后，在列表下方的描述框中显示该符号的符号描述，如图4-19所示。在对话框的右侧显示该符号的缩略图，包括A～H这8个不同的符号变量，选中不同的变量符号时，在"变量"文本框中显示对应符号的变量名。

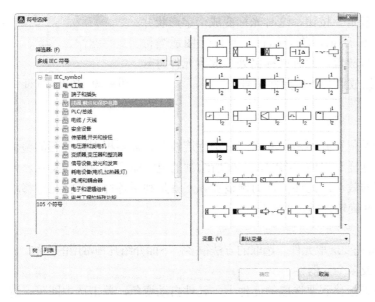

图 4-16 "符号选择"对话框

未激活
单线 GOST 符号
单线 IEC 符号
单线 NFPA 符号
单线 国标 符号
多线 GOST 符号
多线 IEC 符号
多线 NFPA 符号
多线 国标 符号
管道及仪表流程图
冷却
气动
润滑
液压
液压 1
液压 2

图 4-17 选择符号库类型

图 4-18 "筛选器"对话框

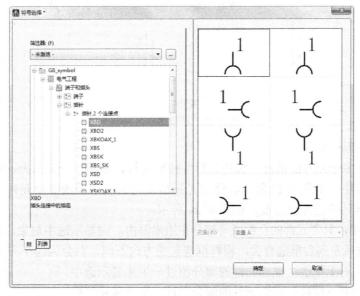

图 4-19 "符号选择"对话框

选中元件符号后，单击"确定"按钮，这时光标变成十字形状并附加一个交叉记号，如图 4-20 所示，将光标移动到原理图适当位置，在空白处单击完成元件符号放置，此时鼠标仍处于放置元件符号的状态，重复上面操作可以继续放置其他的元件符号。

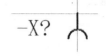

图 4-20　放置元件符号

4.2.3　符号位置的调整

每个元件被放置时，其初始位置并不是很准确。在进行连线前，需要根据原理图的整体布局对元件的位置进行调整。这样不仅便于布线，也使所绘制的电路原理图清晰、美观。元件的布局好坏直接影响到绘图的效率。元件位置的调整实际上就是利用各种命令将元件移动到图纸上指定的位置，并将元件旋转为指定的方向。

1．元件的选取

要实现元件位置的调整，首先要选取元件。选取的方法很多，下面介绍几种常用的方法。

（1）用鼠标直接选取单个或多个元器件

对于单个元件的情况，将光标移到要选取的元件上，元件自动变色，单击选中即可。选中的元件高亮显示，表明该元件已经被选取，如图 4-21 所示。

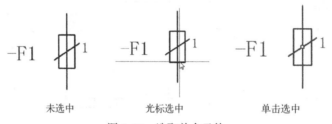

图 4-21　选取单个元件

对于多个元件的情况，将光标移到要选取的元件上单击即可，按住〈Ctrl〉键选择下一个元件，选中的多个元件高亮显示，表明该元件已经被选取，如图 4-22 所示。

图 4-22　选取多个元件

（2）利用矩形框选取

对于单个或多个元件的情况，按住鼠标并拖动光标，拖出一个矩形框，将要选取的元件包含在该矩形框中，如图 4-23 所示，释放光标后即可选取单个或多个元件。选中的元件高亮显示，表明该元件已经被选取，如图 4-24 所示。

在图 4-23 中，只要元件的全部或一部分在矩形框内，则显示选中对象，与矩形框从上到下框选无关，与从左到右框选有关，根据框选起始方向不同，共分为四个方向。

● 从左下到右上框选：框选元件的部分超过一半才显示选中。

● 从左上到右下框选：框选元件的部分超过一半才显示选中。

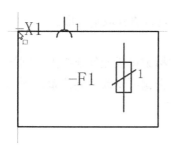

图 4-23　拖出矩形框 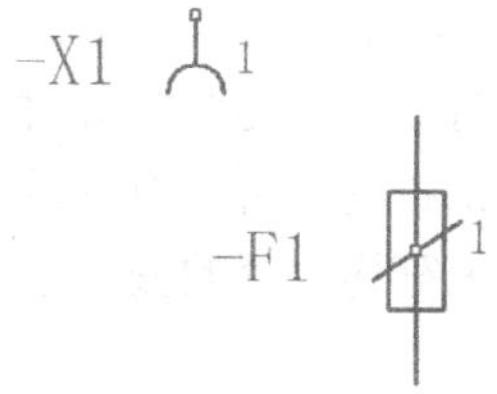　　　　　　　　　　　　图 4-24　选中元器件

● 从右下到左上框选：框选元件的任意部分即显示选中。
● 从右上到左下框选：框选元件的任意部分即显示选中。

（3）用菜单栏选取元件

选择菜单栏中的"编辑"→"选定"命令，弹出如图 4-25 所示的子菜单。

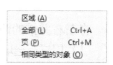

● 区域：在工作窗口选中一个区域，用来选中的区域。具体操作方法为：执行该命令，光标将变成十字形状出现在工作窗口中，在工作窗口单击鼠标左键，确定区域的一个顶点，移动鼠标光标确定区域的对角顶点后可以确定一个区域，选中该区域中的对象。

图 4-25　"选定"子菜单

● 全部：选择当前图形窗口中的所有对象。
● 页：选定当前页，当前页窗口以灰色粗线框选，如图 4-26 所示。
● 相同类型的对象：选择当前图形窗口中相同类型的对象。

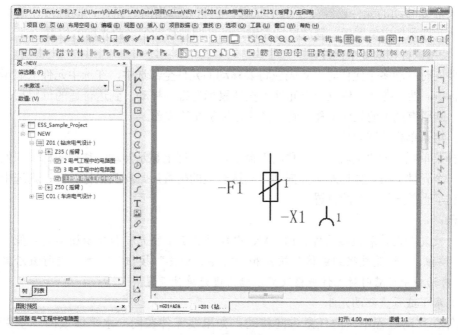

图 4-26　选定页

2. 取消选取

取消选取也有多种方法，这里介绍几种常用的方法。

1）直接用鼠标单击电路原理图的空白区域，即可取消选取。

2）按住〈Ctrl〉键，单击某一已被选取的元件，可以将其取消选取。

3. 元件的移动

在移动的时候不单是移动元件主体，还包括元件标识符或元件连接点；同样地，如果需要调整元件标识符的位置，则先选择元件或元件标识符就可以改变其位置，图 4-27 所示为元件与元件标识符均改变的操作过程。

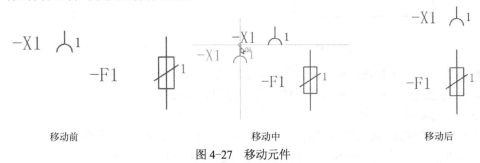

移动前　　　　　　　　　　　移动中　　　　　　　　　　移动后

图 4-27　移动元件

将左右并排的两个元件，调整为上下排列，节省图纸空间。

（1）用鼠标选取移动元件

1）使用鼠标移动未选中的单个元件。

将光标指向需要移动的元件（不需要选中），元件变色即可，按住鼠标左键不放，拖动鼠标，元件会随之一起移动。到达合适的位置后，释放鼠标左键，元件即被移动到当前光标的位置。

2）使用鼠标移动已选中的单个元件。

如果需要移动的元件已经处于选中状态，则将光标指向该元件，同时按住鼠标左键不放，拖动元件到指定位置后，释放鼠标左键，元件即被移动到当前光标的位置。

3）使用鼠标移动多个元件。

需要同时移动多个元件时，首先应将要移动的元件全部选中，在选中元件上显示浮动的移动图标✛，然后在其中任意一个元件上按住鼠标左键并拖动，到达合适的位置后，释放鼠标左键，则所有选中的元件都移动到了当前光标所在的位置。

（2）用菜单栏选取元件

选择菜单栏中的"编辑"→"移动"命令，在光标上显示浮动的移动图标⊞，然后在其中任意一个元件上按住鼠标左键并拖动，到达合适的位置后，释放鼠标左键，则选中的元件都移动到了当前光标所在的位置。

提示：

为方便复制元件和链接元件，EPLAN 中提供显示十字光标和显示栅格的功能，可通过"栅格"按钮、"开/关捕捉到栅格"按钮和"对齐到栅格"按钮 ⊞⊞⊞，进行激活显示。在"设置"对话框中可随时对工作栅格及显示栅格进行单独设置。

（3）水平或垂直移动元件

元件在移动过程中，向任意方向移动，如果要元件在同一水平线或同一垂直线上移动，则移动过程中需要确定方向，而且可以通过按 X 键或 Y 键来切换选择元件的移动模式。元件在同一水平线上移动，按 X 键，移动的元件符号在水平方向上直线移动，光标上浮动的元件符号上自动添加菱形虚线框；按 Y 键，移动的元件符号在垂直方向上直线移动，如图 4-28 所示。

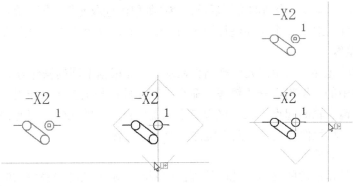

图 4-28　确定移动方向

4. 元件的旋转

选取要旋转的元件，选中的元件被高亮显示，此时，元件的旋转主要有 3 种旋转操作，下面根据不同的操作方法分别进行介绍。

（1）放置旋转

在"符号选择"导航器中选择元件符号或设备，向原理图中拖动，在原理图中十字光标上显示如图 4-29 所示的元件符号，在单击放置前按〈Tab〉键，可 90°旋转元件符号或设备，如图 4-30 所示。

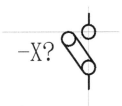

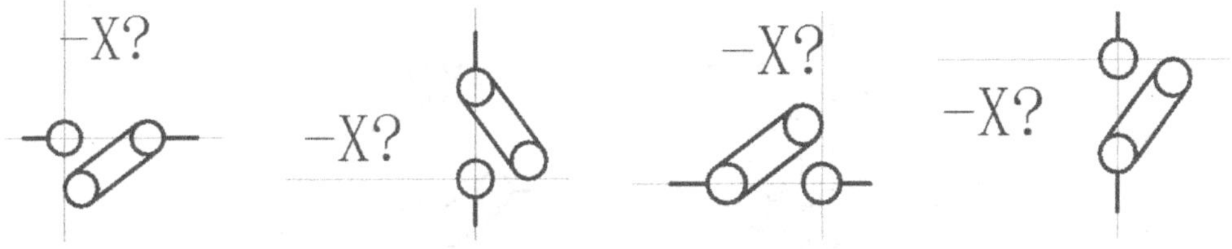

图 4-29　拖动元件符号

按一次〈Tab〉　　　按两次〈Tab〉　　　按三次〈Tab〉　　　按四次〈Tab〉

图 4-30　旋转元件符号

（2）菜单旋转

选中需要旋转的元件符号，选择菜单栏中的"编辑"→"旋转"命令，在元件符号上显示操作提示，选择元件旋转的绕点（基准点），在元件符号上单击，确定基准点；任意旋转被选中的元件，以最小旋转 90°，将元件符号旋转成适当角度后，此时原理图中同时显示旋转前与旋转后的元件符号，单击完成旋转操作，如图 4-31 所示。

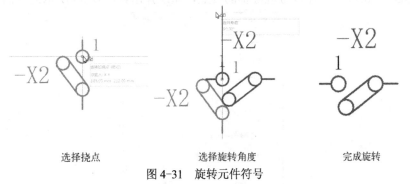

选择挠点　　　　　　选择旋转角度　　　　　　完成旋转

图 4-31　旋转元件符号

（3）功能键

选中需要旋转的元件符号，按〈Ctrl+R〉组合键，即可实现旋转。在元件符号上单击，确定元件旋转的绕点；旋转至合适的位置后单击空白处取消选取元件，即可完成元件的旋转。

选择单个元件与选择多个元件进行旋转的方法相同，这里不再单独介绍。

5．元件的镜像

选取要镜像的元件，选中的元件被高亮显示，下面根据不同的操作方法分别进行介绍。

选择菜单栏中的"编辑"→"镜像"命令，在元件符号上显示操作提示，在元件符号上单击，选择元件镜像轴的起点，水平镜像或垂直镜像被选中的元件，将元件在水平方向上镜像，即左右翻转；将元件在垂直方向上镜像，即上下翻转。

（1）不保留源对象

确定元件符号镜像轴的终点，此时原理图中同时显示镜像前与镜像后的元件符号，单击确定元件符号镜像轴的终点，完成镜像操作，如图4-32所示。

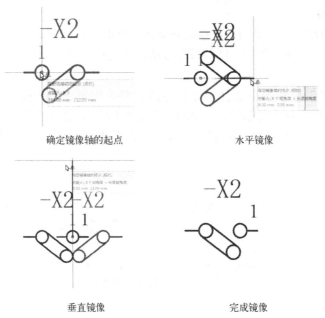

图 4-32　镜像元件符号

（2）保留源对象

单击确定元件符号镜像轴的终点，此时原理图中同时显示镜像前与镜像后的元件符号，按〈Ctrl〉键，单击确定元件符号镜像轴的终点，系统弹出如图4-33所示的"插入模式"对

图 4-33　设置镜像编号

话框，在该对话框中设置镜像后元件的编号格式，完成镜像操作，镜像结果为两个元件，如图 4-34 所示。

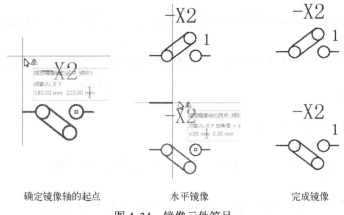

确定镜像轴的起点　　　　水平镜像　　　　完成镜像

图 4-34　镜像元件符号

4.3　元件的复制和删除

原理图中的相同元件有时候不止一个，在原理图中放置多个相同元件的方法有两种，重复利用放置元件命令，放置相同元件，这种方法比较烦琐，适用于放置数量较少的相同元件，若在原理图中有大量相同元件，如基本元件电阻、电容，这就需要用到复制、粘贴命令。

复制、粘贴的操作对象不仅包括元件，还包括单个单元及相关电器符号，方法相同，因此这里只简单介绍元件的复制粘贴操作。

4.3.1　复制元件

复制元件的方法有以下 5 种。

（1）菜单命令

选中要复制的元件，选择菜单栏中的"编辑"→"复制"命令，复制被选中的元件。

（2）工具栏命令

选中要复制的元件，单击"默认"工具栏中的"复制"按钮 ，复制被选中的元件。

（3）快捷命令

选中要复制的元件，单击右键弹出快捷菜单选择"复制"命令，复制被选中的元件。

（4）功能键命令

选中要复制的元件，在键盘中按住〈Ctrl+C〉组合键，复制被选中的元件。

（5）拖曳的方法

按住〈Ctrl〉键，拖动要复制的元件，即复制出相同的元件。

4.3.2　剪切元件

剪切元件的方法有以下 4 种。

（1）菜单命令

选中要剪切的元件，选择菜单栏中的"编辑"→"剪切"命令，剪切被选中的元件。

（2）工具栏命令

选中要剪切的元件，单击"默认"工具栏中的"剪切"按钮 ✂，剪切被选中的元件。

（3）快捷命令

选中要剪切的元件，单击右键弹出快捷菜单选择"剪切"命令，剪切被选中的元件。

（4）功能键命令

选中要剪切的元件，在键盘中按住〈Ctrl+X〉组合键，剪切被选中的元件。

4.3.3　粘贴元件

粘贴元件的方法有以下 3 种。

（1）菜单命令

选择菜单栏中的"编辑"→"粘贴"命令，粘贴被选中的元件。

（2）工具栏命令

单击"默认"工具栏中的"粘贴"按钮 📋，粘贴被复制的元件。

（3）功能键命令

在键盘中按住〈Ctrl+V〉键，粘贴被复制的元件。

4.3.4　删除元件

删除元件的方法有以下 4 种。

（1）菜单命令

选中要删除的元件，选择菜单栏中的"编辑"→"删除"命令，删除被选中的元件。

（2）工具栏命令

选中要删除的文件，单击"默认"工具栏中的"删除"按钮 🔲，删除被选中的元件。

（3）快捷命令

选中要删除的元件，单击右键弹出快捷菜单选择"删除"命令，删除被选中的元件。

（4）功能键命令

选中要删除的元件，在键盘中按住〈Delete〉（删除）键，删除被选中的元件。

4.4　符号的多重复制

在原理图中，某些同类型元件可能有很多个，如端子、开关等，它们具有大致相同的属性。如果一个个地放置它们，设置它们的属性，工作量大而且烦琐。EPLAN Electric P8 2.7 提供了高级复制功能，大大方便了复制操作，可以通过"编辑"菜单中的"多重复制"命令完成。其具体操作步骤如下：

1）复制或剪切某个对象，使 Windows 的剪切板中有相应内容。

2）单击菜单栏中的"编辑"→"多重复制"命令，向外拖动元件，确定复制的元件方向与间隔，单击确定第一个复制对象位置后，系统将弹出如图 4-35 所示的"多重复制"对话框。

3）在"多重复制"对话框中，可以对要粘贴的个数进行设置，"数量"文本框中输入的数值标识即为复制的个数，如复制后元件个数为"4（复制对象）+1（源对象）"。完成个数设置后，单击"确定"按钮，弹出"插入模式"对话框，如图 4-36 所示，其中各选项组的功能如下：

图 4-35 "多重复制"对话框   图 4-36 "插入模式"对话框

① 确定元件编号模式有"不更改""编号"和"使用字符"?"编号"3种选择。

● 不更改：表示粘贴元件不改变元件编号，与要复制的元件编号相同。

● 编号：表示粘贴元件按编号递增的方向排列。

● 使用字符"?"编号：表示粘贴元件编号字符"?"。

②"编号格式"选项组：用于设置阵列粘贴中元件标号的编号格式，默认格式为"标识字母+计数器"。

③"为优先前缀编号"复选框：勾选该复选框，用于设置每次递增时，指定粘贴的元件为优先前缀编号。

④"总是采用这种插入模式"复选框：勾选该复选框，后面复制元件时，采用这次插入模式的设置。

设置完毕后，单击"确定"按钮，阵列粘贴的效果如图 4-37 所示，后面复制对象的位置间隔以第一个复制对象位置为依据。

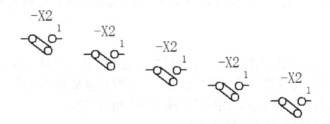

图 4-37 执行阵列粘贴后的元件

4.5 属性设置

在原理图上放置的所有元件符号都具有自身的特定属性，其中，对元件符号进行选型，设置部件后的元件符号，也就是完成了设备的属性设置。在放置好每一个元件符号或设备后，应该对其属性进行正确的编辑和设置，以免使后面的网络表生成产生错误。

通过对元件符号或属性的设置，一方面可以确定后面生成的网络报表的部分内容，另一方面可以设置元件符号或设置在图纸上的摆放效果。

双击原理图中的元件符号或设备，在元件符号或设备上单击鼠标右键弹出快捷菜单选择"属性"命令或将元件符号或设备放置到原理图中后，自动弹出属性对话框，如图 4-38 所示。

图 4-38　元件属性设置对话框

属性对话框包括 4 个选项卡，插针（元件设备名称）、显示、符号数据/功能数据、部件。通过在该对话框中进行设置，能够赋予元件符号更多的属性信息和逻辑信息。

4.5.1　元件标签

在元件标签下显示与此元件符号相关的属性，就不同的元件符号显示不同的名称，如图 4-37 中对"插针"元件符号进行属性设置，该标签直接显示"插针"。如图 4-39 中对"熔断器"元件符号进行属性设置，该标签直接显示"熔断器"。

属性设置对话框中包含的各参数含义如下。

- 显示设备标识符：在该文本框下输入元件或设备的标识名和编号，元件设备的命名通过预设的参数，实现设备的在线编号。若设备元件采用"标识符+计数器"的命名规则，当插入"熔断器"时，该文本框中默认自动命名为 F1 或 F2 等，可以在该文本框下修改标识符及计数器。
- 完整设备标识符：在该文本框下进行层级结构、设备标识和编号的修改。单击 ... 按钮，弹出"完整设备标识符"对话框，在该对话框中通过修改显示设备标识符和结构标识符确定完整设备标识符，将设备标识符分割为前缀、标识字母、计数器、子计数器，分别进行修改。

图 4-39 熔断器属性设置对话框

- 连接点代号：显示元件符号或设备在原理图中的连接点编号，元件符号上能够连成的点为连接点，图 4-39 中熔断器有 2 个连接点，每个连接点都有一个编号，图中默认显示为 "1¶2"，标识该设备编号为 1、2，也可以称为连接点代号。创建电气符号时，规定连接点数量，若定义功能为 "可变"，则可自动显示连接点数量。
- 连接点描述：显示元件符号或设备连接点编号间的间隔符，默认为 "¶"。
- 按下快捷键〈Ctrl+Enter〉可以输入字符 "¶"。
- 技术参数：输入元件符号或设备的技术参数，可输入元件的额定电流等参数。
- 功能文本：输入元件符号或设备的功能描述文字，如熔断器功能为 "防止电流过大"。
- 铭牌文本：输入元件符号或设备铭牌上输入的文字。
- 装配地点（描述性）：输入元件符号或设备的装配地点。
- 主功能：元件符号或设备常规功能的主要功能，常规功能包括主功能和辅助功能。在 EPLAN 中，主功能和辅助功能会形成关联参考，主功能还包括部件的选型。激活该复选框，显示 "部件" 选项卡，取消 "主功能" 复选框的勾选，则属性设置对话框中只显示辅助功能，隐藏 "部件" 选项卡，辅助功能不能包含部件的选型，如图 4-40 所示。
- 属性列表：在 "属性名-数值" 列表中显示元件符号或设备的属性，单击 按钮，新建元件符号或设备的属性，单击 按钮，用来删除元件符号或设备的属性。

提示：

一个元件只能有一个主功能，一个主功能对应一个部件，若一个原件具有多个主功能，说明它包含多个部件。

图 4-40 取消勾选"主功能"复选框

4.5.2 显示标签

"显示"标签用来定义元件符号或设备的属性，包括显示对象与显示样式，如图 4-41 所示。

图 4-41 "显示"标签

在"属性排列"下拉列表中显示默认与自定义两种属性排列方法,默认定义的 8 种属性包括设备标识符、关联参考、技术参数、增补说明、功能文本、铭牌文本、装配地点和块属性。在"属性排列"下拉列表中选择"用户自定义",可对默认属性进行新增或删除。同样当对属性种类及排列进行修改时,属性排列自动变为"用户自定义"。

在左侧属性列表上方显示工具按钮,可对属性进行新建、删除、上移、下移、固定及拆分。

默认情况下,在原理图中元件符号与功能文本是组合在一起的,单击工具栏中的"拆分"按钮,进行拆分后,在原理图中才能实现单独移动、复制功能文本。

右侧"属性-分配"列表中显示的是属性的样式,包括格式、文本框、位置框、数值/单位及位置的设置。

提示:

选择菜单栏中的"选项"→"设置"命令,选择"用户"→"显示"→"用户界面"选项,在该界面中勾选"显示标识性的编号"及"在名称后"复选框,如图 4-42 所示,显示属性名称及编号,并设置属性编号显示位置为名称后,如图 4-43 所示,为元件符号或设备的属性显示编号。

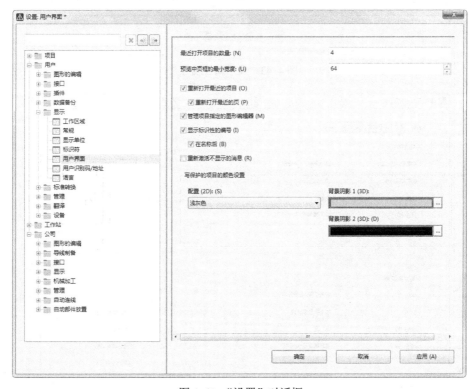

图 4-42 "设置"对话框

4.5.3 符号数据/功能数据

符号是图形绘制的集合,添加了逻辑信息的符号在原理图中为元件,不再是无意义的符号。"符号数据/功能数据"标签显示符号的逻辑信息,如图 4-44 所示。

图 4-43　显示属性编号

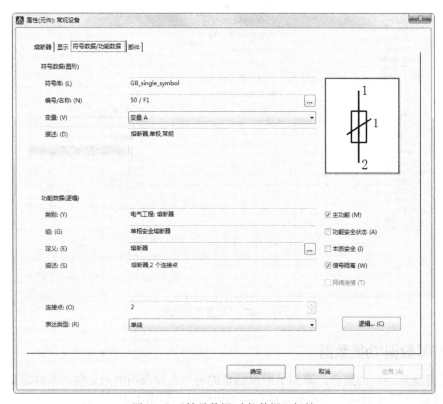

图 4-44　"符号数据/功能数据"标签

在该标签中，可以进行逻辑信息的编辑设置。

1）符号数据（图形）：在该选项中设置元件的图形信息。

● 符号库：显示该元件符号或设备所在的符号库名称。

● 编号/名称：显示该元件符号或设备的符号编号，单击 ··· 按钮，弹出"符号选择"对话框，返回选择符号库，可重新选择替代符号。

● 变量：每个元件符号或设备包括 8 个变量，在下拉列表中选择不同的变量，相当于旋转了元件符号或设备，也可将元件符号或设备放置到原理图中后再进行旋转。

● 描述：描述元件符号或设备的型号。

● 缩略图：在右侧显示元件符号或设备的推行符号，并显示连接点与连接点编号。

2）功能数据（逻辑）：在该选项中设置元件的图形信息。

● 类别：显示元件符号或设备的所属类别。

● 组：显示元件符号或设备所属类别下的组别。

● 定义：显示元件符号或设备的功能，显示电器逻辑。单击按钮，弹出如图 4-45 所示的"功能定义"对话框，选择该元件符号或设备对应的特性及连接点属性。

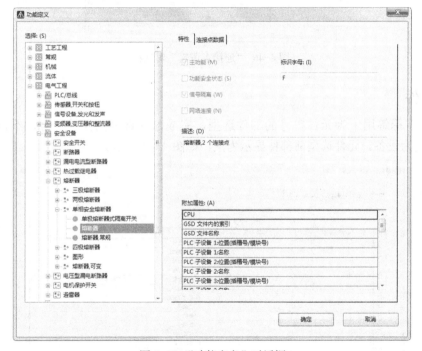

图 4-45 "功能定义"对话框

● 描述：描述该元件符号或设备名称及连接点信息。

● 连接点：显示该元件符号或设备的连接点个数。

● 表达类型：显示该元件符号或设备的表达类型，选择不同的表达类型，显示对应图纸中显示的功能，以达到不同的效果，一个功能可以在项目中以不同的表达类型使用，但每个表达类型仅允许出现一次。

● 主功能：激活该复选框，显示"部件"选项卡。

● 本质安全：针对设计防爆场合应用的项目，勾选该复选框后，必须选择带有安全特性的电气元件，避免选择不防爆的元件。

- 逻辑：单击该按钮，打开"连接点逻辑"对话框，如图 4-46 所示，可查看和定义元件连接点的连接类型。由于这里选择的"熔断器"只有 2 个连接点，因此只显示 1、2 两个连接点的信息。

图 4-46 "连接点逻辑"对话框

4.5.4 部件

"部件"标签用于为元件符号的部件选型，完成部件选型的元件符号，不再是元件符号，可以成为设备。元件选型前部件显示为空，如图 4-47 所示。

图 4-47 "部件"标签

4.6 设备

在 EPLAN 中，原理图中的符号称为元件，元件符号只存在于符号库中。对于一个元件符号，如断路器符号，可以分配（选型）西门子的断路器也可分配 ABB 的断路器。原理图中的元件经过选型，添加部件后称之为设备，既有图形表达，又有数据信息。

部件是厂商提供的电气设备的数据集合。部件存放在部件库中，部件主要标识是部件编号，部件编号不单单是数字编号，它包括部件型号、名称、价格、尺寸、技术参数、制造厂商等各种数据。

4.6.1 设备导航器

选择菜单栏中的"项目数据"→"设备"→"导航器"命令，打开"设备"导航器，如图 4-48 所示。在"设备"导航器中包含项目所有的设备信息，提供和修改设备的功能，包括设备名称的修改。显示格式的改变、设备属性的编辑等。总体来说，通过该导航器可以对整个原理图中的设备进行全局的观察及修改，其功能非常强大。

1. 筛选对象的设置

单击"筛选器"面板最上部的下拉列表按钮，可在该下拉列表框中选择想要查看的对象类别，如图 4-49 所示。

2. 定位对象的设置

在"设备"导航器中还可以快速定位导航器中的元件在

图 4-48 "设备"导航器

原理图中的位置。选择项目文件下的设备 F1，单击鼠标右键，弹出如图 4-50 所示的子菜单，选择"转到（图形）"命令，自动打开该设备所在的原理图页，并高亮显示该设备的图形符号，如图 4-51 所示。

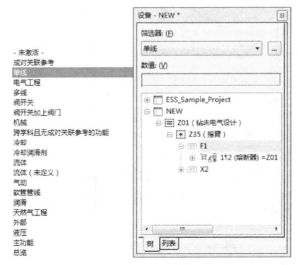

图 4-49 对象的类别显示

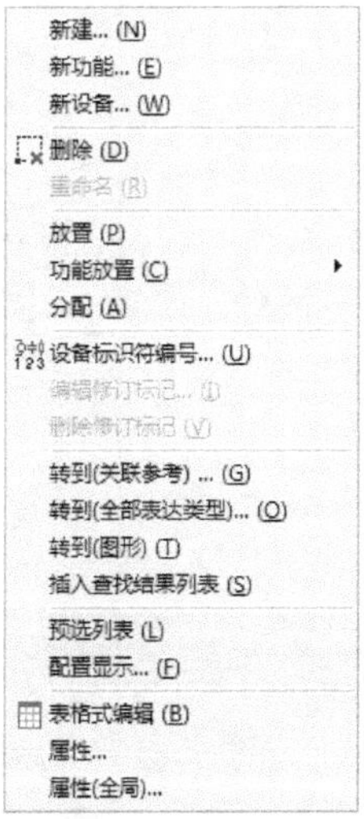

图 4-50 快捷菜单

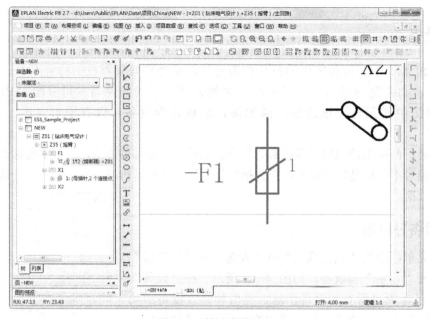

图 4-51　快速查找设备

4.6.2　部件管理

EPLAN Electric P8 提供了强大的部件管理功能，厂家及系统提供各种各样的新型部件。考虑到芯片引脚的排列通常是有规则的，多种芯片可能有同一种部件形式，EPLAN Electric P8 提供了部件库管理功能，可以方便地保存和引用部件。

单击"项目编辑"工具栏中的"部件管理"按钮，系统弹出如图 4-52 所示的"部件管理"对话框，显示部件库的管理与编辑。

图 4-52　"部件管理"对话框

下面介绍该对话框中各个选项的功能。

1．字段筛选器

在该下拉列表中显示当前系统中默认的筛选规则，将系统中的部件分专业进行划分，如图 4-53 所示。单击[...]按钮，弹出“筛选器”对话框，在该对话框中新建筛选规则，如图 4-54 所示。

- 未激活 -
电气工程
附件
工艺工程
机械
冷却
冷却润滑剂
流体
气动
润滑
天然气工程
液压

图 4-53　默认的筛选规则

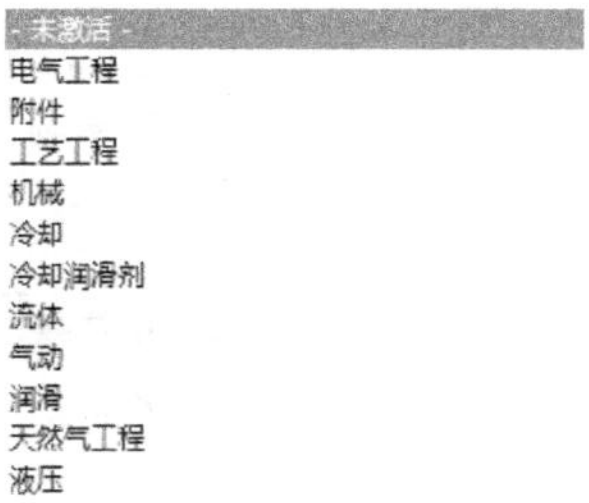

（1）创建新名称

单击“配置”下拉列表后的“新建”按钮[*]，弹出“新配置”对话框，显示以创建的配置信息，在“名称”文本框中输入新建筛选器名称，在“描述”文本框下输入对该筛选器名称的解释，结果如图 4-55 所示。

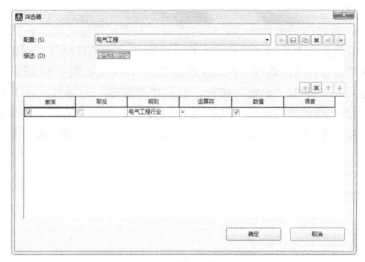

筛选器
配置: (S)
电气工程
描述: (D)
电气工程行业
激活
取反
规则
运算符
数值
语言
电气工程行业
=
确定
取消

图 4-54　“筛选器”对话框

新配置 *
配置: (S)
名称
描述
冷却
流体技术行业中的冷却技术
冷却润滑剂
冷却润滑剂行业
天然气工程
天然气工程行业
工艺工程
工艺工程行业
机械
机械行业
气动
流体技术行业的气动技术
名称: (N)
外部设备
描述: (D)
PLC配备的图形监控系统等
确定
取消

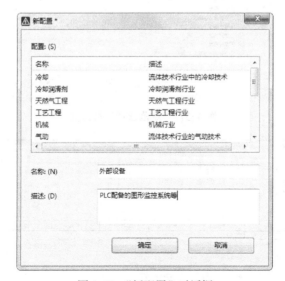

图 4-55　“新配置”对话框

完成配置信息设置后，单击“确定”按钮，返回“筛选器”对话框，如图 4-56 所示，显示创建的新筛选器名称。

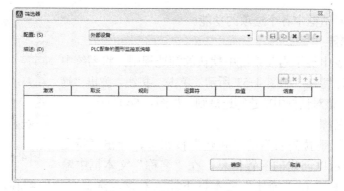

图 4-56 "筛选器"对话框

（2）创建新规范

默认情况下，新建的筛选器不包含任何规则，为实现筛选功能，在新筛选器下创建规则。单击下方规范列表右上角的"新建"按钮，弹出"规范选择"对话框，在"属性"选项组下显示新建筛选器规范，选择"PLC 工作站类型"，结果如图 4-57 所示。

完成规则选择后，单击"确定"按钮，返回"筛选器"对话框，在下方的规范列表中"标准"栏显示上面选择的属性规则"PLC 工作站类型"，在"运算符"栏显示"="，在"数值"栏选择规则的取值。勾选"激活"复选框，显示创建的新筛选器规则，如图 4-58 所示。

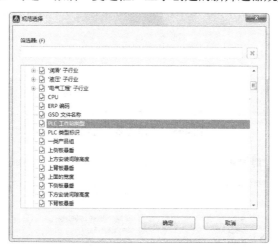

图 4-57 "规范选择"对话框

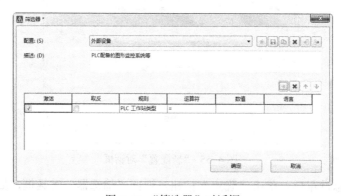

图 4-58 "筛选器"对话框

至此，完成新筛选器规则的创建。单击"确定"按钮，返回"部件管理"对话框，显示创建的新筛选器规则，如图 4-59 所示。

图 4-59　创建筛选规则

2．部件库列表

部件可以分为零部件和部件组，部件组由零部件组成，同一个部件，可以作为零部件直接选择，也可以选择一个部件组（由该零部件组成）。例如，一个热继电器，可以直接安装在接触器上，与接触器组成部件组，也可以配上底座单独安装，作为零部件单独使用。

3．常规属性

打开右侧"常规"选项卡，显示选中的部件库的基本信息，如图 4-60 所示。

- 产品组：显示部件的层次结构，一类产品组+产品组+子产品组，对应部件左侧树形结构顺序。
- 部件编号：元件的型号。
- 名称 1：元件的描述，比如三极断路器，单极断路器等；如果公司有 ERP 编码，可以将其写在"名称 2"或"名称 3"中，这些信息都属于部件订货用的信息。
- 订货编号：厂商提供的订货号。
- 制造商：部件的制造商。
- 供应商：部件的供应商。
- 描述：记录技术参数。

图 4-60 "常规"选项卡

4. 价格/其他属性

打开右侧"价格/其它"选项卡，统计整个项目或每个控制柜内电气元件的总价，如图 4-61 所示。

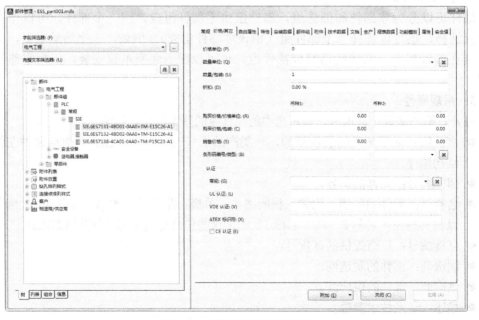

图 4-61 "价格/其它"选项卡

下面介绍该选项卡中选项的含义：

● 折扣：可以计算润滑，维护周期：对于一些气动或液压元件，是需要定期维护的，比如加润滑油，那么在项目中需要维护的器件可由系统产生一个周期表。

● 认证：出口设备的公司可能需要 CE、UL 认证，必须统计需要认证的元件，在后期通过报表文件，显示需要认证的元件信息。

5. 安装数据属性

打开右侧"安装数据"选项卡，设置部件尺寸，如图 4-62 所示。也可不进行设置而通过下面的方法直接得到。

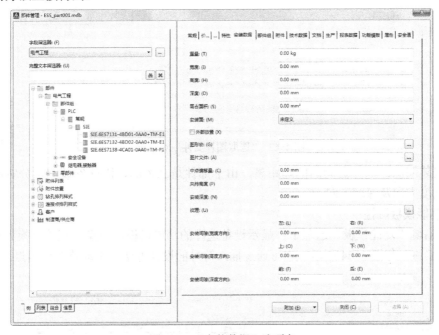

图 4-62 "安装数据"选项卡

1）进行面板布局（2D）或 Cabinet 布局（3D）时，不需查找手册直接获得尺寸。

2）直接从导航器拖到布局图中，获得真实尺寸。

3）关联 2D 的图形宏（支持 DWG/DXF 等格式）、3D 的图形宏（支持 Inventor/STEP）等，使布局图形象、直观。

下面介绍该选项卡中主要选项的含义：

● 重量：进行电柜布局时，可以用来统计整个安装板上部件的总重量，由机械工程师来评估底板的厚度是否足够。

● 安装面：通过定义安装面，避免将底板的部件安装到面板上，或将柜外的部件放到柜内。

● 图形宏：有图形宏时，在安装版图纸上放置部件时有图形。单击 按钮，选择图形宏的图片文件。

● 图片文件：单击 按钮，弹出"选取图片文件"对话框，如图 4-63 所示，选择部件的图片文件，通过该文件，选型时不需要翻阅产品手册，直接了解产品特性。勾选"预览"复选框，在预览窗口直接预览部件外观，而选择窗口可以看到相关技术参数，也可以打开电子手册查看。根据需要可以添加附件。如果使用部件组，可以一同选取附件，比如接触器可能有辅助触头、浪涌吸收器等。

图 4-63 "选取图片文件"对话框

- 安装间隙：部件之间的间隔距离，由于部件是立体的，因此安装间隙分宽度方向、高度方向及深度方向。

6. 功能模板属性

打开右侧"功能模板"选项卡，显示设备选择的功能模板，选型后直接替换为部件真实连接点的名称。如图 4-64 所示。也可通过插入符号的设计方法，手动修改连接点。

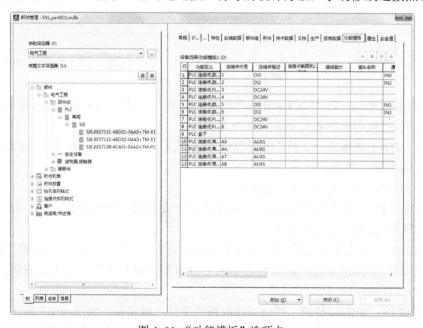

图 4-64 "功能模板"选项卡

单击"附加"按钮，选择"设置"命令，弹出如图 4-65 所示的"设置：部件"对话框，设置属性列表的结构。

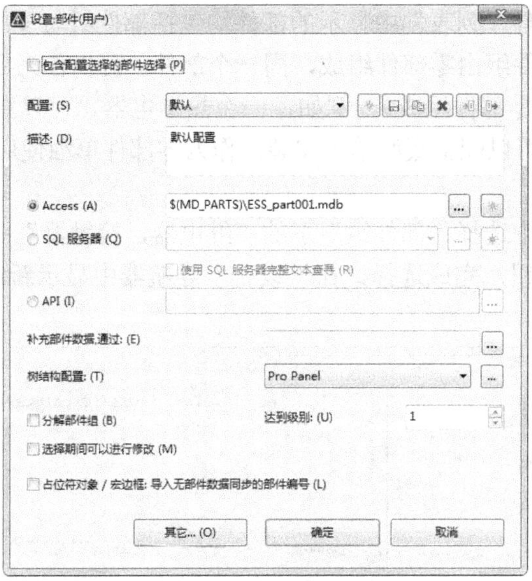

图 4-65 "设置：部件"对话框

4.6.3　新建设备

图纸未开始设计之前，需要对项目数据进行规划，在"设备"导航器中显示选择项目中需要使用到的部件，预先在"设备"导航器中建立设备的标识符和部件数据。

放置设备相当于为元件符号选择部件，进行选型，下面介绍具体方法。

在"设备"导航器中选中要选型的元件，单击右键弹出快捷菜单选择"新设备"命令，弹出如图 4-66 所示的"部件选择"对话框。

图 4-66 "部件选择"对话框

按专业分类在"部件库列表"中显示的部件均包括部件组与零部件两大类。部件可以分为零部件和部件组，部件组由零部件组成，同一个部件，可以作为零部件直接选择，也可以选择一个部件组（由该零部件组成）。例如，一个热继电器，可以直接安装在接触器上，与接触器组成部件组，也可以配上底座单独安装，作为零部件单独使用。

1. 新建部件组

　　在"部件库列表"中选择"部件组"下的"继电器，接触器"→"接触器"，如图 4-67 所示，单击"确定"按钮，完成选择，在"设备"导航器中显示新添加的接触器设备 K1，如图 4-68 所示。

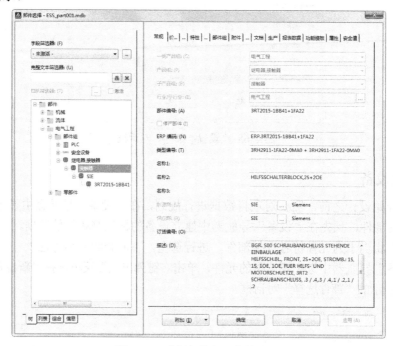

图 4-67　选择部件组"接触器"

图 4-68　新建设备 K1

将部件组 K1 直接放置到原理图中，如图 4-69 所示，部件组下零部件"常开触点，主触点"也可单独放置到原理图中，如图 4-70 所示。

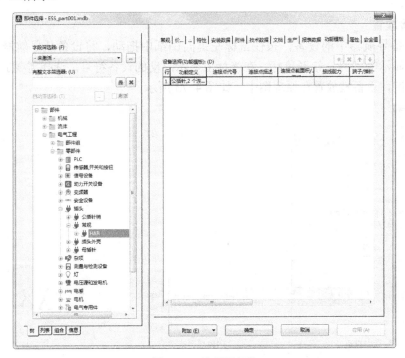

图 4-69　部件组 K1　　　　　　　　　　　图 4-70　零部件 K1

2. 新建零部件

在"部件库列表"中选择"零部件组"下的"插头"→"常规"→"HAR"，如图 4-71 所示，单击"确定"按钮，完成零部件选择，在"设备"导航器中显示新添加的插头设备 X3，如图 4-72 所示。

图 4-71　选择零部件

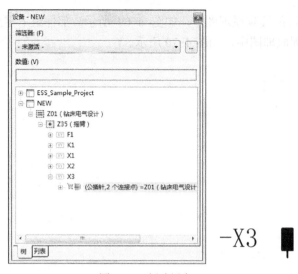

图 4-72　新建设备 X3

4.6.4　放置设备

EPLAN 设计原理图的一般方法包括两种：

- 面向图形的设计方法：按照一般的绘制流程，绘制原理图、元件选型、生成报表。
- 面向对象的设计方法：可以直接从导航器中拖拽设备到原理图中，或在 EXCEL 中绘制部件明细表，带入 EPLAN 中后，拖拽到原理图中，忽略选型的过程。

在"设备"导航器中新建设备，选择项目中需要使用到的部件，在导航器中建立多个未放置的设备，标识设备未被放置在原理图中，还需要重新进行放置操作。下面具体介绍放置设备的方法。

1. 直接放置

选中设备导航器中的设备，按住鼠标左键向图纸中拖动，将设备从导航器中拖至图纸上，鼠标上显示 符号，松开鼠标，在光标上显示浮动的设备符号，选择需要放置的位置，单击鼠标左键，设备被放置在原理图中，如图 4-73 所示。

选中设备　　　　　　　向原理图拖动　　　　　　　完成放置

图 4-73　拖动放置

选择菜单栏中的"插入"→"设备"命令，弹出如图 4-74 所示的"部件选择"对话框，选择需要的零部件或部件组，完成零部件选择后，单击"确定"按钮，原理图中在光标上显示浮动的设备符号，选择需要放置的位置，单击鼠标左键，设备被放置在原理图中，如图 4-75 所示。同时，在"设备"导航器中显示新添加的插头设备 X4，如图 4-76 所示。

图 4-74 "部件选择"对话框

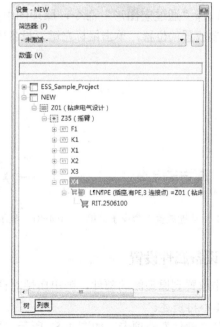

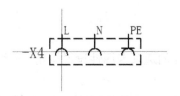

图 4-75 显示浮动设备符号

图 4-76 显示放置的零部件

2. 快捷命令放置

在"设备"导航器中选择要放置的设备，单击鼠标右键，弹出如图 4-77 所示的快捷菜单，选择"放置"命令，原理图中在光标上显示浮动的设备符号，如图 4-78 所示。选择需要放置的位置，单击鼠标左键，设备被放置在原理图中，如图 4-79 所示。

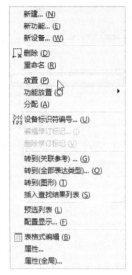

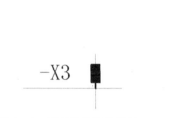

图 4-77　右键快捷命令　　　图 4-78　显示浮动设备符号　　　图 4-79　显示放置的零部件

选择设备 X4，在图 4-76 所示的快捷菜单中，选择"功能放置"命令，弹出如图 4-80 所示的子菜单。

● 选择"通过符号图形"命令，原理图中在光标上显示浮动的设备标识符符号，选择需要放置的位置，单击鼠标左键，设备标识符被放置在原理图中，如图 4-81 所示。

● 选择"通过宏图形"命令，原理图中在光标上显示浮动的设备宏图形符号，选择需要放置的位置，单击鼠标左键，设备宏图形被放置在原理图中，如图 4-82 所示。

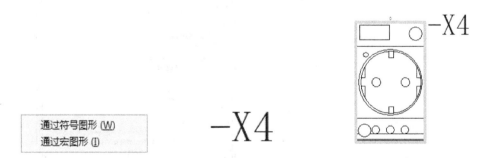

图 4-80　"功能放置"命令子菜单　　　图 4-81　显示设备标识符　　　图 4-82　显示放置的零部件

4.6.5　设备属性设置

双击放置到原理图的部件，弹出属性对话框，前面的选项卡属性设置与元件属性设置相同，这里不再赘述。

打开"部件"选项卡，如图 4-83 所示，显示该设备中已添加的部件，即已经选型。

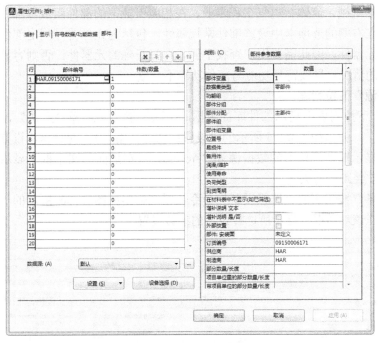

图 4-83 "部件"标签

1. "部件编号-件数/数量"列表

在左侧"部件编号-件数/数量"列表中显示添加的部件。单击空白行"部件编号"中的
"…"按钮，系统弹出如图 4-84 所示的"部件选择"对话框，在该对话框中显示部件管理
库，可浏览所有部件信息，为元件符号选择正确的元器件。

图 4-84 "部件选择"对话框

部件库包括机械、流体、电气工程专业，在相应专业下的部件组或零部件产品中需要的元器件，还可在右侧的选项卡中设置部件常规属性，包括为元件符号制定部件编号，但由于其自定义选择元器件，因此需要用户查找手册，选择正确的元器件，否则容易造成元件符号与部件不匹配的情况，导致符号功能与部件功能不一致。

2."数据源"下拉列表

"数据源"下拉列表中显示部件库的数据库，默认情况下选择"默认"，若有需要，可单击扩展按钮，弹出如图4-85所示的"设置：部件（用户）"对话框，设置新的数据源，在该对话框中显示默认部件库的数据源为"Access"，在后面的文本框中显示数据源路径，该路径与软件安装路径有关。

单击"设备"按钮下的"选择设备"命令，系统弹出如图4-86所示的"设置：设备选择"对话框，在该对话框下显示所选择设备的参数设置。

图4-85 "设置：部件（用户）"对话框　　　　图4-86 "设置：设备选择"对话框

单击"设备"按钮下的"部件选择（项目）"命令，系统弹出如图4-87所示的"设置：部件选择（项目）"对话框，在该对话框下显示部件从项目中选择或自定义选择。

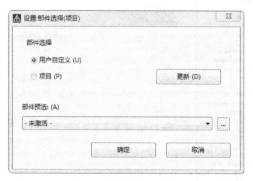

图4-87 "设置：部件选择（项目）"对话框

单击"设备选择"按钮，弹出如图4-88所示的"设备选择"对话框，在该对话框中进行智能选型，在该对话框中自动显示筛选后的与元件符号相匹配的元件的部件信息。该对话框中不显示所有的元件部件信息，显示一致性的部件。这种方法既节省了查找部件的时间，也避免了匹配错误部件的情况。

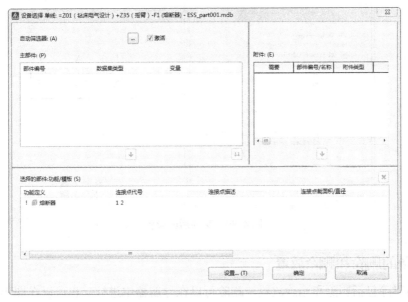

图4-88 "设备选择"对话框

提示：

在原理图设计过程中，元件有的经过选型，有的可能还未选型，为避免定义混淆，统一称原理图中的元件或设备为元件，特殊定义的除外。

4.6.6 更换设备

两个不同的设备之间更换，交换的不只是图形符号，相关设备的所有功能都被交换。

在"设备"导航器中选择要交换的两个设备，如图 4-89 所示，选择菜单栏中的"项目数据"→"设备"→"交换"命令，交换两个设备，交换后"设备"导航器与设备显示如图4-90所示。

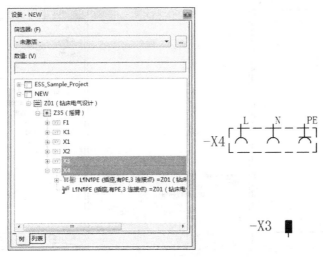

图4-89 交换前的设备

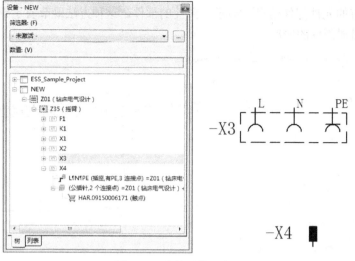

图 4-90 交换后的设备

4.6.7 设备的删除和删除放置

设备的删除包括删除和删除放置，删除可以在导航器中进行，也可以在图形编辑器中进行，对于选型和为选型的设备进行删除操作得到的结果是不同的。

1. 删除设备

删除设备的情况有以下 4 种。

（1）未选型的设备

1）导航器删除。

在"设备"导航器中选择未选型的设备熔断器 F1，如图 4-91 所示，选择菜单栏中的"编辑"→"删除"命令或单击"默认"工具栏中的"删除"按钮，或单击右键弹出快捷菜单选择"删除"命令，或按住〈Delete〉（删除）键，弹出如图 4-92 所示的"删除对象"提示对话框，单击"是"按钮，删除被选中的设备，"设备"导航器与图形编辑器中都将删除被选中设备 F1 的数据与图形，如图 4-93 所示。

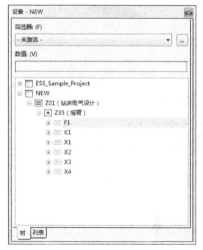

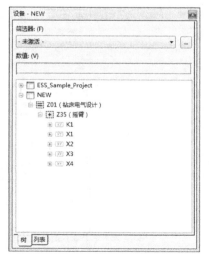

图 4-91 "设备"导航器中选择　　图 4-92 删除对象提示对话框　　图 4-93 删除设备 F1

2）图形编辑器删除。

在图形编辑器中选择未选型的设备熔断器 F1，如图 4-94 所示，选择菜单栏中的"编辑"→"删除"命令或单击"默认"工具栏中的"删除"按钮 🗙，或单击右键弹出快捷菜单选择"删除"命令，或按住〈Delete〉（删除）键，删除被选中的设备，如图4-95 所示。

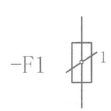

图 4-94　选择设备　　　　　　　　　图 4-95　删除设备 F1

（2）已选型的设备

1）导航器删除。

在"设备"导航器中选择已选型的插座设备 X4，如图 4-96 所示，选择菜单栏中的"编辑"→"删除"命令或单击"默认"工具栏中的"删除"按钮 🗙，或单击右键弹出快捷菜单选择"删除"命令，或按住〈Delete〉（删除）键，弹出如图 4-97 所示的"删除对象"提示对话框，单击"是"按钮，删除被选中的设备，"设备"导航器与图形编辑器中都将删除被选中插座设备 X4 的数据与图形，如图 4-98 所示。

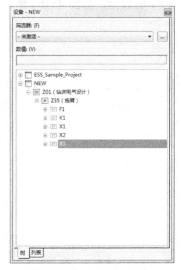

图 4-96　"设备"导航器中选择　　　图 4-97　删除对象提示对话框　　　图 4-98　删除设备 F1

2）图形编辑器删除。

在图形编辑器中选择已选型的插座设备 X4，如图 4-99 所示，选择菜单栏中的"编辑"

→"删除"命令或单击"默认"工具栏中的"删除"按钮 ，或单击右键弹出快捷菜单选择"删除"命令，或按住〈Delete〉（删除）键，图形编辑器中删除被选中的设备插座设备 X4 图形，在"设备"导航器中依旧显示已选型的插座设备 X4 数据，如图 4-100 所示。

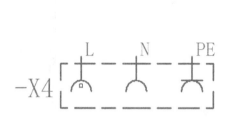

图 4-99 选择设备

图 4-100 保留设备数据

2. 设备删除放置

设备删除放置的情况有以下 4 种。

（1）未选型的设备

1）导航器删除放置。

在"设备"导航器中选择未选型的设备熔断器 F1，如图 4-101 所示，选择菜单栏中的"编辑"→"删除放置"命令，弹出如图 4-102 所示的"删除放置"提示对话框，单击"是"按钮，仅在图形编辑器中删除被选中的设备图形符号，"设备"导航器保留被选中设备 F1 的数据，如图 4-103 所示。

图 4-101 "设备"导航器
中选择设备

图 4-102 删除对象
提示对话框

图 4-103 保留设备 F1 数据

2）图形编辑器删除放置。

在图形编辑器中选择未选型的设备熔断器 F1，如图 4-104 所示，选择菜单栏中的"编辑"→"删除放置"命令，仅在图形编辑器中删除被选中的设备图形符号，"设备"导航器保留被选中设备 F1 的数据，如图 4-105 所示。

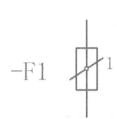

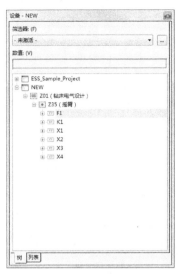

图 4-104　选择设备　　　　　　　　　　图 4-105　删除设备 F1

（2）已选型的设备

1）导航器删除。

在"设备"导航器中选择已选型的插座设备 X4，如图 4-106 所示，选择菜单栏中的"编辑"→"删除放置"命令，弹出如图 4-107 所示的"删除放置"提示对话框，单击"是"按钮，图形编辑器中删除被选中的插座设备 X4 图形，在"设备"导航器中依旧显示已选型的插座设备 X4 数据，如图 4-108 所示。

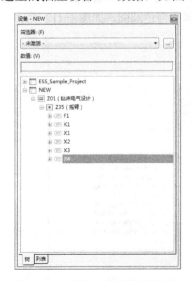

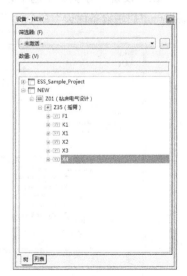

图 4-106　"设备"导航器中选择　　　图 4-107　删除对象　　　　图 4-108　删除设备 F1
　　　　　　　　　　　　　　　　　　　提示对话框

2）图形编辑器删除放置。

在图形编辑器中选择已选型的插座设备 X4，如图 4-109 所示，选择菜单栏中的"编辑"
→"删除放置"命令，图形编辑器中删除被选中的插座设备 X4 图形，在"设备"导航器中
依旧显示已选型的插座设备 X4 数据，如图 4-110 所示。

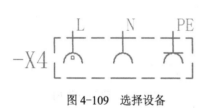

图 4-109　选择设备

图 4-110　保留设备数据

4.6.8　启用/停用设备保护

为防止设备的误删除，EPLAN 启用了设备保护功能，下面介绍如何启用/停用设备保护
功能。

1. 启用设备保护功能

在"设备"导航器中选中设备，如图 4-111 所示，选择菜单栏中的"项目数据"→"设
备"→"启用设备保护"命令，"设备"导航器中选中设备前添加橙色圆圈，如图 4-112 所示。

图 4-111　启用功能前

图 4-112　启用功能后

表示设备启用设备保护，激活设备属性"受保护的功能＜20475＞"。此时，选择菜单栏中的"编辑"→"删除"命令或单击"默认"工具栏中的"删除"按钮，或单击右键弹出快捷菜单选择"删除"命令，或按住〈Delete〉（删除）键，弹出如图 4-113 所示的"删除对象"提示对话框，显示无法删除所选对象，"设备"导航器与图形编辑器中都将保留被选中插座设备 X4 的数据与图形。

图 4-113　删除信息

2. 停用设备保护功能

在"设备"导航器中选中设备，选择菜单栏中的"项目数据"→"设备"→"停用设备保护"命令，"设备"导航器中选中设备前取消橙色圆圈标记，停用设备保护。

第5章　元件的电气连接

在图纸上放置好所需要的各种元件并且对它们的属性进行相应的编辑之后，根据电路设计的具体要求，就可以着手将各个元件连接起来，以实现电路的实际连通性。这里所说的连接，指的是具有电气意义的连接，即电气连接。

电气连接有两种实现方式，一种是直接使用导线将各个元件连接起来，称为"物理连接"；另一种是"逻辑连接"，即不需要实际的相连操作，而是通过设置中断点使得元件之间具有电气连接关系。

EPLAN 是一款专业的电气制图软件，元件之间的接线被称为网络。在电气工程中，网络连接包括单芯线连接、电缆连接和母线连接等。

5.1　电气连接

元件之间电气连接的主要方式是通过导线来连接。导线是电路原理图中最重要也是用得最多的图元，它具有电气连接的意义，不同于一般的绘图工具，绘图工具没有电气连接的意义。

菜单栏中的"插入"菜单就是原理图电气连接工具菜单，如图 5-1 所示。在该菜单中，提供了放置各种元件、元件连接的命令，也包括对总线、连接符号、盒子、连接点、端子等连接工具的放置命令。

5.1.1　自动连接

绘制电气原理图过程中，当设备或电位点在同一水平或垂直位置时，EPLAN 自动将两端连接起来。

在 EPLAN 电气工程中，自动连线功能极大方便了绘图，自动连线是指当两个连接点水平或垂直对齐时自动进行连线。

1. 自动连接步骤

将光标移动到想要完成电气连接的设备上，选中设备，按住鼠标移动光标，移动到需要连接的设备的水平或垂直位置，两设

图 5-1　"插入"菜单

备间出现红色连接线符号，表示电气连接成功。最后松开鼠标放置设备，完成两个设备之间的电气连接，如图 5-2 所示。由于启用了捕捉到栅格的功能，因此，电气连接很容易完成。重复上述操作可以继续放置其他的设备进行自动连接。

两设备间的自动连接导线无法删除。直接移动设备与另一个设备连接，自动取消源设备间自动连接的导线。

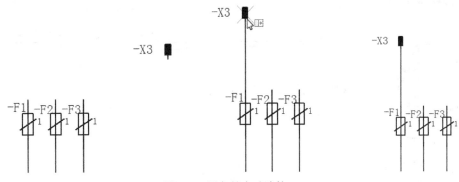

图 5-2 设备的自动连接

2. 自动连接颜色设置

选择菜单栏中的"选项"→"层管理"命令，弹出"层管理"对话框，在该对话框中选择"符号图形"→"连接符号"→"自动连接"选项，显示设备间自动连接线颜色默认是红色，如图 5-3 所示。在该对话框中还可以设置自动连接线所在层、线型、式样长度、宽度、字号等参数。

图 5-3 "自动连线"选项

选择"符号图形"→"连接符号"→"支路"选项，显示设备间支路连接线颜色默认是红色，如图 5-4 所示。在该对话框中还可以设置支路连接线所在层、线型、式样长度、宽度、字号等参数。

3. 自动连接属性设置

1）选择菜单栏中的"选项"→"设置"命令，弹出"设置"对话框，选择"项目"→"NEW（打开的项目名称）"→"连接"→"属性"选项，打开项目默认属性下的连接线属性设置对话框，如图 5-5 所示。在该对话框中设置的连接属性，自动更新到该项目下每一个连接线上。

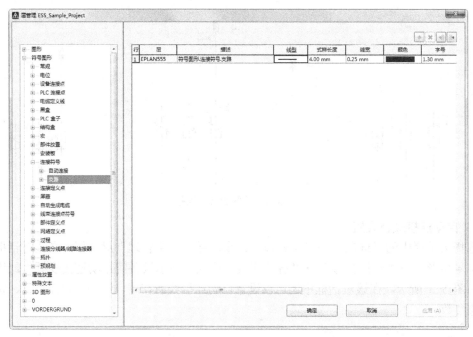

图 5-4 "支路"选项

图 5-5 "属性"选项卡

在该对话框中包括 8 个专业分类,分别设置不同专业项目中的连接属性,打开"电气工程"选项卡,可以预定义连接线的颜色/编号、截面积/直径、导线加工数据、套管截面积及剥线长度等信息。

2）在"设置"对话框，选择"项目"→"NEW（打开的项目名称）"→"连接"→"连接编号"选项，打开项目默认属性下的连接线编号设置对话框，如图5-6所示。

图5-6 "属性"选项卡

3）在"设置"对话框中，选择"项目"→"NEW（打开的项目名称）"→"连接"→"连接颜色"选项，打开项目默认属性下的连接线颜色设置对话框，如图5-7所示。

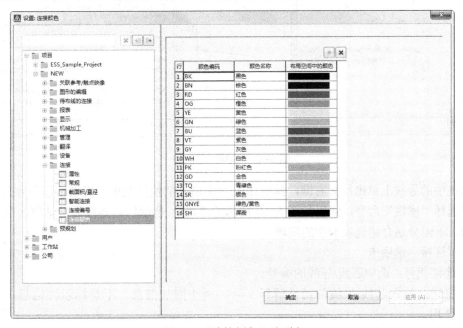

图5-7 "连接颜色"选项卡

导线颜色命名建议在国家相关标准的基础上把 AC/DC 0V 区分出来，国标中对导线颜色规定如下：

- 三相交流电中的 A 相：黄色，Yellow；B 相：绿色，Green；C 相：红色，Red。
- 零线或中性线：浅蓝色，Light Blue。
- 安全用的接地线：黄绿色，Yellow Green。
- 直流电路中的正极：棕色，Brown。
- 负极：蓝色，Blue。
- 接地中性线：浅蓝色，Light Blue。

5.1.2 连接导航器

在 EPLAN 中，两个元件之间的自动连接被称作连接，电气连接可以代表导线、电缆芯线、跳线等，不同的连接有不同的连接类型，通过连接定义点来改变连接类型。通过"连接"导航器快速编辑连接类型。

选择菜单栏中的"项目数据"→"连接"→"导航器"命令，打开"连接"导航器，如图 5-8 所示，包括"树"标签与"列表"标签。在"树"标签中包含项目所有元件的连接信息，在"列表"标签中显示配置信息。

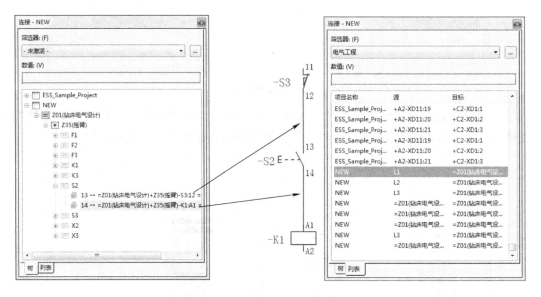

图 5-8 "连接"导航器

在选中的导线上单击鼠标右键，弹出如图 5-9 所示的快捷菜单，提供新建和修改连线的功能。选择"属性"命令，弹出如图 5-10 所示的"属性（元件）：连接"对话框，显示 3 个选项卡，下面分别介绍选项卡中的选项。

1. "连接"选项卡

- 连接代号：选中芯线/导线的编号。
- 描述：输入芯线/导线的特性解释文字，属于附加信息，不是标示性信息，起辅助作用。

新建... (N)

删除 (D)

放置 (P)

分配 (A)

布线(拓扑) (R)

布线(布局空间) (O)

自由布线(布局空间) (F)

拖孔... (B)

显示待布线的连接 (S) ▶

隐藏待布线的连接 (H)

编辑修订标记... (E)

删除修订标记 (L)

编辑显示设置... (D)

转到(图形) (G)

转到(图形-源) (O)

转到(图形-目标) (T)

预选列表 (L)

配置显示... (C)

属性... (P)

属性(全局)... (R)

图 5-9 快捷菜单

图 5-10 "属性(元件):连接"对话框

● 电缆/导管:显示电缆/导管的设备标识符、完整设备标识符、颜色/编号、成对索引。
在"设备标识符"栏,单击□按钮,弹出如图 5-11 所示的"使用现有连接"对话
框,选择使用现有的连接线的设备标识符。在"颜色/编号"栏,不同的颜色对应不
同的编号,可直接输入所选颜色的编号,单击□按钮,弹出如图 5-12 所示的"连接
颜色"对话框,也可以选择使用现有的连接线的颜色编号。

图 5-11 "使用现有的连接"对话框

图 5-12 "连接颜色"对话框

- 截面积/直径：输入芯线/导线的截面积或直径。
- 截面积/直径单位：选择芯线/导线的截面积/直径单位，默认选择"来自项目"，也可以在下拉列表中直接选择单位。
- 表达类型：在下拉列表中选择芯线/导线的表达类型，可选项包括多线、单线、管道及仪表流程图、外部、图形。
- 功能定义：输入芯线/导线的功能定义，单击 ... 按钮，弹出如图 5-13 所示的"功能定义"对话框，设置芯线/导线的特性。

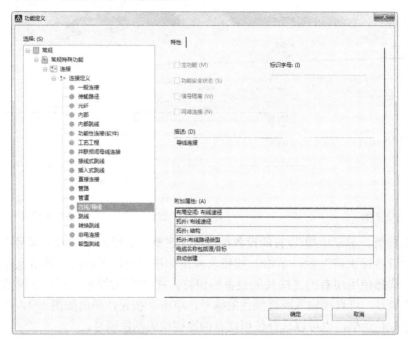

图 5-13 "功能定义"对话框

- 属性：显示芯线/导线的属性，可新建属性或删除属性。

2. "连接图形"选项卡

在该选项卡中显示连接的格式属性，包括线宽、颜色、线型、式样长度、层，如图 5-14 所示。

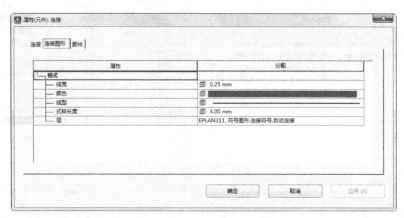

图 5-14 "连接图形"选项卡

3. "部件"选项卡

在该选项卡中显示连接的部件信息，选择导线的部件型号及部件的属性，如图 5-15 所示。

图 5-15 "部件"选项卡

5.2 连接符号

在 EPLAN 中的设备之间，自动连接只能进行水平或垂直电气连接，遇到需要拐弯、多设备连接、不允许连线等情况时，需要使用连接符号连接，连接符号包括角、T 节点及其变量等连接符号，通过连接符号了解设备间的接线情况及接线顺序。

EPLAN Electric P8 提供了 3 种使用连接符号对原理图进行连接的操作方法。

1. 使用菜单命令

菜单栏中的"插入"→"连接符号"子菜单就是原理图连接符号工具菜单，如图 5-16 所示。经常使用的有角命令、T 节点命令等。

2. 使用"连接符号"工具栏

在"插入"→"连接符号"子菜单中，各项命令分别与"连接符号"工具栏中的按钮一一对应，如图 5-17 所示，直接单击该工具栏中的相应按钮，即可完成相同的功能操作。

3. 使用快捷键

上述各项命令都有相应的快捷键。例如，设置"右下角"命令的快捷键是 F3，绘制"向下 T 节点"的快捷键是 F7。使用快捷键可以大大提高操作速度。

下面分别介绍不同功能连接符号的使用方法。

厂 角(右下) (A)	F3
ᑎ 角(左下) (N)	F4
L 角(右上) (G)	F5
ᒧ 角(左上) (L)	F6
ᐱ T节点(向下) (T)	F7
人 T节点(向上) (E)	F8
ᒣ T节点(向右) (O)	F9
ᒥ T节点(向左) (D)	F10
支路 (C)	
↓ 跳线 (J)	Shift+F8
⩘ 十字接头 (U)	
→ 中断点 (R)	Shift+F4
╲ 对角线 (I)	
断点 (B)	Ctrl+Shift+U

图 5-16 "连接符号"子菜单

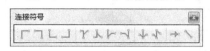

图 5-17 "连接符号"工具栏

5.2.1 导线的角连接模式

如果要连接的两个引脚不在同一水平线或同一垂直线上，则在放置导线的过程中需要使用角连接确定导线的拐弯位置，包括四个方向的"角"命令，分别为右下角、右上角、左下角、左上角，如图 5-18 所示。

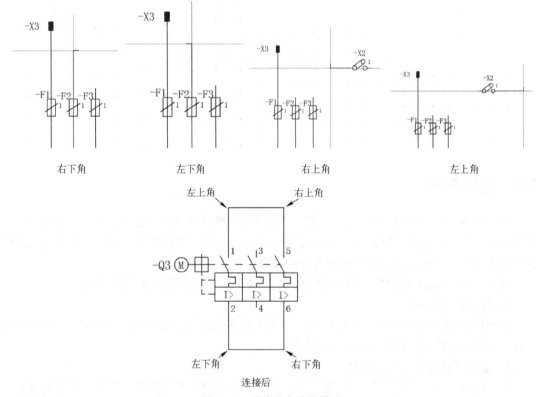

图 5-18 导线的角连接模式

选择菜单栏中的"插入"→"连接符号"→"角（右下）"命令，或单击"连接符号"工具栏中的"右下角"按钮 厂，此时光标变成交叉形状并附加一个角符号。

将光标移动到想要完成电气连接的设备水平或垂直位置上，出现红色的连接符号表示电气连接成功。移动光标，确定导线的终点，完成两个设备之间的电气连接 。此时光标仍处于放置角连接的状态，重复上述操作可以继续放置其他的导线。导线放置完毕，按右键"取消操作"命令或按〈Esc〉键即可退出该操作。如图 5-19 所示。

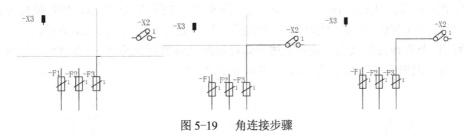

图 5-19　角连接步骤

放置其他方向的角步骤相同，这里不再赘述。

在光标处于放置角连接的状态时按〈Tab〉键，旋转角连接符号，变换角连接模式，如图 5-20 所示。

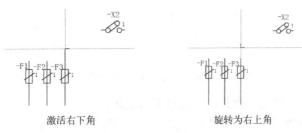

激活右下角　　　　　　　　旋转为右上角

图 5-20　变换角连接方向

角连接的导线可以删除，在导线拐角处选中角，按住〈Delete〉（删除）键，即刻删除，如图 5-21 所示。

删除前　　　　　　　　选中角　　　　　　　　删除后

图 5-21　删除角连接导线

5.2.2　导线的 T 节点连接模式

T 节点是电气图中对连接进行分支的符号，是多个设备连接的逻辑标识，还可以显示设备的连接顺序，如图 5-22 所示，节点要带三个连接点。没有名称的点表示连接起点，显示通过直线箭头找到的第 1 个目标和通过斜线找到的第 2 个目标，可以理解为实际项目中的电路并联。这些信息都将在生成的连接图标、接线表和设备接线图中显示。

1）选择菜单栏中的"插入"→"连接符号"→"T 节点（向右）"命令，或单击"连接符号"工具栏中的"T 节点，向右"按钮 ，此时光标变成交叉形状并附加一个 T

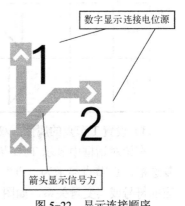

图 5-22　显示连接顺序

125

节点符号 ⊻。

将光标移动到想要完成电气连接的设备水平或垂直位置上，移动光标，确定导线的 T 节点插入位置，出现红色的连接线，表示电气连接成功，如图 5-23 所示，单击鼠标左键，完成两个设备之间的电气连接，此时 T 节点显示"点"模式 ●，如图 5-24 所示。此时光标仍处于放置 T 节点连接的状态，重复上述操作可以继续放置其他的 T 节点导线。导线放置完毕，按右键"取消操作"命令或〈Esc〉键即可退出该操作。

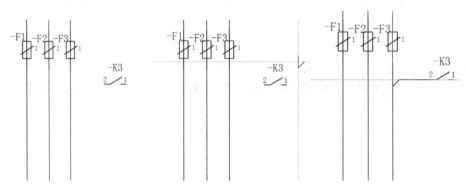

图 5-23　T 节点连接步骤

放置其他方向的 T 节点步骤相同，这里不再赘述。

2）在光标处于放置 T 节点的状态时按〈Tab〉键，旋转 T 节点连接符号，变换 T 节点连接模式，EPLAN 有四个方向的"T 节点"连接命令，而每一个方向的 T 节点连接符号又有四种连接关系可选，见 5-1。

表 5-1　变换 T 节点方向

	方向	按钮	按〈Tab〉键次数			
			0	1	2	3
T 节 点 方 向	向下					
	向上					
	向右					
	向左					

3）设置 T 节点的属性：双击 T 节点即可打开 T 节点的属性编辑面板，如图 5-25 所示。

在该对话框中显示 T 节点的四个方向及不同方向的目标连线顺序，勾选"作为点描绘"复选框，T 节点显示为"点"模式 ●，取消勾选该复选框，根据选择的 T 节点方向显示对应的符号或其变量关系，如图 5-26 所示。

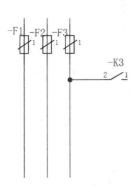

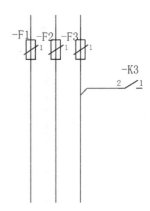

图 5-24　插入 T 节点　　　　图 5-25　T 节点属性设置　　　　图 5-26　取消"点"模式

4）设置 T 节点的显示模式。

EPLAN 中默认 T 接点是 T 型显示的，有些公司可能要求使用点来表示 T 型连接，有些可能要求使用 T 型显示，对于这些要求，通过修改 T 接点属性来一个个更改，过于烦琐，可以通过设置来更改整个项目的 T 型点设置，具体操作方法如下：

选择菜单栏中的"选项"→"设置"命令，弹出"设置"对话框，选择"项目→项目名称→图形的编辑→常规"选项，在"显示连接支路"选项组下选择 T 型显示，推荐使用 T 型连接"包含目标确定"，如图 5-27 所示，完成设置后，进行 T 节点连接后直接为 T 型显示，如图 5-28 所示。

图 5-27　选择 T 型显示模式

若选择"作为点"和"如图示"单选钮，则 T 节点连接后直接为点显示，如图 5-29 所示，可通过"T 节点"属性设置对话框进行修改。

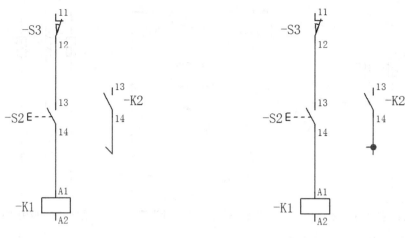

图 5-28 包含目标确定　　　　　　　　　图 5-29 作为点显示

5.2.3 导线的断点连接模式

在 EPLAN 中，当两个设备的连接点水平或垂直对齐时，系统会自动连接，若不希望自动连接，需要引入"断点"命令，在任意自动连接的导线上插入一个断点，断开自动连接的导线。

选择菜单栏中的"插入"→"连接符号"→"断点"命令，此时光标变成交叉形状并附加一个断点符号○。

将光标移动到需要阻止自动连线的位置（想要需要插入断点的导线上），导线由红色变为灰色，单击插入断点，此时光标仍处于插入断点的状态，重复上述操作可以继续插入其他的断点。断点插入完毕，按右键"取消操作"命令或〈Esc〉键即可退出该操作。如图 5-30 所示。

图 5-30 插入断点

5.2.4 导线的十字接头连接模式

在连接过程中，不可避免会出现接线的情况，在 EPLAN 中，十字接头连接是分散接线，每侧最多连接 2 根线，不存在一个接头连接 3 根线的情况，适合于配线。

选择菜单栏中的"插入"→"连接符号"→"断点"命令，或单击"连接符号"工具栏中的"十字接头"按钮，此时光标变成交叉形状并附加一个十字接头符号。

将光标移动到要插入十字接头的导线上，确定导线的十字接头插入位置，单击插入十字接头，此时光标仍处于插入十字接头的状态，重复上述操作可以继续插入其他的十字接头。十字接头插入完毕，按右键"取消操作"命令或〈Esc〉键即可退出该操作。如图 5-31 所示。

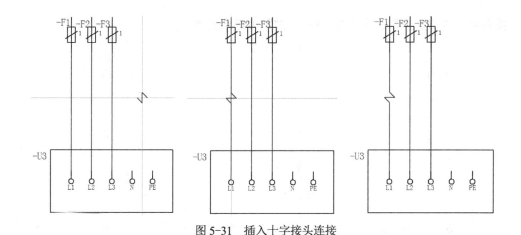

图 5-31　插入十字接头连接

在光标处于放置十字接头的状态时按〈Tab〉键，旋转十字接头连接符号，变换为十字接头连接模式。

设置十字接头的属性。双击十字接头即可打开十字接头的属性编辑面板，如图 5-32 所示。在该对话框中显示十字接头的四个方向，十字接头连接一般是把左下线互联，右上线互联，上下线互联。

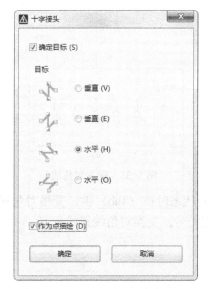

图 5-32　十字接头属性设置

5.2.5　导线的对角线连接模式

有些时候，为了增强原理图的可观性，把导线绘制成斜线，在 EPLAN 中，对角线其实就是斜的连接。

选择菜单栏中的"插入"→"连接符号"→"对角线"命令，此时光标变成交叉形状并附加一个对角线符号。

将光标移动到要插入对角线的导线上，导线由红色变为灰色，单击插入对角线起点，拖动鼠标向外移动，单击鼠标左键确定第一段导线的终点，完成斜线绘制，如图 5-33 所示。此时光标仍处于插入对角线的状态，重复上述操作可以继续插入其他的对角线。对角线插入完毕，按右键"取消操作"命令或按〈Esc〉键即可退出该操作。

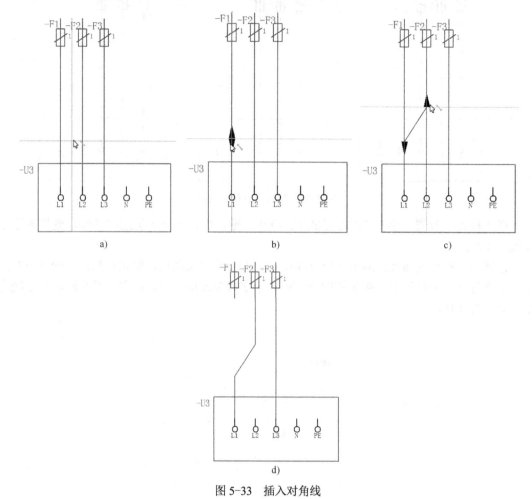

图 5-33　插入对角线

在光标处于放置对角线的状态时按〈Tab〉键，变换对角线箭头方向，切换为水平或垂直方向；任意旋转对角线连接符号，变换对角线斜线角度。

5.3　连接类型

导线连接的类型一般是由源和目标自动确定的，在系统无法确定连接类型时它被称为"常规连接"，电气图中的连接通常都是"常规连接"。原理图的导线是自动连接的，无法在原理图中直接选择，要修改连接的类型，需要插入"连接定义点"来改变。

插入连接定义点的另外一种用途是手动标注线号，当线号没有规律时就采用这种方式，有规律时就使用"连接编号"功能。

1. 菜单插入

选择菜单栏中的"插入"→"连接定义点"命令，此时光标变成交叉形状并附加一个连接定义点符号┤。

将光标移动到要插入连接定义点的导线上，移动光标，选择连接定义点的插入点，在原理图中单击鼠标左键确定插入连接定义点。此时光标仍处于插入连接定义点的状态，重复上述操作可以继续插入其他的连接定义点。连接定义点插入完毕，按右键"取消操作"命令或〈Esc〉键即可退出该操作。如图 5-34 所示。

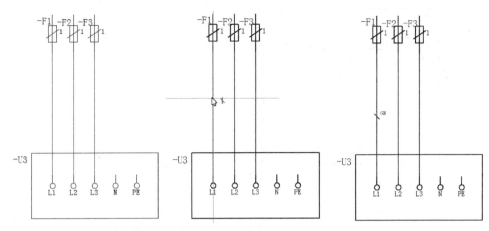

图 5-34　插入连接定义点

2. 设置连接点的属性

在插入连接定义点的过程中，用户可以对连接定义点的属性进行设置。双击连接定义点或在插入连接定义点后，弹出如图 5-35 所示的连接定义点属性设置对话框，在该对话框中可以对连接定义点的属性进行设置，在"连接代号"中输入连接定义点的代号。

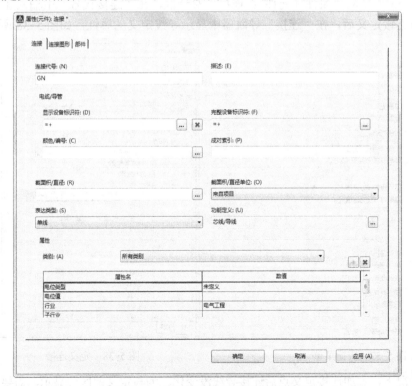

图 5-35　连接定义点属性设置对话框

3. 导航器插入连接定义点

使用"连接"导航器可以快速编辑连接。

选择菜单栏中的"项目数据"→"连接"→"导航器"命令，打开"连接"导航器，如图 5-36 所示，显示元件下的连接信息。

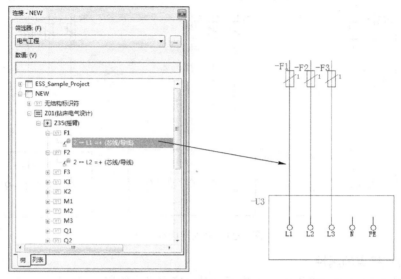

图 5-36 "连接"导航器

在选中的导线上单击鼠标右键，弹出如图 5-37 所示的快捷菜单，选择"属性"命令，弹出如图 5-35 所示的"属性（元件）：连接"对话框，在"连接代号"中输入连接定义点的代号。完成连接定义后，在"连接"导航器中显示导线定义的属性，如图 5-38 所示。

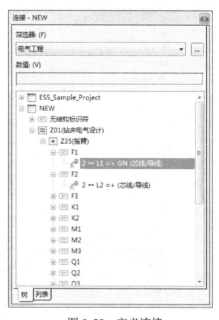

图 5-37 快捷菜单

图 5-38 定义连接

默认情况下，添加连接定义点后连接导线没变化，为与定义前区分显示，需要进行参数设置。选择菜单栏中的"选项"→"设置"命令，系统弹出"设置"对话框，在"项目"→"项目名称（NEW）"→"图形的编辑"→"常规"选项下，勾选"带宏边框插入"复选框，如图 5-39 所示，完成设置后，原理图中添加连接定义点后的连接导线插入宏边框，如图 5-40 所示。

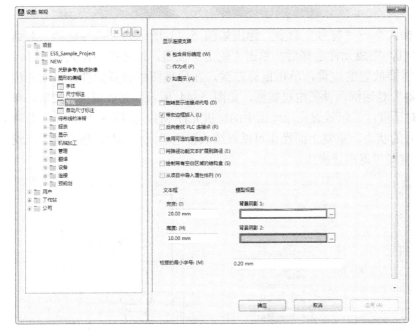

图 5-39 "设置"对话框

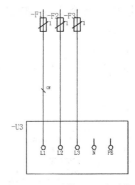

图 5-40 连接插入宏边框

5.4 实例——局部电路

本节通过不同的连接方式讲解如何绘制自动化流水线的局部电路。

1. 打开项目

选择菜单栏中的"项目"→"打开"命令,弹出如图 5-41 所示的对话框,选择项目文件的路径,打开项目文件"Auto Production Line.elk",如图 5-42 所示。

5.4 实例——局部电路

图 5-41 打开项目文件

在"页"导航器中选择"=C01(冲床电路)+A1(冲床站电机)/1"原理图页,双击进入原理图编辑环境。

2. 插入电机元件

选择菜单栏中的"插入"→"符号"命令,弹出如图 5-43 所示的"符号选择"对话框,选择需要的元件-电机,完成元件选择后,单击"确定"按钮,原理图中在光标上显示浮动的元件符号,选择需要放置的位置,单击鼠标左键,在原理图中放置元件,自动弹出"属性(元件):常规设备"对话框,设置电机属性,如图 5-44 所示。完成属性设置后,单击"确定"按钮,关闭对话框,显示放置在原理图中的电机元件 M1,如图 5-45 所示。此时鼠标仍处于放置元件符号的状态,重复上面操作可以继续放置电机元件 M2,按右键"取消操作"命令或按〈Esc〉键即可退出该操作。

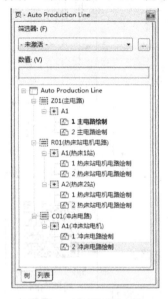

图 5-42　打开项目文件

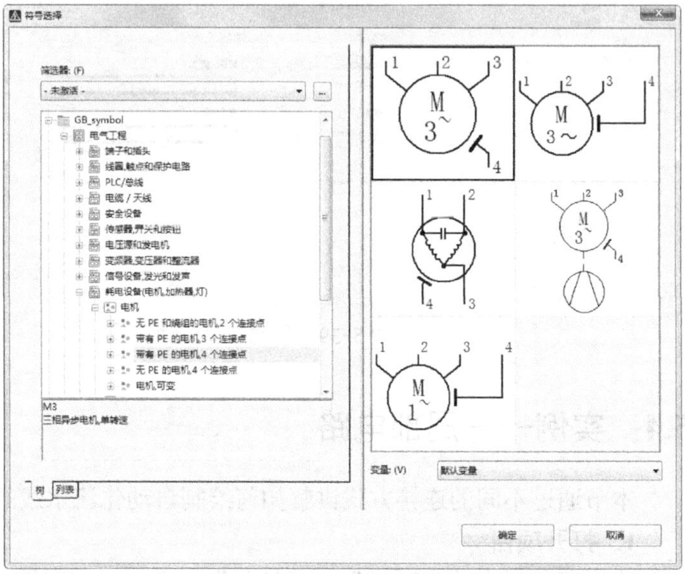

图 5-43　"符号选择"对话框

图 5-44　"属性(元件):常规设备"对话框

在"设备"导航器中显示新添加的电机元件 M1，如图 5-46 所示。

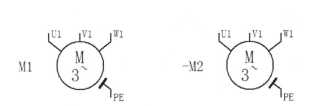

图 5-45　放置电机元件

图 5-46　显示放置的元件

3．插入熔断器元件

选择菜单栏中的"插入"→"符号"命令，弹出如图 5-47 所示的"符号选择"对话框，在导航器树形结构中选中"GB_symbol"-"电气工程"-"安全设备"-"热过载继电器"-"散热，6 个连接点"-"FT3"元件符号。

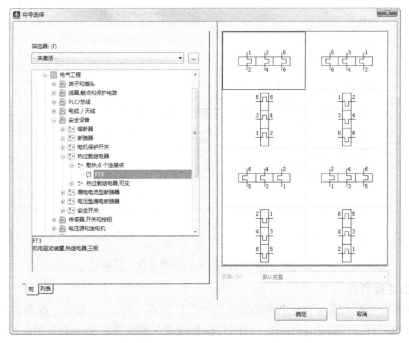

图 5-47　"符号选择"对话框

单击"确定"按钮，原理图中在光标上显示浮动的元件符号，如图 5-48 所示，将光标移动到原理图电动机元件的垂直上方位置，单击完成元件符号插入，在原理图中放置元件，自动弹出"属性（元件）：常规设备"对话框，设置热过载继电器属性，如图 5-49 所示。完成属性设置后，单击"确定"按钮，关闭对话框，显示放置在原理图中的与电机元件 M1 自动连接的热过载继电器 F1，如图 5-50 所示。此时鼠标仍处于放置热过载继电器符号的状态，按右键"取消操作"命令或按〈Esc〉键即可退出该操作。

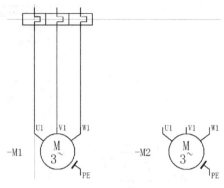

图 5-48　元件插入

图 5-49　"属性（元件）：常规设备"对话框

4．添加连接节点

选择菜单栏中的"插入"→"连接符号"→"T 节点（向右）"命令，或单击"连接符号"工具栏中的"T 节点，向右"按钮，此时光标变成交叉形状并附加一个 T 节点符号。

将光标移动到电动机 M1 的 U1 输出端连线位置上，移动光标，单击鼠标左键，确定导线的 T 节点插入位置，出现红色的连接线，如图 5-51 所示。此时光标仍处于放置 T 节点连接的状态，按〈Tab〉键，旋转 T 节点连接符号，重复上述操作继续在 V1、W1 处放置不同的 T 节点，结果如图 5-52 所示。放置完毕，按右键"取消操作"命令或按〈Esc〉键即可退出该操作。

选择菜单栏中的"插入"→"连接符号"→"角（右下）"命令，或单击"连接符号"工具栏中的"右下角"按钮，此时光标变成交叉形状并附加一个角符号。

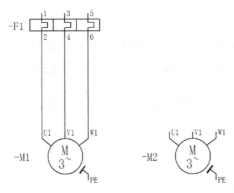

图 5-50　放置热过载继电器元件

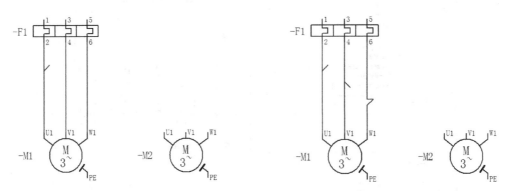

图 5-51　T 节点连接　　　　　　　　　　　图 5-52　放置所有 T 节点

将光标移动到电动机 M2 的 W1 输出端连线位置上，移动光标至电动机 M1 的 W1 输出端，出现红色的连接符号表示电气连接成功，单击鼠标左键确定导线的终点，完成电气连接。如图 5-53 所示。此时光标仍处于放置角连接的状态，重复上述操作可以继续连接其他输出端。按右键"取消操作"命令或按〈Esc〉键即可退出该操作，最终结果如图 5-54 所示。

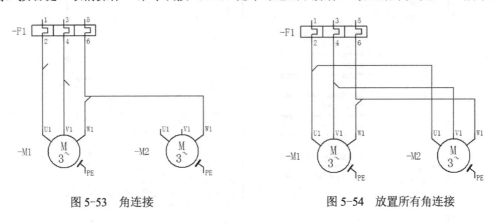

图 5-53　角连接　　　　　　　　　　　　图 5-54　放置所有角连接

5.5　端子

端子通常指的是柜内的通用端子，如菲尼克斯的 ST2.5、魏德米勒的 ZDU2.5，端子有内外侧之分，内侧端子一般用于柜内，外侧端子一般作为对外接口，端子的 1 和 2，1 通常指内部，2 指外部（内外部相对于柜体来说）。在原理图中，添加部件的端子是真实的设备。

5.5.1　设置端子

选择菜单栏中的"插入"→"符号"命令，系统将弹出如图 5-55 所示的"符号选择"对话框，打开"列表"选项卡，在该选项卡中用户选择端子符号如图 5-56 所示。

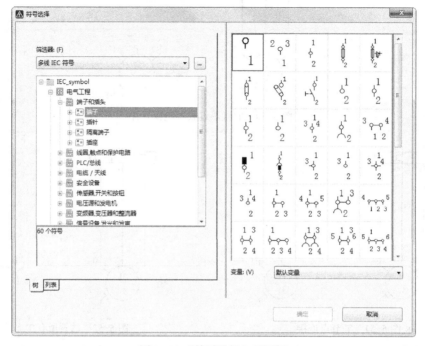

图 5-55　"符号选择"对话框

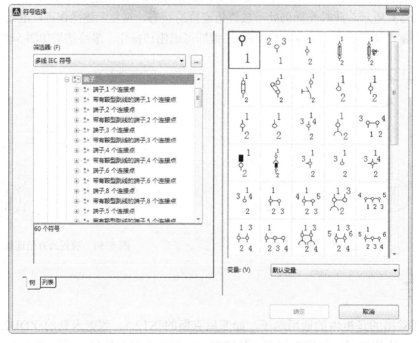

图 5-56　端子类型

1. 端子分类

单击"端子"左侧的"+"符号，显示不同连接点，不同类型的端子符号，如图 5-56 所示。

1）端子在原理图中根据图形视觉效果分为单侧与两侧，如图 5-57 所示。

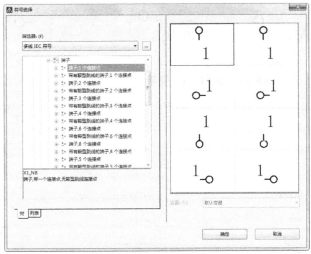

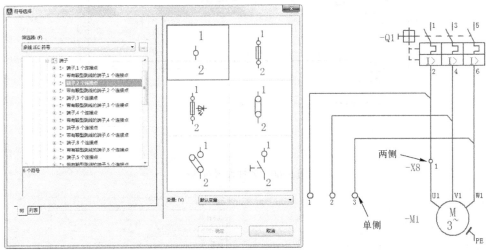

图 5-57　单侧与两侧端子

2）在图 5-56 中选择 1 个连接点的单侧端子，在图 5-58 中显示端子变量，图 5-58a 中为端子变量 A，图 5-58b 中为端子变量 B，图 5-58c 中为端子变量 C，图 5-58d 中为端子变量 D，图 5-58e 中为端子变量 E，图 5-58f 中为端子变量 F，图 5-58g 中为端子变量 G，图 5-58h 中为端子变量 H。以 A 变量为基准，逆时针旋转 90°，形成 B 变量；再以 B 变量为基准，逆时针旋转 90°，形成 C 变量；再以 C 变量为基准，逆时针旋转 90°，形成 D 变量；而 E、F、G、H 变量分别是 A、B、C、D 变量的镜像显示结果。

3）选择需要的端子符号，单击"确定"按钮，原理图中在光标上显示浮动的端子符号，端子符号默认为 X?，如图 5-59 所示，选择需要放置的位置，单击鼠标左键，自动弹出端子属性设置对话框，如图 5-60 所示，端子自动根据原理图中放置的编号进行更改，默认排序显示 X6，单击"确定"按钮，完成设置，端子被放置在原理图中，如图 5-61 所示。同时，在"端子排"导航器中显示新添加的端子 X6，如图 5-62 所示。

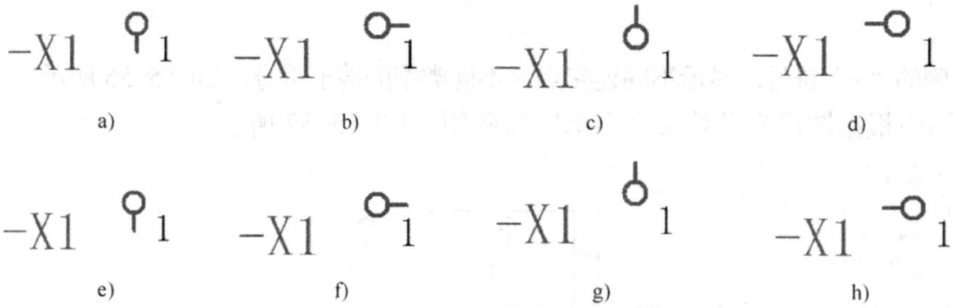

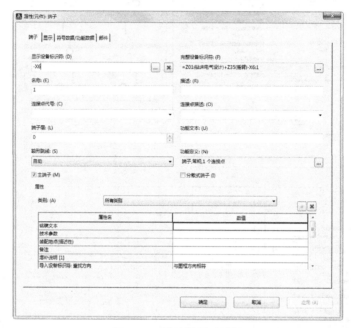

a)   b)   c)   d)

e)   f)   g)   h)

图 5-58 端子的符号变量 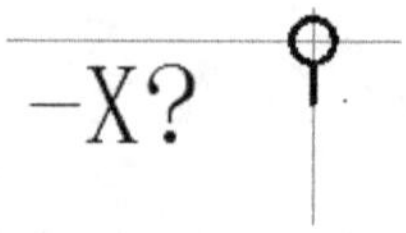   图 5-59 显示端子符号

图 5-60 属性设置对话框

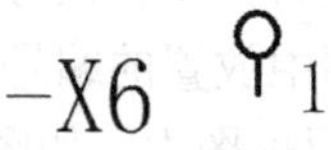

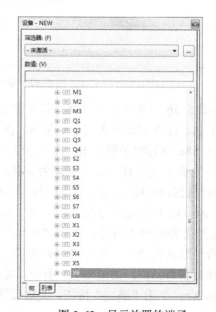

-X6 1

图 5-61 放置端子   图 5-62 显示放置的端子

此时光标仍处于放置端子的状态，重复上述操作可以继续放置其他的端子。端子放置完毕，按右键"取消操作"命令或按〈Esc〉键即可退出该操作。

放置其他类型的端子步骤相同，这里不再赘述。

4）在端子属性设置对话框中显示"主端子"与"分散式端子"复选框。其中，勾选"主端子"复选框，表示端子赋予主功能。与设备相同，端子也分主功能与辅助功能，为勾选该复选框的端子被称之为辅助端子，在原理图中起辅助功能。勾选"分散式端子"复选框的端子为分散式端子，下节详细讲述该类端子的功能。

5.5.2　分散式端子

要想一个端子在同一页不同位置或不同页显示可以用分散式端子。

选择菜单栏中的"插入"→"分散式端子"命令，此时光标变成交叉形状并附加一个分散式端子符号，如图 5-63 所示。

将光标移动到想要插入分散式端子并连接的元件水平或垂直位置上，出现红色的连接符号表示电气连接成功。移动光标，确定端子的终点，完成分散式端子与元件之间的电气连接。此时光标仍处于插入分散式端子的状态，重复上述操

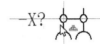

图 5-63　显示分散式端子符号

作可以继续插入其他的分散式端子。分散式端子放置完毕，按右键"取消操作"命令或按〈Esc〉键即可退出该操作。

1）双击选中的分散式端子符号或在插入端子的状态时，单击鼠标左键确认插入位置后，自动弹出分散式端子属性设置对话框，如图 5-64 所示，显示分散式端子为带鞍形跳线，4 个连接点的端子，单击"确定"按钮，完成设置，分散式端子被放置在原理图中，如图 5-65 所示。同时，在"设备"导航器中显示新添加的分散式端子 X6，如图 5-66 所示。

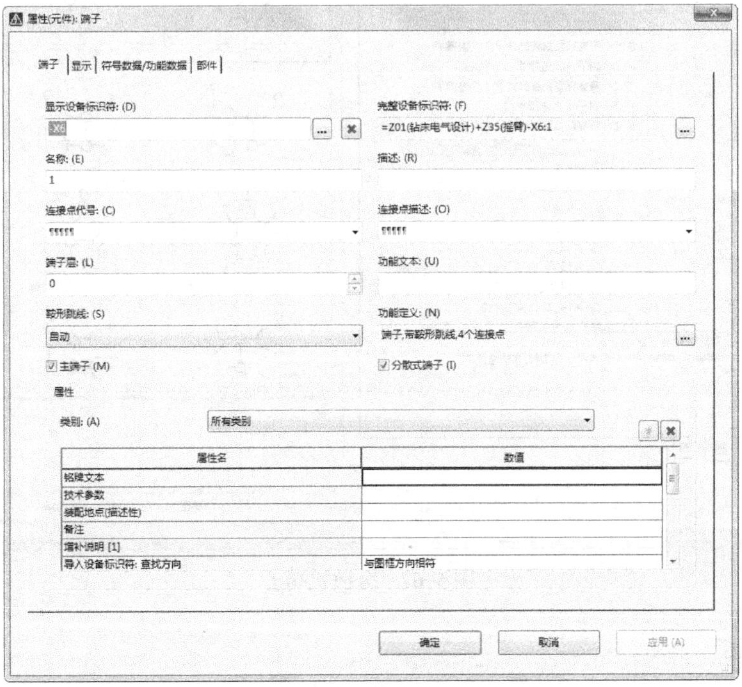

图 5-64　属性设置对话框

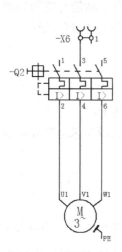

图 5-65　放置端子

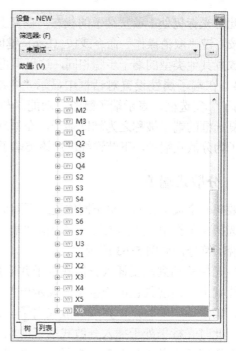

图 5-66　放置端子

2）根据分散式端子属性设置对话框中的"功能定义"显示，在"符号选择"对话框中可以找到相同的分散式端子，如图 5-67 所示。

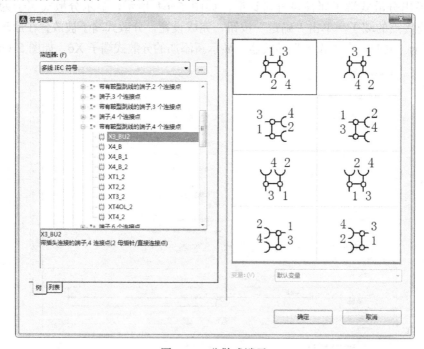

图 5-67　分散式端子

5.5.3　端子排

端子排承载多个或多组相互绝缘端子组件，用于将柜内设备和柜外设备的线路连接，起到信号传输的作用。

1. 插入端子排

选择菜单栏中的"项目数据"→"端子排"→"导航器"命令,打开"端子排"导航器,如图 5-68 所示,包括"树"标签与"列表"标签。在"树"标签中包含项目所有端子的信息,在"列表"标签中显示配置信息。

图 5-68 "端子排"导航器

在导航器中空白处单击鼠标右键,弹出如图 5-68 所示的快捷菜单,选择"生成端子"命令,系统弹出如图 5-69 所示的"属性(元件):端子"对话框,显示 4 个选项卡,在"名称"栏输入端子名称。

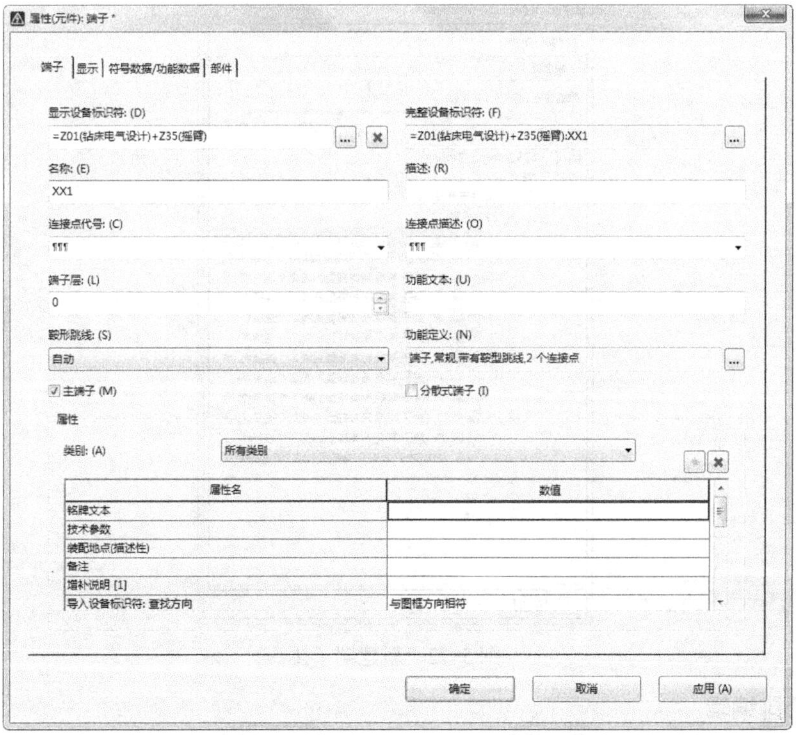

图 5-69 "属性(元件):端子"对话框

单击"确定"按钮，完成设置，关闭对话框，在"端子排"导航器中显示新建的端子，如图 5-70 所示。

在新建的端子上，单击鼠标右键，选择"新功能"命令，弹出"生成功能"对话框，如图 5-71 所示。在"完整设备标识符"栏输入端子排的名称，通过名称表示项目层级。在"编号样式"文本框中输入端子序号，输入"1-10"，表示创建单层 10 个端子，端子编号显示为 1-10，结果如图 5-72 所示。输入"3+-5-"，表示第三层端子中第五个端子。

图 5-70　新建端子

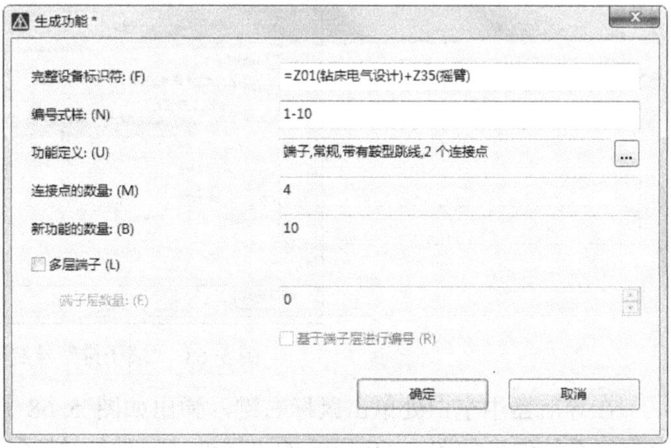

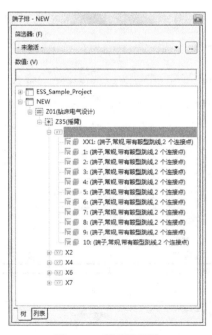

图 5-71　"生成功能"对话框

图 5-72　新建端子排

2．端子排编辑

在"端子排"导航器中新建的端子排上，单击鼠标右键，选择"编辑"命令，弹出"编

辑端子排"对话框，提供各种编辑端子排的功能，如端子排的排序、编号、重命名、移动、
添加端子排附件等，如图 5-73 所示。

图 5-73 "编辑端子排"对话框

3. 端子排序

端子排上的端子默认按字母数字来排序，也可选择其他排序类别，在端子上单击鼠标右
键，选择"端子排序"命令，弹出如图 5-74 所示的排序类别。

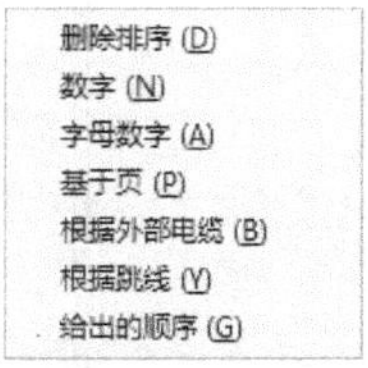

- 删除排序：删除端子的排序序号。
- 数字：对以数字开头的所有端子名称进行排序（按照数字大小升序排列），所有端子仍保持在原来的位置。
- 字母数字：端子按照其代号进行排序（数字升序→字母升序）。
- 基于页：基于图框逻辑进行排序，即按照原理图中的图形顺序排序。
- 根据外部电缆：用于连接共用的一根电缆的相邻的端子（外部连接）。
- 根据跳线：根据手动跳线设置后调整端子连接，生成鞍型跳线。
- 给出的顺序：根据默认顺序。

删除排序 (D)
数字 (N)
字母数字 (A)
基于页 (P)
根据外部电缆 (B)
根据跳线 (Y)
给出的顺序 (G)

图 5-74 排序类别

端子排序结果对应在"端子排"导航器中的顺序。不同的端子排也可设置不同的顺序，
如图 5-75 所示。

提示：

在默认创建的端子 XX1 时，已有一个段子，因此在"编号样式"栏，可输入"2-10"，
也可以选中创建的端子 XX1，删除该端子。

在"端子排"导航器直接拖动创建的端子排到原理图中即可。

5.5.4 端子排定义

在 EPLAN 中，通过端子排定义管理端子排，端子排定义识别端子排并显示排的全部重
要数据及排部件。

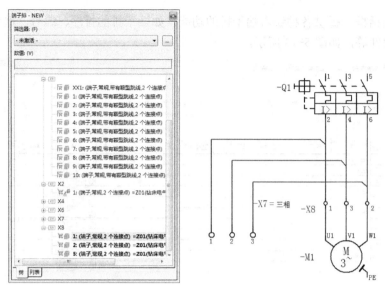

图 5-75　端子排排序

1）在创建的端子排上，单击右键选择"生成端子排定义"命令，系统弹出如图 5-76 所示的"属性（元件）：端子排定义"对话框。

图 5-76　"属性（元件）：端子排定义"对话框

- 在"显示设备标识符"栏定义端子名称。
- 在"功能文本"中显示端子在端子排总览中显示端子的用途。
- 在"端子图表表格"中为当前端子排制定专用的端子图表，该报表在自动生成时不适用报表设置中的模板。

单击"确定"按钮,完成设置,关闭对话框,在"端子排"导航器中显示新建的端子排定义,如图 5-77 所示。

图 5-77 新建的端子排定义

2)选择菜单栏中的"插入"→"端子排"命令,这时光标变成交叉形状并附加一个端子排记号═,将光标移动到想要插入端子排的端子上,单击鼠标左键插入,系统弹出如图 5-78 所示的"属性(元件):端子排定义"对话框,设置端子排的功能定义,输入设备标识符 "-X7",完成设置后关闭该对话框,在原理图中显示端子排的图形化表示"-X7=",如图 5-79 所示。

图 5-78 "属性(元件):端子排定义"对话框

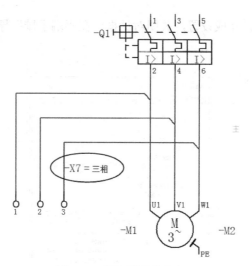

图 5-79　插入端子排定义

5.5.5　端子的跳线连接

在 EPLAN 中，端子排上的端子通过"跨接线"相连，这些跨接线称之为跳线，根据连接的不同，分为接线式跳线、插入式跳线和鞍型跳线。

1. 接线式跳线

在"端子排"导航器下选择图 5-80 所示的端子排 X11 下的端子，直接拖动端子 1、2、3、4 到原理图中，如图 5-81 所示，

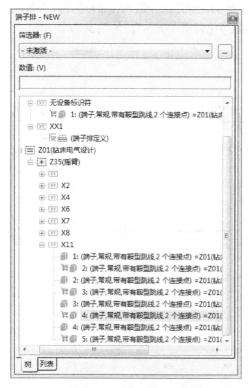

图 5-80　"端子排"导航器

X11 $\overset{1}{\circ}$　　$\overset{2}{\circ}$　　$\overset{3}{\circ}$　　$\overset{4}{\circ}$

图 5-81　放置端子排

单击"连接符号"工具栏中的"右下角"按钮 ⌐ 和"T 节点,向右"按钮 ⌐,连接端子,如图 5-82 所示。

打开"连接"导航器,选择端子排 X11 下的连接线,显示端子连接均为接线式跳线,如图 5-83 所示。

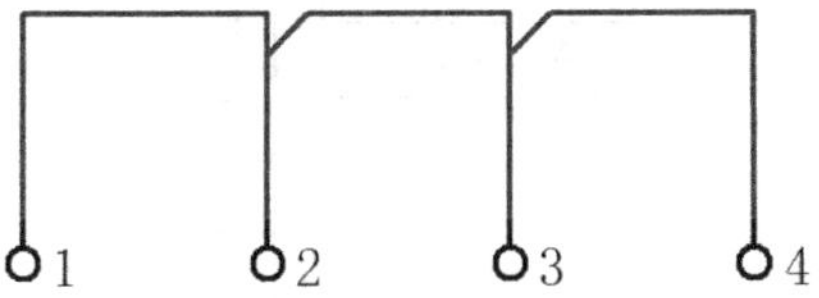

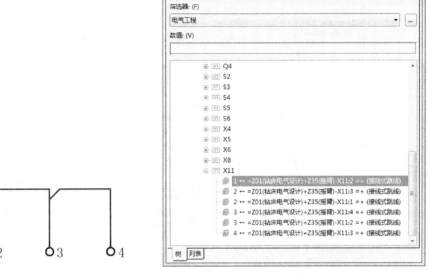

图 5-82 连接端子

图 5-83 接线式跳线

2. 插入式跳线

打开"连接"导航器,选择端子排 X11 下的连接线,在连接线上单击鼠标右键,选择"属性"命令,弹出属性设置对话框,如图 5-84 所示,在"功能定义"文本框中显示当前跳线为"接线式跳线"。

图 5-84 属性设置对话框

单击···按钮，弹出"功能定义"对话框，如图 5-85 所示，显示连接定义属性，选择"插入式跳线"，完成属性设置后，单击"确定"按钮，返回属性设置对话框，重新定义连接跳线，如图 5-86 所示，单击"确定"按钮，关闭所有对话框，在原理图中显示端子的插入式跳线连接结果，如图 5-87 所示。

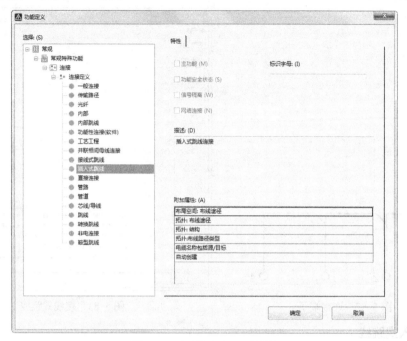

图 5-85 "功能定义"对话框

图 5-86 选择"插入式跳线"

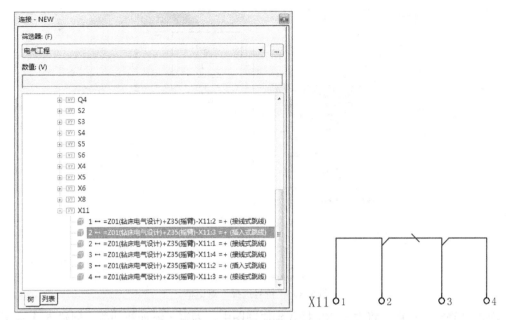

图 5-87　切换为"插入式跳线"

在"端子排"导航器中选中端子排 X11，选择菜单栏中的"项目数据"→"端子排"→"编辑"命令，或直接在端子排上单击右键，选择快捷命令"编辑"，弹出"编辑端子排"对话框，显示插入式跳线与连接或跳线的连接效果，如图 5-88 所示，

图 5-88　"编辑端子排"对话框

3. 鞍型跳线

端子进行符号选择过程中可直接选择带有鞍型跳线的端子，也可以根据端子属性设置选择"鞍型跳线"类型。

选择菜单栏中的"插入"→"符号"命令，弹出"符号选择"对话框，如图 5-89 所示。在筛选器下列表中显示的树形结构中选择带鞍型跳线的端子符号。

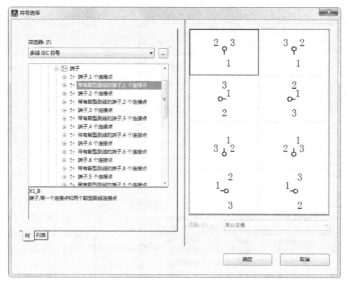

图 5-89 "符号选择"对话框

单击"确定"按钮,将端子 X8 插入到原理图中,为端子添加新功能,创建 5 个端子的端子排 X8,继续将端子 2、3、4 插入到原理图中,插入过程中,相邻端子自动相连,如图 5-90 所示。

打开"连接"导航器,选择端子排 X8 下的连接线,显示端子连接均为鞍型跳线,如图 5-91 所示。

在"端子排"导航器中选中端子排 X8,选择菜单栏中的"项目数据"→"端子排"→"编辑"命令,或直接在端子排上单击右键,选择快捷命令"编辑",弹出"编辑端子排"对话框,显示鞍型跳线的连接效果,如图 5-92 所示。

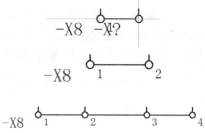

图 5-90 插入端子排 X8

图 5-91 鞍型跳线

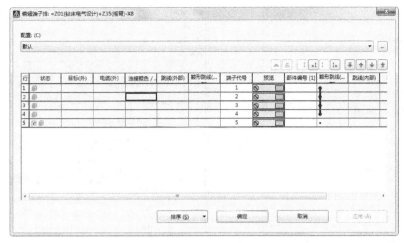

图 5-92 "编辑端子排"对话框

4. 跳线连接

若端子排上相邻的端子需要连接,连接的功能定义将由常规连接改为跳线连接,并根据端子类型,自动生成跳线,其中常规端子生成跳动连接,鞍形端子生成鞍形跳动。

选择菜单栏中的"插入"→"连接符号"→"跳线"命令,或单击"连接符号"工具栏中的"跳线"按钮,此时光标变成交叉形状并附加一个跳线符号。

将光标移动到想要插入跳线的端子水平或垂直位置上,移动光标,确定端子的跳线插入位置,出现红色的连接线,表示电气连接成功,如图 5-93 所示。此时光标仍处于放置跳线连接的状态,重复上述操作可以继续放置其他的跳线。导线放置完毕,按右键"取消操作"命令或按〈Esc〉键即可退出该操作。

图 5-93 插入跳线

在光标处于放置角连接的状态时按〈Tab〉键,旋转跳线连接符号,变换跳线连接模式,EPLAN 有四个方向的"跳线"连接命令,而每一个方向的 T 节点连接符号又有四种连接关系可选。

5. 跳线属性

设置跳线的属性,双击跳线即可打开跳线的属性编辑面板,如图 5-94 所示。

在该对话框中显示跳线的四个方向及不同方向的目标连线顺序,勾选"作为点描绘"复选框,跳线显示为"点"模式,取消勾选该复选框,根据选择的跳线方向显示对应的符号或其变量关系。

打开"连接"导航器,选择端子排 X11 下的连接线,显示端子连接均为鞍型跳线,如图 5-95 所示。

在"端子排"导航器中选中端子排 X11,选择菜单栏中的"项目数据"→"端子排"→"编辑"命令,或直接在端子排上单击右键,选择快捷命令"编辑",弹出"编辑端子排"对话框,显示鞍型跳线的连接效果,如图 5-96 所示。

图 5-94 T 节点属性设置

图 5-95 鞍型跳线

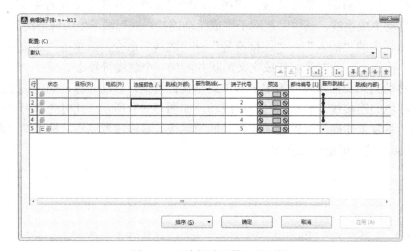

图 5-96 "编辑端子排"对话框

5.5.6 备用端子

在项目设计过程中，为方便日后进行维护使用，需要预留一些备用的端子，这些端子虽然不会在原理图中显示，但是会显示在端子图表上。

端子导航器中的预设计功能能够很好地满足备用端子预留的要求。

在端子导航器中创建未被放置的端子，在生成端子图表的时候将评估端子导航器中状态。这样，不管端子是否被画在原理图上，在端子图表中都会有端子显示生成。

5.5.7 实例——电动机手动直接起动电路

手动控制是指手动电器进行电动机直接起动操作，可以使用的手动电器有刀开关、转换开关、转换开关、断路器和组合开关。

5.5.7 实例——
电动机手动直接
起动电路

154

1．创建项目

选择菜单栏中的"项目"→"新建"命令，或单击"默认"工具栏中的⬜（新项目）按钮，弹出如图 5-97 所示的对话框，在"项目名称"文本框下输入创建新的项目名称"diandongjishoudong"，在"默认位置"文本框下选择项目文件的路径，在"模板"下拉列表中选择默认国家标准项目模板"GB_tpl001.ept"。

单击"确定"按钮，显示项目创建进度对话框，如图 5-98 所示，进度条完成后，弹出"项目属性"对话框，显示当前项目的图纸的参数属性。默认"属性名-数值"列表中的参数，如图 5-99 所示，单击"确定"按钮，关闭对话框，在"页"导航器中显示创建的空白新项目 "diandongjishoudong"，如图 5-100 所示。

图 5-97 "创建项目"对话框

图 5-98 进度对话框

图 5-99 "项目属性"对话框

图 5-100 空白新项目

2．图页的创建

1）在"页"导航器中选中项目名称"diandongjishoudong"，选择菜单栏中的"页"→"新建"命令，或在"页"导航器中选中项目名称并单击右键，选择"新建"命令，如图 5-101 所示，弹出如图 5-102 所示的"新建页"对话框。

图 5-101　新建命令

图 5-102　"新建页"对话框

　　2）在该对话框中"完整页名"文本框内输入电路图页名称，默认名称为"/1"，如图 5-102 所示。从"页类型"下拉列表中选择需要页的类型。在"页类型"下拉列表中选择"多线原理图"，"页描述"文本框输入图纸描述"刀开关控制"。

　　3）在"属性名-数值"列表中默认显示图纸的表格名称、图框名称、图纸比例与栅格大小。

4）在"属性"列表中单击"新建"按钮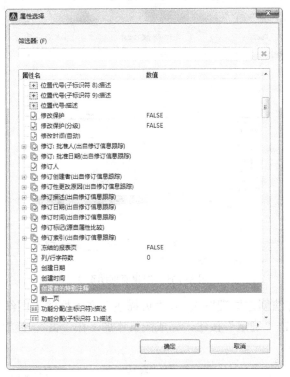，弹出"属性选择"对话框，选择"创建者的特别注释"属性，如图 5-103 所示，单击"确定"按钮，在添加的属性"创建者的特别注释"栏的"数值"列输入"三维书屋"，完成对话框的设置，如图 5-104 所示。

图 5-103 "属性选择"对话框

图 5-104 "新建页"对话框

5）单击"应用"按钮，在"页"导航器中创建原理图页 1。此时，"新建页"对话框中"完整页名"文本框内电路图页名称自动递增为"/2"，如图 5-105 所示。"页描述"文本框输入图纸描述"转换开关控制"。单击"应用"按钮,在"页"导航器中重复创建原理图页2。

图 5-105 创建原理图页 2

6)使用同样的方法创建原理图页 3,"页描述"文本框输入图纸描述"断路器控制",如图 5-106 所示。单击"确定"按钮,完成图页添加,在"页"导航器中显示添加原理图页结果,如图 5-107 所示。

图 5-106 创建原理图页 3

图 5-107 新建图页文件

双击图页 1,进入原理图编辑环境。

3. 插入电机元件

选择菜单栏中的"插入"→"符号"命令,弹出如图 5-108 所示的"符号选择"对话框,选择需要的元件-电机,完成元件选择后,单击"确定"按钮,原理图中在光标上显示浮动的元件符号，选择需要放置的位置，单击鼠标左键，在原理图中放置元件，自动弹出"属性（元件）：常规设备"对话框，设置电机属性，如图 5-109 所示。完成属性设置后，单击"确定"按钮，关闭对话框，显示放置在原理图中的电机元件 M1，如图 5-110 所示。同时，在"设备"导航器中显示新添加的电机元件 M1，如图 5-111 所示。

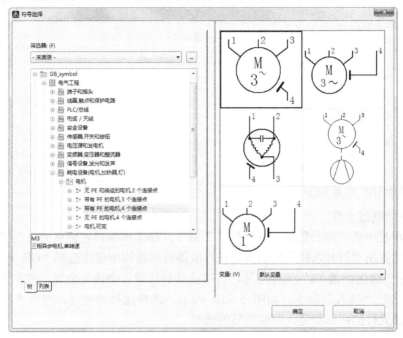

图 5-108 "符号选择"对话框

图 5-109 "属性（元件）：常规设备"对话框

图 5-110　放置电机元件　　　　　　　图 5-111　显示放置的元件

4. 插入熔断器元件

选择菜单栏中的"项目数据"→"符号"命令,在工作窗口左侧就会出现"符号选择"标签,并自动弹出"符号选择"导航器,在导航器树形结构中依次选择"**GB_symbol-电气工程-安全设备-三级熔断器-F3**"元件符号,直接拖动到原理图中适当位置,或在该元件符号上单击右键,选择"插入"命令,如图 5-112 所示。选择元件符号时,打开"图形预览"窗口,显示选择元件的图形符号,方便符号的选择。

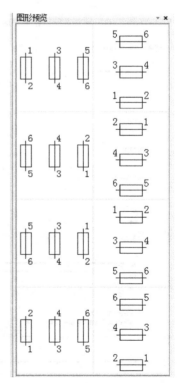

图 5-112　选择元件符号

自动激活元件放置命令，这时光标变成十字形状并附加一个交叉记号，如图 5-113 所示，将光标移动到原理图电动机元件的垂直上方位置，单击完成元件符号的插入，在原理图中放置元件，自动弹出"属性（元件）：常规设备"对话框，设置熔断器属性，如图 5-114 所示。完成属性设置后，单击"确定"按钮，关闭对话框，显示放置在原理图中的与电机元件 M1 自动连接的熔断器元件 F1，如图 5-115 所示。此时鼠标仍处于放置熔断器元件符号的状态，按右键"取消操作"命令或按〈Esc〉键即可退出该操作。

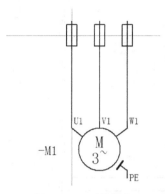

图 5-113　元件插入

图 5-114　"属性（元件）：常规设备"对话框

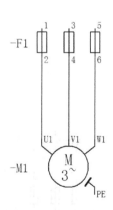

图 5-115　放置熔断器元件

5. 插入刀开关元件

　　在"符号选择"导航器树形结构中依次选择"GB_symbol-电气工程-传感器、开关和按钮-开关/按钮-三级开关/按钮-Q3_1"元件符号，直接拖动到原理图中适当位置或在该元件符号上单击右键，选择"插入"命令，如图 5-116 所示。选择元件符号时，打开"图形预览"窗口，显示选择元件的图形符号，方便符号的选择。

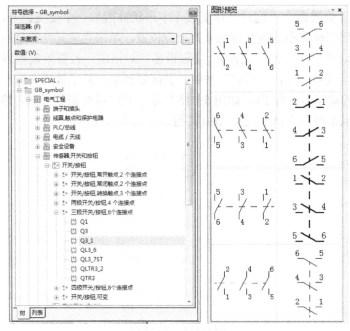

图 5-116　选择元件符号

　　自动激活元件放置命令，这时光标变成十字形状并附加一个交叉记号，如图 5-117 所示，将光标移动到原理图熔断器元件的垂直上方位置，单击完成元件符号插入，在原理图中放置元件，自动弹出"属性（元件）：常规设备"对话框，设置开关属性，如图 5-118 所示。完成属性设置后，单击"确定"按钮，关闭对话框，显示放置在原理图中的与熔断器元件 F1 自动连接的开关元件 Q1，如图 5-119 所示。此时鼠标仍处于放置开关元件符号的状态，按右键"取消操作"命令或按〈Esc〉键退出该操作。

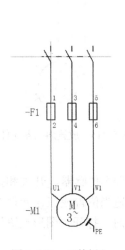

图 5-117　元件插入

图 5-118　"属性（元件）：常规设备"对话框

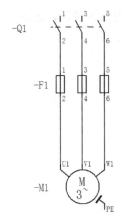

图 5-119　放置熔断器元件

6. 插入端子符号

在"符号选择"导航器树形结构中依次选择"GB_symbol-电气工程-端子和插头-端子-端子，1 个连接点-X1_NB"元件符号，直接拖动到原理图中适当位置，或在该元件符号上单击右键，选择"插入"命令，如图 5-120 所示。选择元件符号时，打开"图形预览"窗口，显示选择元件的图形符号，以方便符号的选择。

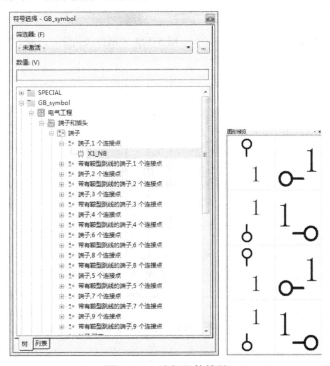

图 5-120　选择元件符号

自动激活元件放置命令，这时光标变成十字形状并附加一个交叉记号，如图 5-121 所示，将光标移动到原理图开关元件的垂直上方位置，单击完成元件符号插入，在原理图中放置元件，自动弹出"属性（元件）：端子"对话框，设置开关属性，如图 5-122 所示。设置端子名称为 L1，单击"确定"按钮，关闭对话框，显示放置在原理图中的与端子 L1 自动连接的开关元件 Q1，此时鼠标仍处于放置端子元件符号的状态，继续放置端子 L2、L3，按右键"取消操作"命令或按〈Esc〉键退出该操作，如图 5-123 所示。

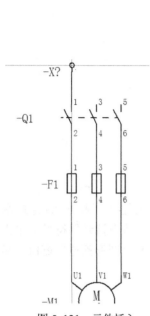

图 5-121　元件插入

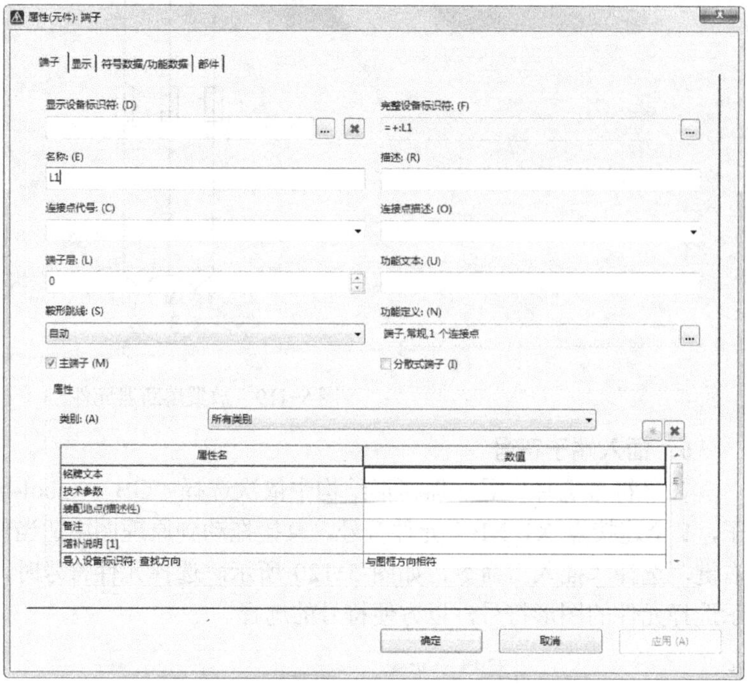

图 5-122　"属性（元件）：端子"对话框

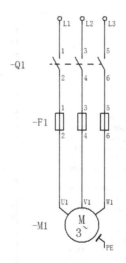

图 5-123　放置端子

5.6　盒子连接点/连接板/安装板

5.6.1　母线连接点

　　母线连接点指的是母线排，既可以是铜母线排，也可以是汇流排等。它的特点是母线连接点具有相同的 DT 时，所有的连接点是相互连通的，可以传递电位和信号。电气图纸中最常见的就是接地母排使用"母线连接点"来表达。

1. 插入母线连接点

选择菜单栏中的"插入"→"盒子连接点/连接板/安装板"→"母线连接点"命令，此时光标变成交叉形状并附加一个母线连接点符号⏚。

将光标移动到需要插入母线连接点的元件水平或垂直位置上，出现红色的连接符号则表示电气连接成功。移动光标，选择母线连接点的插入点，在原理图中单击鼠标左键确定插入母线连接点。此时光标仍处于插入母线连接点的状态，重复上述操作可以继续插入其他的母线连接点。母线连接点插入完毕，按右键"取消操作"命令或按〈Esc〉键退出该操作。结果如图 5-124所示。

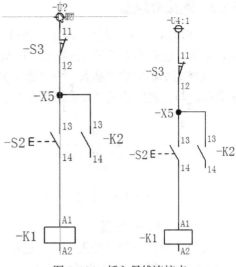

图 5-124　插入母线连接点

2. 确定母线连接点方向

在光标处于放置母线连接点的状态时按〈Tab〉键，旋转母线连接点连接符号，变换母线连接点连接模式。

3. 设置母线连接点的属性

在插入母线连接点的过程中，用户可以对母线连接点的属性进行设置。双击母线连接点或在插入母线连接点后，弹出如图 5-125 所示的母线连接点属性设置对话框，在该对话框中可以对母线连接点的属性进行设置，在"显示设备标识符"中输入母线连接点的编号，母线连接点名称可以是信号的名称，也可以自己定义。

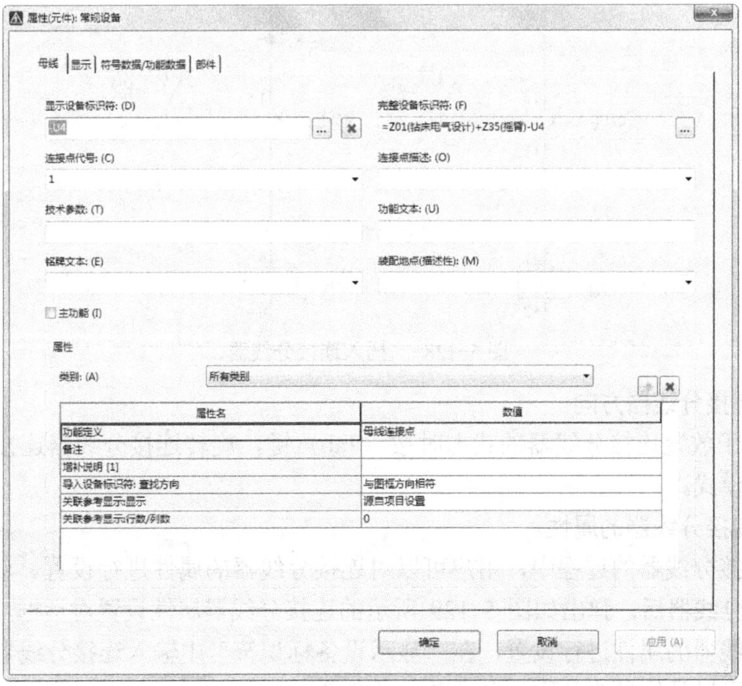

图 5-125　母线连接点属性设置对话框

5.6.2 连接分线器

在 EPLAN 中，默认情况下，系统在导线的 T 型交叉点或十字交叉点处，无法自动连接，如果导线确实需要相互连接的，就需要用户自己手动插入连接分线器。

选择菜单栏中的"插入"→"连接分线器/线束分线器"命令，弹出如图 5-126 所示的子菜单，与之对应的是"线束连接器"工具栏，如图 5-127 所示。

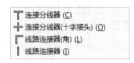

图 5-126　连接分线器子菜单　　　　　　图 5-127　连接分线器工具栏

1. 插入连接分线器

选择菜单栏中的"插入"→"连接分线器/线束分线器"→"连接分线器"命令，或单击"连接分线器/线束分线器"工具栏中的"连接分线器"按钮T，此时光标变成交叉形状并附加一个连接分线器符号✦。

将光标移动到需要插入连接分线器的元件水平或垂直位置上，出现红色的连接符号表示电气连接成功。移动光标，选择连接分线器插入点，在原理图中单击鼠标左键确定插入连接分线器 X5。此时光标仍处于插入连接分线器的状态，重复上述操作可以继续插入其他的连接分线器。连接分线器插入完毕，按右键"取消操作"命令或按〈Esc〉键退出该操作。如图 5-128 所示。

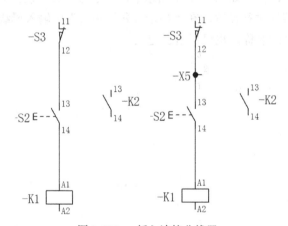

图 5-128　插入连接分线器

2. 确定连接分线器方向

在光标处于放置连接分线器的状态时按〈Tab〉键，旋转连接分线器连接符号，变换连接分线器连接模式。

3. 设置连接分线器的属性。

在插入连接分线器的过程中，用户可以对连接分线器的属性进行设置。双击连接分线器或在插入连接分线器后，弹出如图 5-129 所示的连接分线器属性设置对话框，在该对话框中可以对连接分线器的属性进行设置，在"显示设备标识符"中输入连接分线器的编号，连接分线器点名称可以是信号的名称，也可以自己定义。

图 5-129　连接分线器属性设置对话框

4. 插入角连接

选择菜单栏中的"插入"→"连接符号"→"角（右下）"命令，或单击"连接符号"工具栏中的"右下角"按钮 ⌐，此时光标变成交叉形状并附加一个角符号 ┓。

将光标移动到需要完成电气连接的设备水平或垂直位置上，出现红色的连接符号表示电气连接成功。移动光标，确定导线的终点，完成两个设备之间的电气连接。此时光标仍处于放置角连接的状态，重复上述操作可以继续放置其他的导线。导线放置完毕，按右键"取消操作"命令或按〈Esc〉键退出该操作，如图 5-130 所示。

若不添加连接分线器，直接进行角连接，结果如图 5-131 所示。

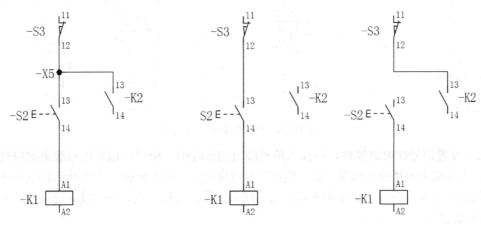

图 5-130　角连接步骤　　　　　　　　　图 5-131　直接进行角连接

插入其他连接分线器的方法相同，具体步骤这里不再赘述。

5.6.3 线束连接

在多线原理图中，伺服控制器或变频器有可能会连接一个或多个插头，如果逐一表达它们的每一个连接，图纸会显得非常密集和凌乱。信号线束是一组具有相同性质的并行信号线的组合，通过信号线束线路连接可以大大的简化图纸，使其看起来更加清晰。

线束连接点根据类型不同分为 5 种，分别是直线、角、T 节点、十字接头、T 节点分配器。其中，进入线束并退出线束的连接点一端显示为细状，线束和线束之间的连接点为粗状。

选择菜单栏中的"插入"→"线束连接点"命令，弹出如图 5-132 所示的子菜单，与之对应的是"线束连接点"工具栏，如图 5-133 所示。

图 5-132　线束连接点子菜单

图 5-133　线束连接点工具栏

1. 直线

1）选择菜单栏中的"插入"→"线束连接点"→"直线"命令，或单击"线束连接点"工具栏中的（线束连接点直线）按钮，此时光标变成十字形状，光标上显示浮动的线束连接点直线符号。

2）将光标移动到想要放置线束连接点直线的元件的水平或垂直位置上，在光标处于放置线束连接点直线的状态时按〈Tab〉或〈Ctrl〉键，旋转线束连接点直线符号，变换线束连接点直线模式。

移动光标，出现红色的符号，表示电气连接成功，如图 3-28 所示。单击插入线束连接点直线后，此时光标仍处于插入线束连接点直线的状态，重复上述操作可以继续插入其他的线束连接点直线，如图 5-134 所示。

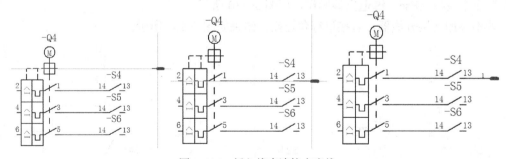

图 5-134　插入线束连接点直线

3）设置信号线束的属性。在插入信号线束的过程中，用户可以对信号线束的属性进行设置。双击线束连接点直线或在插入线束连接点直线后，弹出如图 5-135 所示的线束连接点属性设置对话框，在该对话框中可以对信号线束的属性进行设置，在"线束连接点代号"中输入线束的编号。

图 5-135　线束连接点属性设置对话框

2. 角

1）选择菜单栏中的"插入"→"线束连接点"→"角"命令，或单击"线束连接点"工具栏中的（线束连接点角）按钮▣，此时光标变成十字形状，光标上显示浮动的线束连接点角符号◢¬。

2）将光标移动到想要放置线束连接点角的元件的水平或垂直位置上，在光标处于放置线束连接点角的状态时按〈Tab〉或〈Ctrl〉键，旋转线束连接点角符号，变换线束连接点角模式。

移动光标，出现红色的符号，表示电气连接成功，如图 5-136 所示。单击插入线束连接点角后，此时光标仍处于插入线束连接点角的状态，重复上述操作可以继续插入其他的线束连接点角。

3）设置信号线束的属性。在插入信号线束的过程中，用户可以对信号线束的属性进行设置。双击线束连接点直线或在插入线束连接点角后，弹出如图 5-135 所示的线束连接点属性设置对话框，在该对话框中可以对信号线束的属性进行设置，在"线束连接点代号"中输入线束的编号。

同样的方法插入线束连接 T 节点、线束连接十字接头、线束连接 T 节点分配器，结果如图 5-137 所示。

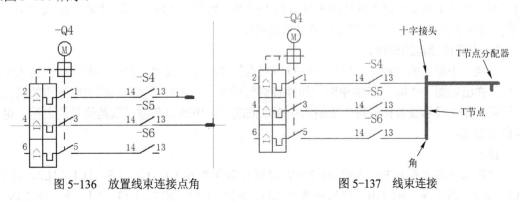

图 5-136　放置线束连接点角　　　　　图 5-137　线束连接

线束连接点的作用类似总线，它把许多连接汇总起来用一个中断点送出去，所以线束连接点往往与中断点配合使用。

插入其他线束连接点的方法相同，具体步骤这里不再赘述。

5.6.4 中断点

在 EPLAN 中，一个连接、网络、电位或者信号需要在其他地方表示时，需要用中断点表达，特别是在连接的线路比较远，或者连接过于复杂，而使走线比较困难时，使用中断点代替实际连接可以大大简化原理图。

EPLAN 是最佳的电气辅助制图软件，功能相当强大。在电气原理图中经常用到中断点来表示两张图纸使用同一根导线，单击中断点自动在两个原理图页中跳转。

原理图分散在许多页图纸中，之间的联系就靠中断点了。同名的中断点在电气上是连接在一起的，如图 5-138 所示。它们之间互为关联参考，选中一个中断点，按〈F〉键，会跳转到相关联的另一点。不过中断点只能够——对应，不能一对多或多对一。

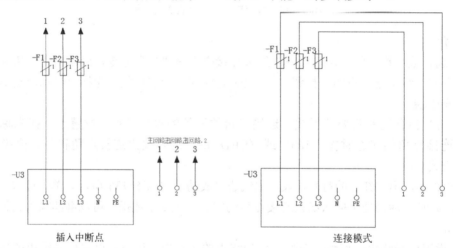

图 5-138　插入中断点

1. 插入中断点

选择菜单栏中的"插入"→"连接符号"→"中断点"命令，此时光标变成交叉形状并附加一个中断点符号▶。

将光标移动到需要插入中断点的导线上，单击插入中断点，此时光标仍处于插入中断点的状态，重复上述操作可以继续插入其他的中断点。如图 5-139 所示。中断点插入完毕，按右键"取消操作"命令或按〈Esc〉键退出该操作。

2. 设置中断点的属性。

在插入中断点的过程中，用户可以对中断点的属性进行设置。双击中断点或在插入中断点后，弹出如图 5-140 所示的中断点属性设置对话框，在该对话框中可以对中断点的属性进行设置，在"显示设备标识符"中输入中断点的编号，中断点名称可以是信号的名称，也可以自己定义。

提示：

中断点命名方式如下：三相 AC380V 建议分别命名为 L1、L2、L3，1L1、1L2、1L3，2L1、2L2、2L3 等；AC110V 建议命名为 L11、N11，L12、N12，L13、N13 等；DC24V 建

议命名为 L+、L-，L1+、L1-，L2+、L2-等。

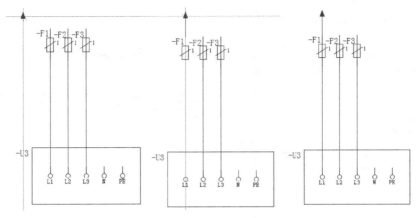

图 5-139 插入中断点

图 5-140 中断点属性设置对话框

3. 中断点关联参考

中断点的关联参考分为两种：

- 星型关联参考：在星型关联参考中，中断点被视为出发点。具有相同名称的所有其他中断点参考该出发点。在出发点显示一个对其他中断点关联参考的可格式化列表，在此能确定应该显示多少并排或上下排列的关联参考。
- 连续性关联参考：在连续性关联参考中，始终是第一个中断点提示第二个，第三个提示第四个等，提示始终从页到页进行。

选择菜单栏中的"项目数据"→"连接"→"中断点导航器"命令，系统打开"中断点"导航器，如图 5-141 所示，在树形结构中显示所有项目下的中断点。选择中断点，单击鼠标右键，在弹出的快捷菜单中选择"中断点排序"命令，弹出"中断点排序"对话框，如图 5-142 所示，通过弹出对话框中的↓↓按钮，对中断点的关联顺序进行更改，也可以修改中断点的序号，或者将中断点改为星源型。

图 5-141 "中断点"导航器

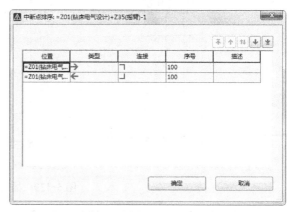

图 5-142 "中断点排序"对话框

5.6.5 实例——局部电路插入线束

本节将通过绘制自动化流水线电路局部电路练习如何插入线束连接点与中断点。

5.6.5 实例——局部电路插入线束

1. 打开项目

选择菜单栏中的"项目"→"打开"命令，弹出如图 5-143 所示的对话框，选择项目文件的路径，打开项目文件"Auto Production Line.elk"，如图 5-144 所示。

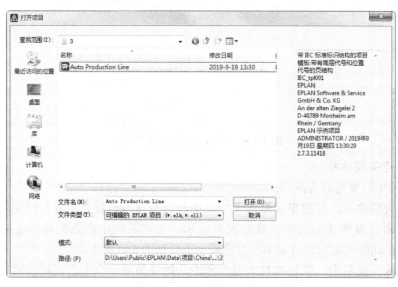

图 5-143 打开项目文件

在"页"导航器中选择"=C01（冲床电路）+A1（冲床站电机）/1"原理图页，双击进入原理图编辑环境。

2. 导线连接

选择菜单栏中的"插入"→"连接符号"→"角（右下）"命令，或单击"连接符号"

工具栏中的"右下角"按钮 ⌐，此时光标变成交叉形状并附加一个角符号。

将光标移动到热过载继电器 F1 的 1 连接点垂直连线位置上，出现红色的连接符号表示电气连接成功，单击鼠标左键确定导线的位置，完成电气连接。此时光标仍处于放置角连接的状态，重复上述操作可以继续连接 3、5 连接点。按右键"取消操作"命令或按〈Esc〉键退出该操作，最终结果如图 5-145 所示。

图 5-144　打开项目文件

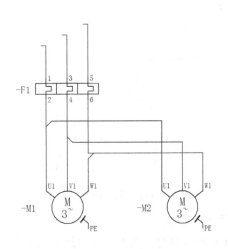

图 5-145　角连接

3. 绘制线束

1）选择菜单栏中的"插入"→"线束连接点"→"十字接头"命令，或单击"线束连接点"工具栏中的（线束连接点十字接头）按钮 ＋，此时光标变成十字形状，光标上显示浮动的线束连接点十字接头符号。

2）将光标移动到 F1 元件连接点 3 垂直位置上，出现红色的符号，表示电气连接成功，如图 5-146 所示。单击插入线束十字接头后，此时光标仍处于插入线束十字接头的状态，按右键"取消操作"命令或按〈Esc〉键即可退出该操作。

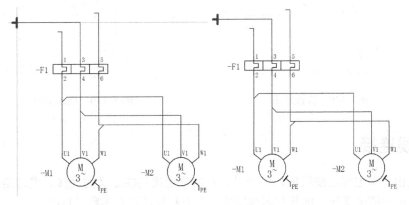

图 5-146　插入十字接头

选择菜单栏中的"插入"→"线束连接点"→"角"命令，或单击"线束连接点"工具栏中的（线束连接点角）按钮▢，此时光标变成十字形状，光标上显示浮动的线束连接点角符号◢。

3）将光标移动到 F1 元件连接点 5 垂直位置上，按〈Tab〉或〈Ctrl〉键，旋转线束连接点角符号，变换线束连接点角模式，如图 5-147 所示。

移动光标，出现红色的符号，表示电气连接成功，如图 5-148 所示。单击插入线束连接点角后，此时光标仍处于插入线束连接点角的状态，按〈Tab〉或〈Ctrl〉键，旋转线束连接点角符号，重复上述操作可以继续在 F1 元件连接点 1 上插入线束连接点角，结果如图 5-149 所示。

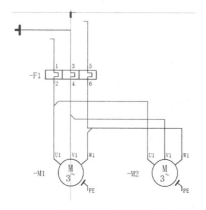

图 5-147　旋转角

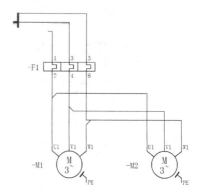

图 5-148　放置角

4．插入中断点

选择菜单栏中的"插入"→"连接符号"→"中断点"命令，此时光标变成交叉形状并附加一个中断点符号▶。

将光标移动到需要插入线束上，单击插入中断点，中断点插入完毕，此时光标仍处于插入中断点的状态，按右键"取消操作"命令或按〈Esc〉键即可退出该操作，如图 5-150 所示。

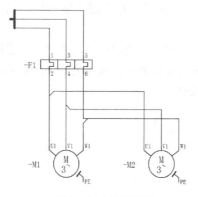

图 5-149　放置结果

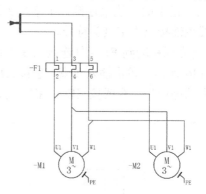

图 5-150　插入中断点

5.7　电缆连接

电缆是由许多电缆芯线组成，芯线是带有常规连接功能定义的连接。电缆是高度分散的设备，电缆由电缆定义线、屏蔽和芯线组成，具有相同的设备名称（DT）。

5.7.1 电缆定义

在 EPLAN 中电缆通过电缆定义体现，也可通过电缆定义线或屏蔽对电缆进行图形显示，在生成的电缆总览表中看到该电缆对应的各个线号。电缆分为外部绝缘和内部导体组成。电缆的功能是用于连接的。因为绘制时不会立即更新连接，也可在更新连接后生成和更新电缆。

1. 插入电缆

选择菜单栏中的"插入"→"电缆定义"命令，此时光标变成交叉形状并附加一个电缆符号 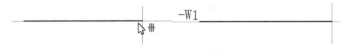 。

将光标移动到需要插入电缆的位置上，单击鼠标左键确定电缆第一点，移动光标，选择电缆的第二点，在原理图中单击鼠标左键确定插入电缆，如图 5-151 所示。此时光标仍处于插入电缆的状态，重复上述操作可以继续插入其他的电缆。电缆插入完毕，按右键"取消操作"命令或按〈Esc〉键即可退出该操作。

图 5-151　插入电缆

2. 确定电缆方向

在光标处于放置电缆的状态时按〈Tab〉键，旋转电缆符号，变换电缆连接模式。

3. 设置电缆的属性。

在插入电缆的过程中，用户可以对电缆的属性进行设置。双击电缆或在插入电缆后，弹出如图 5-152 所示的电缆属性设置对话框，在该对话框中可以对电缆的属性进行设置。

图 5-152　电缆属性设置对话框

- 在"显示设备标识符"中输入电缆的编号，电缆名称可以是信号的名称，也可以自己定义。
- 在"类型"文本框中选择电缆的类型，单击 … 按钮，弹出如图 5-153 所示的"部件选择"对话框，在该对话框中选择电缆的型号，完成选择后，单击"确定"按钮，关闭对话框，返回电缆属性设置对话框，显示选择类型后，根据类型自动更新类型对应的连接数，如图 5-154 所示。完成类型选择后的电缆属性显示结果如图 5-155 所示。

图 5-153　"部件选择"对话框

图 5-154　选择类型

图 5-155　完成电缆属性设置

● 打开"符号数据/功能数据"选项卡，如图 5-156 所示，显示电缆的符号数据，在"编号/名称"文本框中显示电缆符号编号，单击■按钮，弹出"符号选择"对话框，在符号库中重新选择电缆符号，如选择图 5-157 所示的电缆符号，单击"确定"按钮，返回电缆属性设置对话框。显示选择编号后的电缆如图 5-158 所示。完成编号选择后的电缆显示结果如图 5-159 所示。

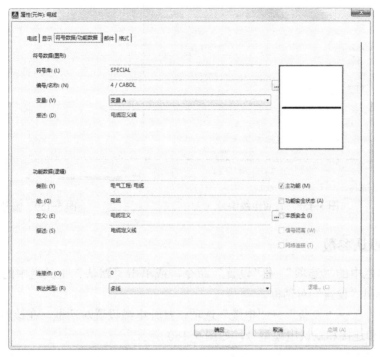

图 5-156 "符号数据/功能数据"选项卡

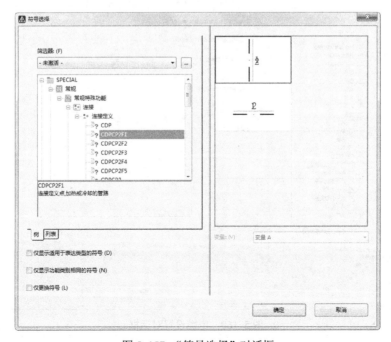

图 5-157 "符号选择"对话框

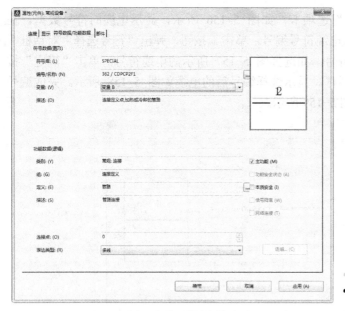

图 5-158　设置电缆编号

图 5-159　编号后的电缆

5.7.2　电缆默认参数

选择菜单栏中的"选项"→"设置"命令,或单击"默认"工具栏中的"设置"按钮 ,系统将弹出"设置"对话框。

选择"项目"→"设备"→"电缆"选项,打开电缆设置对话框,在该对话框中包括电缆长度、电缆和连接和默认电缆型号,如图 5-160 所示。

图 5-160　电缆设置对话框

单击"默认电缆"文本框后的 ⋯ 按钮，弹出"部件选择"对话框，在符号库中重新选择电缆部件型号。

选择"项目"→"设备"→"电缆（电缆连接）"选项，显示电缆连接参数，在"编号/名称"文本框单击 ⋯ 按钮，弹出"符号选择"对话框，在符号库中重新选择电缆符号。通过"设置"对话框中设置的电缆数据适用于整个项目的所有电缆，如图 5-161 所示。原理图中，单个电缆进行属性设置过程中，选择电缆部件及电缆符号时只适用于选择的单个电缆。

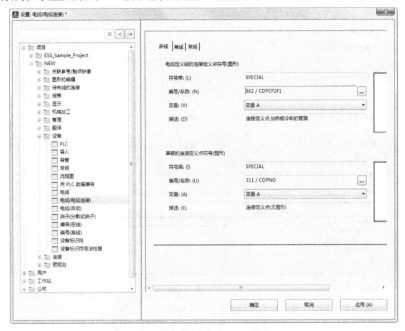

图 5-161 "电缆（电缆连接）"选项

5.7.3 电缆连接定义

在 EPLAN 中放置电缆时，电缆和自动连线相交处，会自动生成电缆连接定义点，如图 5-162 所示。

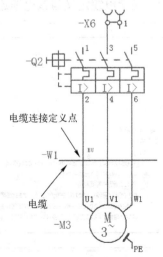

图 5-162 生成电缆连接定义

单个电缆连接可通过连接定义点或功能连接点逻辑中的电缆连接点属性来定义，双击原理图中的电缆连接，或在电缆连接上单击鼠标右键弹出快捷菜单选择"属性"命令，或将电缆连接放置到原理图中后，自动弹出属性设置对话框，如图5-163所示。

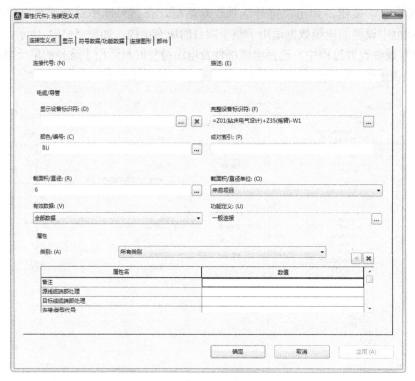

图5-163　电缆连接属性设置对话框

5.7.4　电缆导航器

在EPLAN中，可以通过设置"电缆"导航器来插入电缆，具体操作方法介绍如下。

1）选择菜单栏中的"项目数据"→"电缆_Toc395192552"→"导航器"命令，打开"电缆"导航器，如图5-164所示，显示电缆定义与该电缆连接的导线及元件。

图5-164　"电缆"导航器

2）在选中的导线上单击鼠标右键，弹出快捷菜单，选择"属性"命令，弹出 "属性（元件）：电缆"对话框，在"显示设备标识符"中输入电缆定义的名称。

3）在导航器项目上单击鼠标右键，弹出快捷菜单，选择"新建"命令，弹出"功能定义"对话框，定义电缆，如图 5-165 所示。默认标识符 W，单击"确定"按钮，退出对话框，自动弹出创建的电缆 W3 的"属性（元件）：电缆"对话框，如图 5-166 所示。

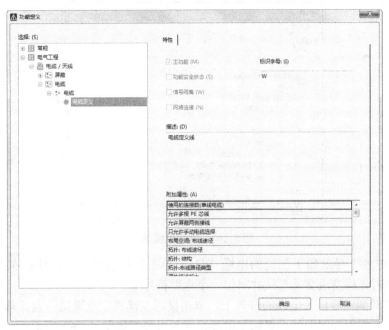

图 5-165 "功能定义"对话框

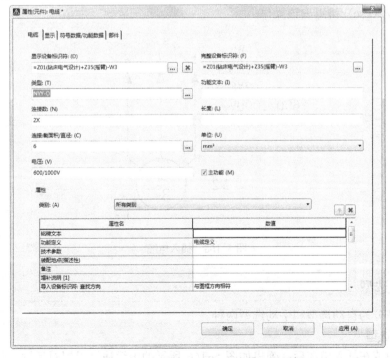

图 5-166 "属性（元件）：电缆"对话框

4）在"显示设备标识符"中显示电缆定义的名称，在"类型"文本框中选择电缆类型，自动显现该类型下的连接数、连接截面积/直径、电压等参数。

完成参数设置后，单击"确定"按钮，退出对话框，在"电缆"导航器下显示创建的电缆 W3，如图 5-167 所示。

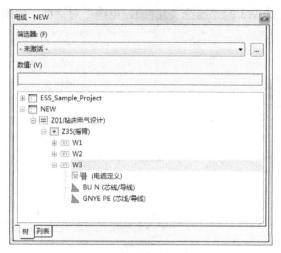

图 5-167　创建电缆 W3

5）在"电缆"导航器下创建的电缆 W3 上单击鼠标右键，弹出快捷菜单，选择"放置"命令，此时光标变成交叉形状并附加一个电缆符号 ⊞。

将光标移动到需要插入电缆的位置上，单击鼠标左键确定电缆第一点，移动光标，选择电缆的第二点，在原理图中单击鼠标左键确定插入电缆，如图 5-168 所示。此时光标仍处于插入电缆的状态，重复上述操作可以继续插入其他的电缆。电缆插入完毕，按右键"取消操作"命令或按〈Esc〉键退出该操作。

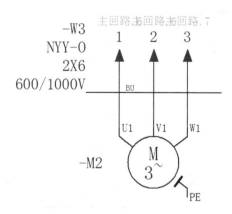

图 5-168　插入电缆

5.7.5　电缆选型

电缆选型分为自动选型和手动选型两种。

1. 自动选型

双击电缆或在插入电缆后，弹出如图 5-166 所示的电缆属性设置对话框，打开"部件"

选项卡，单击"设备选择"按钮，弹出"设备选择"对话框，在该对话框中选择主部件电缆编号，如图 5-169 所示。单击"确定"按钮，选择满足条件的电缆编号后，再次单击"确定"按钮，显示电缆选型结果，三根芯线被正确地分配到三个连接上，显示电缆连接点，如图 5-170 所示。

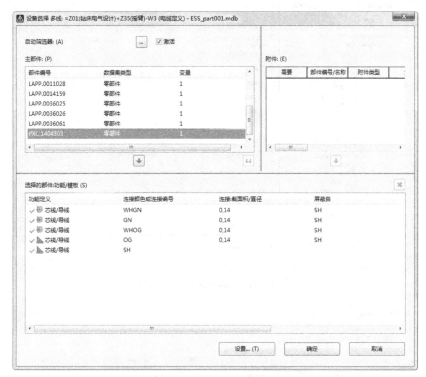

图 5-169　"设备选择"对话框

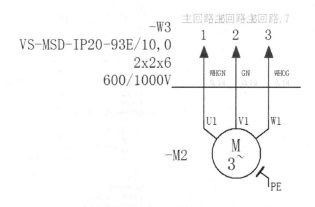

图 5-170　显示电缆连接点

2. 手动选型

打开"部件"选项卡，在"部件编号"下单击按钮，弹出"部件选择"对话框，EPLAN 会根据电缆的芯数，以及电缆的电位等信息，将部件库中符合条件的电缆筛选出来，如图 5-171 所示。选择满足条件的电缆后，单击"确定"按钮，显示选中的部件，如图 5-172 所示。

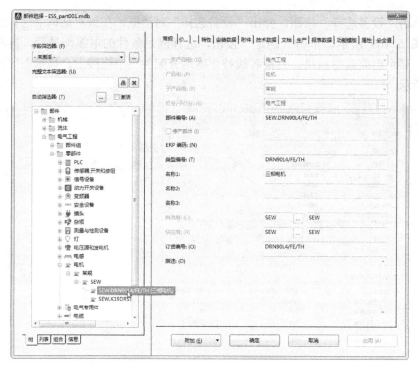

图 5-171 "部件选择"对话框

图 5-172 "部件"选项卡

通过电缆设备选择，可以发现，系统并没有将电缆的三个芯线正确的指派到 3 个连接上，如图 5-173 所示。手动对电缆选型后还需要进行编辑和调整才能正确地分配电缆芯线。

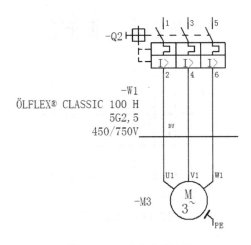

图 5-173　手动选型结果

5.7.6　多芯电缆

在 EPLAN 中放置电缆时，一根多芯电缆放置在不同的位置，包括两种标识方式。

1．功能设置

默认情况下，在同一位置使用的电缆添加电缆定义时，电缆与每个连接都有一个电缆连接点，根据电缆的定义点可确定电缆分配的芯线数，图 5-174 中显示电缆 W4 有三条芯线，设置其中电缆定义显示主功能。

在其他位置添加定义一条电缆，输入相同完整设备标识符，不勾选"主功能"复选框，如图 5-175 所示。则这些电缆均为同一条电缆 W4，只是位于不同位置，如图 5-176 所示。

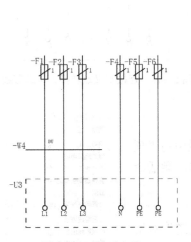

图 5-174　显示电缆 W4

图 5-175　不勾选"主功能"复选框

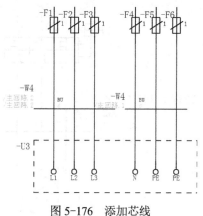

图 5-176　添加芯线

2．插入连接定义点

选择菜单栏中的"插入"→"连接定义点"命令，将光标移动到需要插入连接定义点的导线上，弹出如图 5-177 所示的连接定义点属性设置对话框，在该对话框中设置连接定义点的"连接"属性为"电缆"，在"显示设备标识符"文本框输入"-W4"，修改后如图 5-178 所示。

图 5-177　连接定义点属性设置对话框

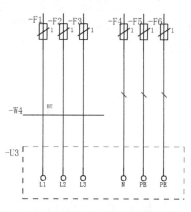

图 5-178　连接定义点转换为电缆芯线

5.7.7　电缆编辑

在原理图中或"电缆"导航器中选择电缆，选择菜单栏中的"项目数据"→"电缆"命令，弹出如图 5-179 所示的子菜单，激活命令，在该菜单中可以对电缆进行编辑和设置。

1．电缆编辑

选择"编辑"命令，弹出如图 5-180 所示的"编辑电缆"对话框，在该对话框中显示电缆编号与连接，在手动选项不匹配的情况下，通过单击该对话框中的 ⬆⬇ 按钮，手动调节连接的顺序，从而达

图 5-179　子菜单

到正确分配电缆的目的。这种方法避免了手动更改原理图中电缆的芯线，操作步骤简单。

图 5-180 "编辑电缆"对话框

单击该对话框中的 ↑ 按钮，上移连接线，将"连接"与左侧"功能模板"的设置相对应，电缆芯线被正确连接调整了顺序，如图 5-181 所示，单击"确定"按钮，关闭对话框，调整后的电缆连接点上生成了诸如 BK、BN、GY 等电缆颜色信息，如图 5-182 所示。

图 5-181 调整顺序

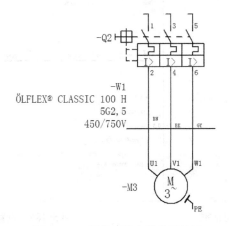

图 5-182 调整后的电缆分配结果

2．电缆编号

由于项目数据的来源不同，包含不同的编号规则，为统一规则，需要对电缆进行重新编号。

选择"编号"命令，弹出"对电缆编号"对话框，如图 5-183 所示，该对话框显示编号的起始值与增量。单击"设置"选项后的▦按钮，弹出"设置：电缆编号"对话框，如图 5-184 所示，设置编号格式。

图 5-183 "对电缆编号"对话框   图 5-184 "设置：电缆编号"对话框

在"配置"下拉列表中显示系统中的配置类型，利用▦按钮，新建、保存、复制、删除配置。

在"格式"下拉菜单中包括"来自项目结构""根据自源""根据目标""根据源和目标""根据目标和源"几种格式。

3．自动选择电缆

1）选择"自动选择电缆"命令，弹出"自动选择电缆"对话框，如图 5-185 所示，在"设置"下拉列表中选择默认配置或通过▦按钮，新建一个配置，如图 5-186 所示。

图 5-185 "自动选择电缆"对话框   图 5-186 设置新建的配置

2）单击"配置"选项右侧的<img_1按钮，弹出"新配置"对话框，新建配置，如图 5-187 所示。

图 5-187 "新配置"对话框

3）自动选择电缆不是自动在符号库中选择电缆，需要添加可供选择的电缆。单击"电缆预选"列表上的<按钮，弹出"部件选择"对话框，选择电缆类型，预先在列表中添加选中的电缆，如图 5-188 所示。

图 5-188 添加电缆

4）单击"电缆预选"列表上的按钮，编辑选中的电缆型号。单击"电缆预选"列表上的按钮，删除预添加的电缆，单击"电缆预选"列表上的按钮，调整电缆顺序。

单击"确定"按钮，返回"自动选择电缆"对话框，显示添加的新设置。若勾选"只是自动生成或命名的电缆"复选框，将添加的配置应用到自动生成或命名的电缆；若勾选"应用到整个项目"复选框,则将电缆的新派之信息应用到整个项目,将整个项目下的电缆根据新配置中预选的电缆进行自动分配。根据不同的情况,可酌情选择。

5)单击"确定"按钮,将选中的电缆 W1 进行自动选型,结果如图 5-189 所示。

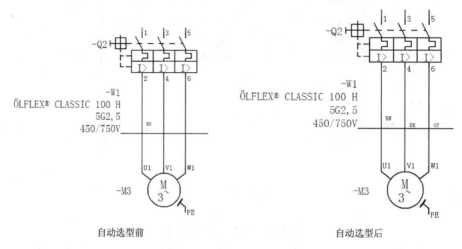

图 5-189 对电缆自动选型

4. 自动生成电缆

在 EPLAN 中可直接自动生成电缆及电缆的一些功能。

选择"自动生成电缆"命令,弹出"自动生成电缆"对话框,如图 5-190 所示,在"电缆生成""电缆编号""自动选择电缆"选项组下设置新生成的电缆参数,勾选"结果预览"复选框,对电缆编号进行预览,若发现错误,还可以进行更改。

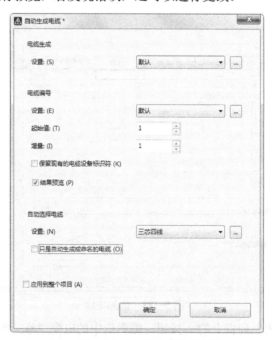

图 5-190 "自动生成电缆"对话框

单击"确定"按钮,弹出"对电缆编号结果预览"对话框,显示原理图中的电缆编号与新建的电缆编号,如图 5-191 所示,可以使用原先的编号,也可以进行更改,如图 5-192 所示。

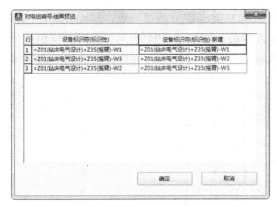

图 5-191 "对电缆编号结果预览"对话框

图 5-192 更改电缆编号

完成设置后，单击"确定"按钮，关闭对话框，在原理图中更改电缆编号的更改，在"电缆"导航器中同样显示自动生成前后电缆编号的变化，如图 5-193 所示。

自动生成前

自动生成后

图 5-193 自动生成前后电缆变化

5. 分配电缆

分配电缆时连接中的芯线与其他对象。

选择"分配电缆"命令，该命令下包括两个分配命令"保留现有属性"和"全部重新分配"。

（1）保留现有属性

把电缆中的新芯线分配给新的连接时，不影响原有的芯线连接。

（2）全部重新分配

把当前电缆新芯线分配给新连接时，将所有的芯线（包括已连接的芯线）进行重新分配，已连接的芯线重新分配时可能发生变化，也可能不发生变化。

5.7.8 屏蔽电缆

在电气工程设计中，屏蔽线是为减少外电磁场对电源或通信线路的影响。屏蔽线的屏蔽层需要接地，外来的干扰信号可被该层导入大地。

1. 插入屏蔽电缆

选择菜单栏中的"插入"→"屏蔽"命令，此时光标变成交叉形状并附加一个屏蔽符号 。

将光标移动到需要插入屏蔽的位置上，单击鼠标左键确定屏蔽第一点，移动光标，选择屏蔽的第二点，在原理图中单击鼠标左键确定插入屏蔽，如图 5-194 所示。此时光标仍处于插入屏蔽的状态，重复上述操作可以继续插入其他的屏蔽。屏蔽插入完毕，按右键"取消操作"命令或按〈Esc〉键退出该操作。

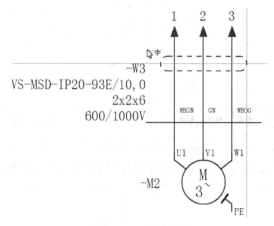

图 5-194　插入屏蔽

在图纸中绘制屏蔽的时候，需要从右往左放置，屏蔽符号本身带有一个连接点，具有连接属性。

2. 设置屏蔽的属性

双击屏蔽，弹出如图 5-195 所示的屏蔽属性设置对话框，在该对话框中可以对屏蔽的属性进行设置。

图 5-195　屏蔽属性设置对话框

在"显示设备标识符"中输入屏蔽的编号，单击 按钮，弹出如图 5-196 所示的"设备标识符"对话框，在该对话框中选择要屏蔽的电缆标识符，完成选择后，单击"确定"按钮，关闭对话框，返回屏蔽属性设置对话框，根据选择的电缆自动更新设备标识符。

打开"符号数据/功能数据"选项卡，显示屏蔽的符号数据，如图 5-197 所示。

图 5-196 "设备标识符"对话框

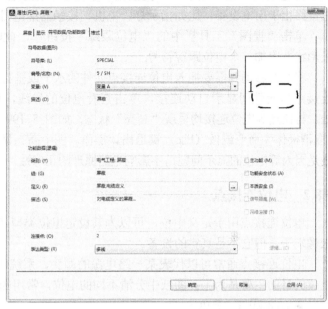

图 5-197 "符号数据/功能数据"选项卡

完成电缆选择后的屏蔽，屏蔽层需要接地，可以通过连接符号来生成自动连线，结果如图 5-198 所示。

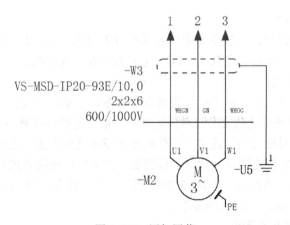

图 5-198 添加屏蔽

5.8 电位

电位是指在特定时间内的电压水平，信号通过连接在不同的原理图间传输。电位表示从源设备出发，通过传输设备，终止于耗电设备的整个回路，传输设备两端电位相同。

5.8.1 电位跟踪

电位在原理图中还有个重要的作用——电位跟踪，电位跟踪能够看到电位的传递情况，便于发现电路连接中存在的问题。很多设备都能够传递电位，比如端子、开关按钮、断路器、接触器、继电器等。电位终止于用电设备，比如指示灯、电机、接触器继电器线圈等。

单击"视图"工具栏中的"电位跟踪"按钮，此时光标变成交叉形状并附加一个电位跟踪符号。

将光标移动到需要插入电位连接点元件的水平或垂直位置上，电位连接点与元件间显示自动连接，单击查看电位的导线，单击导线上某处，与该点等电位连接均呈现"高亮"状态，如图 5-199 所示，按右键"取消操作"命令或按〈Esc〉键退出该操作。图中高亮显示的小段黄色线是因为等电位的显示问题，不影响电路原理的正确性。

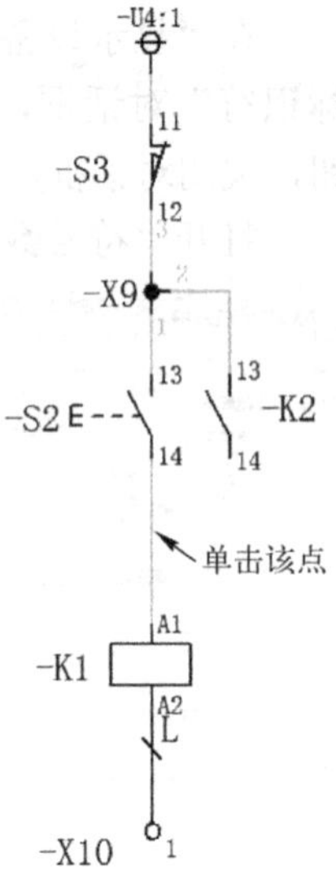

5.8.2 电位连接点

图 5-199　等电位显示

电位连接点用于定义电位，可以为其设定电位类型（L、N、PE、+、−等）。其外形看起来像端子，但它不是真实的设备。

电位连接点通常可以代表某一路电源的源头，系统所有的电源都是从这一点开始。添加电位的目的主要是为了在图纸中分清不同的电位，常用的电位有：

- L1\L2\L3　黑色
- N　　　　淡蓝
- PE　　　绿色
- 24V+　　蓝色
- M　　　　淡蓝

其中，L 表示交流电，一般电路中显示 L1、L2、L3，表示使用的是三相交流电源，+−表示的是直流的正负，M 表示公共端，PE 表示地线，N 表示零线。

1. 插入电位连接点

选择菜单栏中的"插入"→"电位连接点"命令，或单击"连接"工具栏中的"电位连接点"按钮，此时光标变成交叉形状并附加一个电位连接点符号。

将光标移动到需要插入电位连接点元件的水平或垂直位置上，电位连接点与元件间显示自动连接，单击插入电位连接点，此时光标仍处于插入电位连接点的状态，重复上述操作可以继续插入其他的电位连接点，如图 5-200 所示。电位连接点插入完毕，按右键"取消操作"命令或按〈Esc〉键即可退出该操作。

2. 设置电位连接点的属性。

在插入电位连接点的过程中，用户可以对电位连接点的属性进行设置。双击电位连接点或在插入电位连接点后，弹出如图 5-201 所示的电位连接点属性设置对话框，在该对话框中可以对电位连接点的属性进行设置，在"显示设备标识符"中输入电位连接点的编号，电位连接点名称可以是信号的名称，也可以自己定义。

在光标处于放置电位连接点的状态时按〈Tab〉键，旋转电位连接点连接符号，变换电位连接点连接模式，切换变量，也可在属性设置对话框中切换变量，如图 5-202 所示。

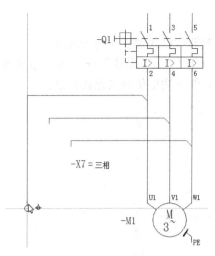

图 5-200　插入电位连接点

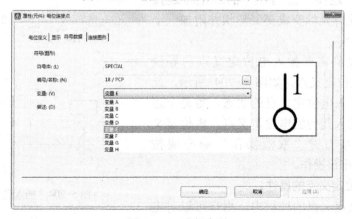

图 5-201　电位连接点属性设置对话框

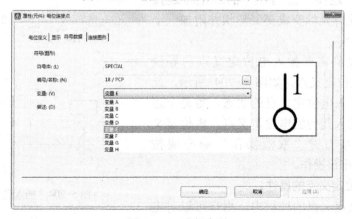

图 5-202　选择变量

3. 电位导航器

使用"电位连接点"导航器可以快速编辑电位连接。

选择菜单栏中的"项目数据"→"连接"→"电位导航器"命令，打开"电位"导航器，如图 5-203 所示，显示元件下的电位及其连接信息。

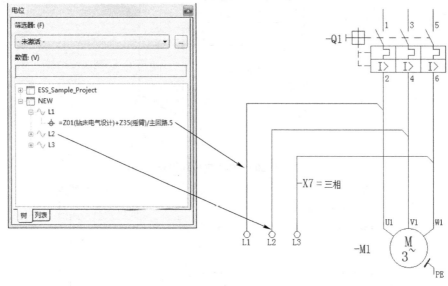

图 5-203 "电位"导航器

在选中的导线上单击鼠标右键，选择"属性"命令，弹出如图 5-201 所示的"属性（元件）：电位连接点"对话框，在"电位名称"中输入电位定义点的电位名称。

5.8.3 电位定义点

电位定义点与电位连接点功能不完全相同，也不代表真实的设备，但是与电位连接点不同的是，它的外形与连接定义点类似，不放在电源起始位置。电位定义点一般位于变压器、整流器与开关电源输出侧，因为这些设备改变了回路的电位值。

1. 插入电位定义点

选择菜单栏中的"插入"→"电位定义点"命令，或单击"连接"工具栏中的"电位连接点"按钮 ，此时光标变成交叉形状并附加一个电位定义点符号 。

将光标移动到需要插入电位定义点的导线上，单击插入电位定义点，如图 5-204 所示，此时光标仍处于插入电位定义点的状态，重复上述操作可以继续插入其他的电位定义点。电位定义点插入完毕，按右键"取消操作"命令或按〈Esc〉键即可退出该操作。

2. 设置电位定义点的属性。

在插入电位定义点的过程中，用户可以对电位定义点的属性进行设置。双击电位定义点或在插入电位定义点后，弹出如图 5-205 所示的

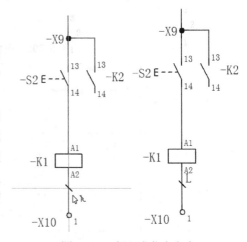

图 5-204 插入电位定义点

电位定义点属性设置对话框，在该对话框中可以对电位定义点的属性进行设置，在"电位名称"栏输入电位定义点名称，可以是信号的名称，也可以自己定义。

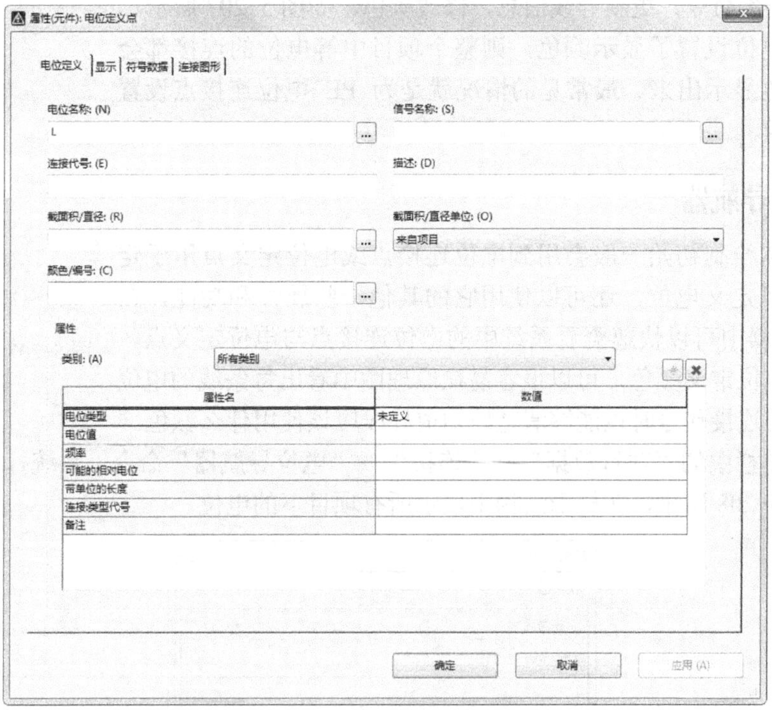

图 5-205　电位定义点属性设置对话框

　　自动连接的导线颜色都是来源于层，基本上是红色，在导线上插入"电位定义点"，为区分不同电位，修改电位定义点颜色，从而改变插入电位定义点的导线的颜色。打开"连接图形"选项卡下，单击颜色块，选择导线颜色，如图 5-206 所示。

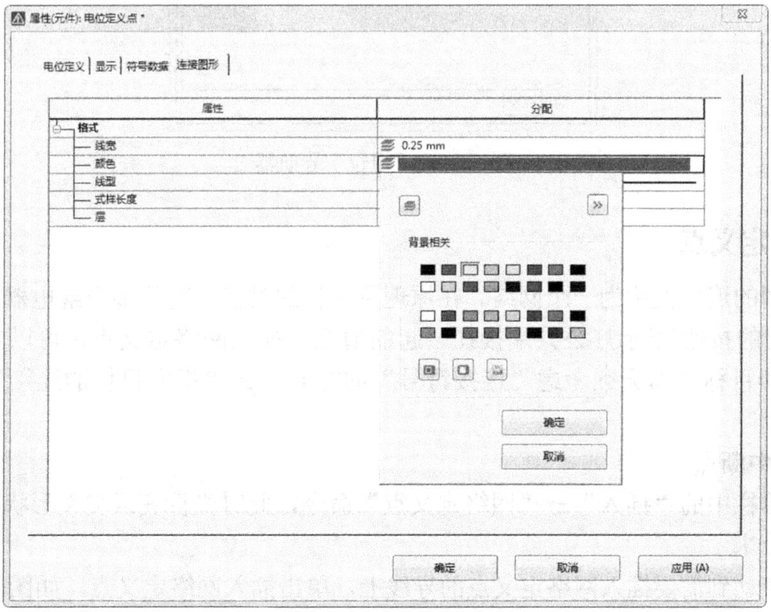

图 5-206　选择颜色

设置电位定义点图形颜色后，原理图中的导线不会自动更新信息，导线依旧显示默认的红色。选择菜单栏中的"项目数据"→"连接"→"更新"命令，更新导线信息，修改颜色，如图 5-207 所示。

如果为电位设置了显示颜色，则整个项目中等电位的连接都会以相同的颜色显示出来。最常见的情况就是为 PE 电位连接点设置绿色虚线显示。

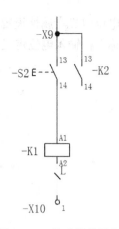

图 5-207　修改导线颜色

5.8.4　电位导航器

在原理图绘制初始一般会用到电位连接点或电位定义点用于定义电位。除了定义电位，还可以使用它的其他一些属性和功能，在"电位"导航器中可以快速查看系统中的电位连接点与电位定义点。比如给每个电位定义颜色，可以很容易在原理图中看出每条线的电位类型，在放置连接代号时也能够清楚地知道导线应该使用什么颜色。

选择菜单栏中的"项目数据"→"连接"→"电位导航器"命令，系统打开"电位"导航器，如图 5-208 所示，在树形结构中显示所有项目下的电位。

图 5-208　"电位"导航器

5.8.5　网络定义点

元件之间的连接被称为一个网络。在原理图设计的时候，对于多个继电器的公共端短接在一起，门上的按钮/指示灯公共端接在一起的情况，插入网络定义点，可以定义整个网络的接线的源和目标，而无须考虑"连接符号"的方向，比"指向目标的连接"表达更简洁和清楚。

1．插入中断点

选择菜单栏中的"插入"→"网络定义点"命令，此时光标变成交叉形状并附加一个网络定义点符号。

将光标移动到需要插入网络定义点的导线上，单击插入网络定义点，如图 5-209 所示，此时光标仍处于插入网络定义点的状态，重复上述操作可以继续插入其他的网络定义点。网络定义点插入完毕，按右键"取消操作"命令或按〈Esc〉键退出该操作。

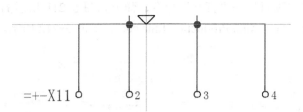

图 5-209　插入网络定义点

2. 设置网络定义点的属性

在插入网络定义点的过程中，用户可以对网络定义点的属性进行设置。双击网络定义点或在插入网络定义点后，弹出如图 5-210 所示的网络定义点属性设置对话框，在该对话框中可以对网络定义点的属性进行设置，在"电位名称"中输入网络放置位置的电位，在"网络名称"中输入网络名，网络名可以是信号的名称，也可以自己定义。

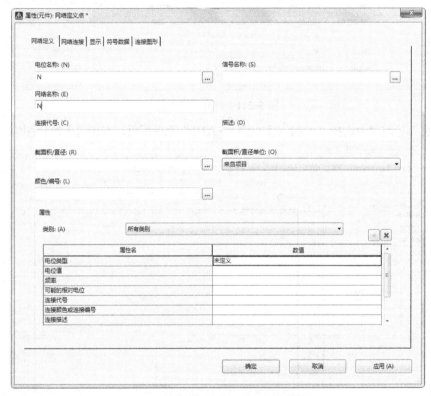

图 5-210　网络定义点属性设置对话框

3. 确定网络定义点方向

在光标处于放置网络定义点的状态时按〈Tab〉键，旋转网络定义点符号，网络定义点的图标为一个颠倒的三角形。

5.9　操作实例——自动化流水线主电路

5.9　综合实例——自动化流水线主电路

自动化流水线是一个统称，主要通过自动化系统来操作运行，不需要人工操作。

1. 打开项目

选择菜单栏中的"项目"→"打开"命令,弹出如图 5-211 所示的对话框,选择项目文件的路径,打开项目文件"Auto Production Line.elk",如图 5-212 所示。

图 5-211 打开项目文件

在"页"导航器中选择"=Z01(主电路)+A1/1"原理图页,双击进入原理图编辑环境。

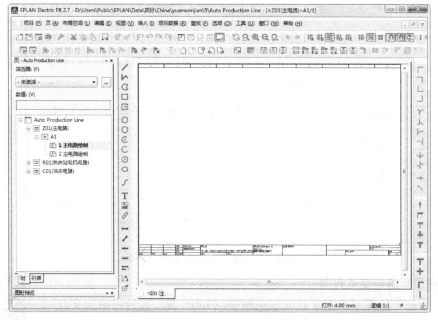

图 5-212 打开项目文件

2. 绘制热床电路

(1)插入插头元件

选择菜单栏中的"插入"→"符号"命令,弹出如图 5-213 所示的"符号选择"对话框，选择插针元件"XBS"，单击"确定"按钮，原理图中在光标上显示浮动的元件符号，单击鼠标左键，放置元件，自动弹出"属性（元件）：插针"对话框，默认插针设备标识符为X1，名称为1，如图5-214所示，单击"确定"按钮，关闭对话框，在原理图中放置插针元件X1的连接点1。

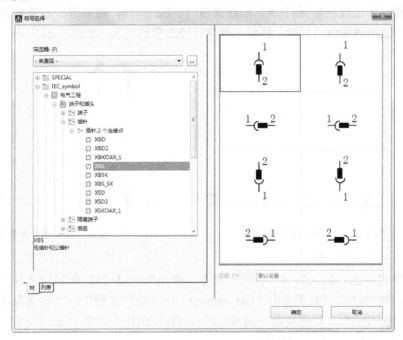

图5-213 "符号选择"对话框

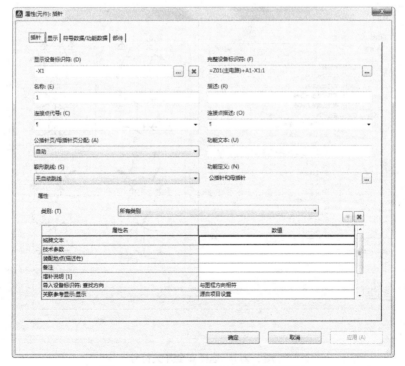

图5-214 "属性（元件）：插针"对话框

此时鼠标仍处于放置元件符号的状态，继续在原理图中单击鼠标左键放置插针元件
X1，自动弹出"属性（元件）：插针"对话框，此时插针设备标识符为空，名称递增为 2。
单击"确定"按钮，关闭对话框，放置插针元件 X1 的连接点 2，重复上面操作可以放置插
针元件 X1 的连接点 3、4，如图 5-215 所示。

重复上面操作放置插针元件 X2 的连接点 1、2、3、4，按右键"取消操作"命令或按
〈Esc〉键即可退出该操作。同时，插针元件 X1、X2 自动连接，如图 5-216 所示。

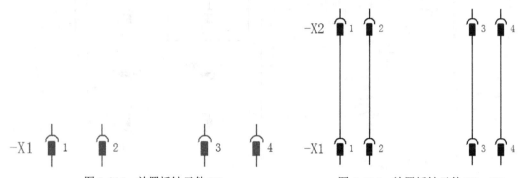

图 5-215　放置插针元件 X1　　　　　　图 5-216　放置插针元件 X1、X2

（2）插入安全开关元件

选择菜单栏中的"插入"→"符号"命令，弹出如图 5-213 所示的"符号选择"对话
框，在导航器树形结构中依次选中"GB_symbol"→"电气工程"→"安全设备"→"安全
开关"→"安全开关"，"4 连接点→QLS2_2"元件，如图 5-217 所示，将安全开关 Q1、
Q2 插入到原理图中，如图 5-218 所示。

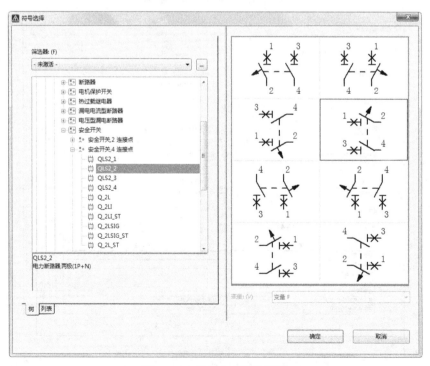

图 5-217　选择安全开关符号

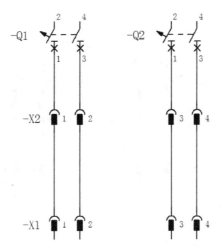

图 5-218　插入安全开关

（3）插入端子符号

选择菜单栏中的"插入"→"符号"命令，弹出如图 5-219 所示的"符号选择"对话框，在导航器树形结构中选中两侧端子元件，将端子 A2、B2 插入到原理图中，如图 5-220 所示。

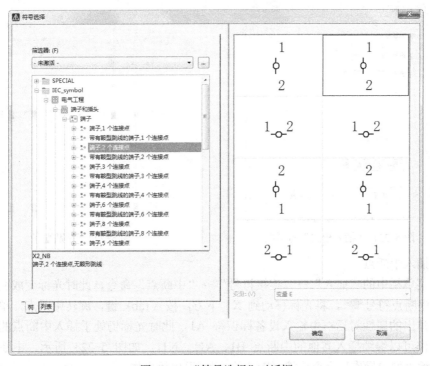

图 5-219　"符号选择"对话框

选中 Q1 上方的端子 A2、B2，选择菜单栏中的"编辑"→"复制"命令，复制端子元件 A2、B2，选择菜单栏中的"编辑"→"粘贴"命令，粘贴 A2、B2 到 Q2 上方，弹出"插入模式"对话框，选择"不更改"选项，如图 5-221 所示，粘贴结果如图 5-222 所示。

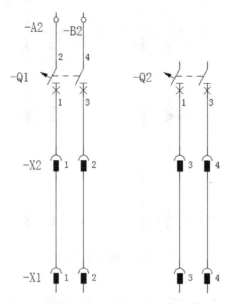

图 5-220　插入端子符号

图 5-221　"插入模式"对话框

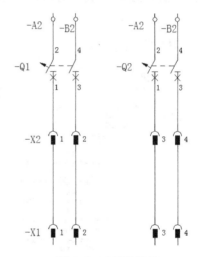

图 5-222　粘贴端子

（4）插入中断点

选择菜单栏中的"插入"→"连接符号"→"中断点"命令，此时光标变成交叉形状并附加一个中断点符号➜，将光标移动到 X1 下方，按〈Tab〉键，旋转中断点，单击插入中断点，在弹出的属性对话框中输入设备标识符 A1，此时光标仍处于插入中断点的状态，重复上述操作可以继续插入其他的中断点 B1、A11、N11，如图 5-223 所示。中断点插入完毕，按右键"取消操作"命令或按〈Esc〉键即可退出该操作。

3．复制热床 2 站

选中所有电路，选择菜单栏中的"编辑"→"复制"命令，复制热床 1 站电路，选择菜单栏中的"编辑"→"粘贴"命令，粘贴热床 2 站电路，弹出"插入模式"对话框，选择"编号"选项，修改粘贴后的电路编号，结果如图 5-224 所示。

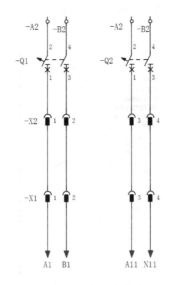

图 5-223　插入中断点

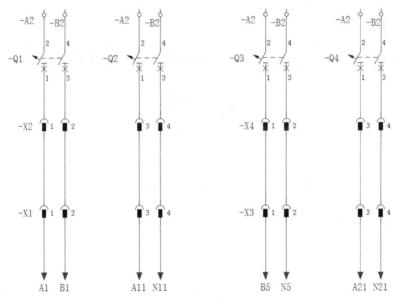

图 5-224　粘贴电路

4.绘制冲床电路

选中部分电路,选择菜单栏中的"编辑"→"复制"命令,复制热床 1 站电路,选择菜单栏中的"编辑"→"粘贴"命令,粘贴冲床站电路,弹出"插入模式"对话框,选择"编号"选项,修改粘贴后的电路及编号,结果如图 5-225 所示。

5.绘制连接电路

(1)插入安全开关元件

选择菜单栏中的"插入"→"符号"命令,弹出如图 5-226 所示的"符号选择"对话框,在导航器树形结构中依次选中"GB_symbol"→"电气工程"→"安全设备"→"安全开关"→"安全开关","4 连接点→QLS2_2"元件,将安全开关 Q7、Q8 插入到原理图中,如图 5-227 所示。

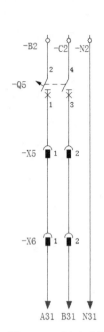

图 5-225 冲床电路

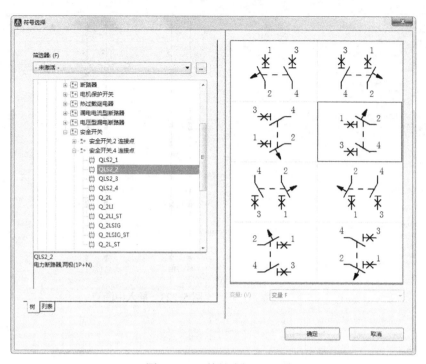

图 5-226 "符号选择"对话框

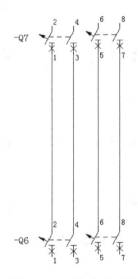

图 5-227 插入安全开关

（2）插入插座元件

选择菜单栏中的"插入"→"符号"命令，弹出如图 5-228 所示的"符号选择"对话框，在图形预览中选择插座符号，将安全开关 X5 插入到原理图中，如图 5-229 所示。

（3）添加连接节点

选择菜单栏中的"插入"→"连接符号"→"角（右下）"命令，如图 5-230 所示，或单击"连接符号"工具栏中的"右下角"按钮 ⌐，放置角，结果如图 5-231 所示。放置完毕，按右键"取消操作"命令或按〈Esc〉键即可退出该操作。

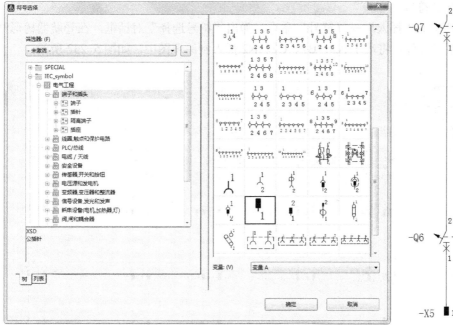

图 5-228 "符号选择"对话框

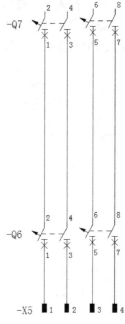

图 5-229 插入安全开关

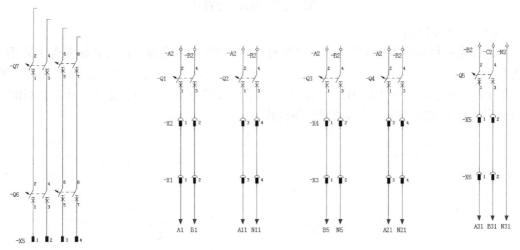

图 5-230 角连接

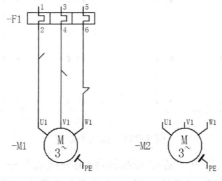

图 5-231 放置角

（4）插入端子符号

选择菜单栏中的"插入"→"符号"命令，弹出"符号选择"对话框，在导航器树形结构中选中两侧端子元件，将端子 A2、B2、C2、N2 插入到原理图中，如图 5-232 所示。

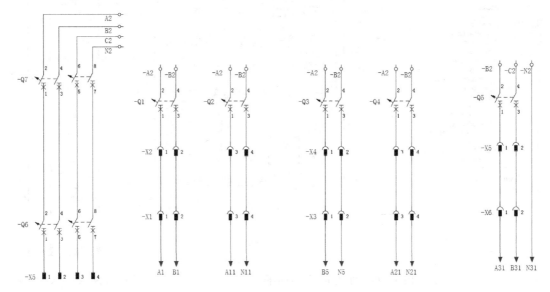

图 5-232　插入端子符号

（5）插入中断点

选择菜单栏中的"插入"→"连接符号"→"中断点"命令，此时光标变成交叉形状并附加一个中断点符号▶，按〈Tab〉键，旋转中断点，单击插入中断点，在弹出的属性对话框中输入设备标识符 A2、B2、C2、N2，如图 5-233 所示。中断点插入完毕，按右键"取消操作"命令或按〈Esc〉键即可退出该操作。

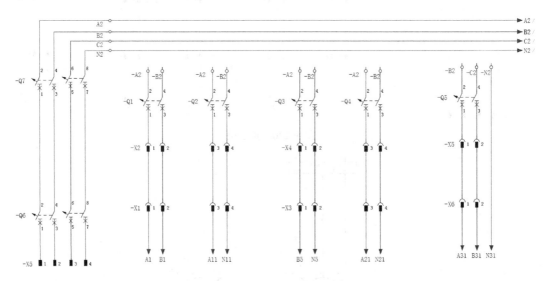

图 5-233　插入中断点

选择菜单栏中的"插入"→"连接分线器/线束分线器"→"连接分线器"命令，或单击"连接分线器/线束分线器"工具栏中的"连接分线器"按钮Ⅰ，此时光标变成交叉形状并附加一个连接分线器符号—●—，单击插入连接点，在弹出的属性对话框中输入设备标识符为空，如图 5-234 所示。连接点插入完毕，如图 5-235 所示，按右键"取消操作"命令或按〈Esc〉键即可退出该操作。

图 5-234 属性设置对话框

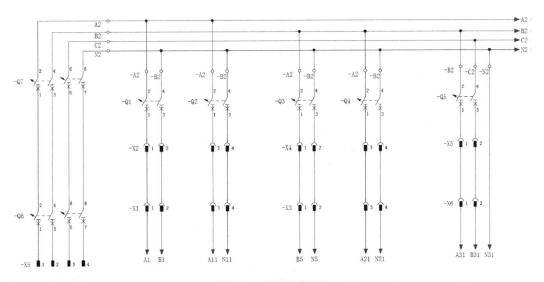

图 5-235 插入连接点

（6）插入跳线

选择菜单栏中的"插入"→"连接符号"→"跳线"命令，或单击"连接符号"工具栏中的"跳线"按钮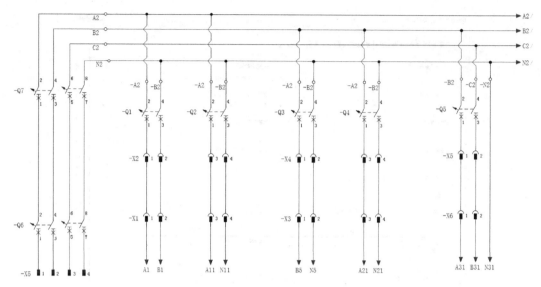，单击插入跳线，此时光标仍处于放置跳线的状态，重复上述操作可以继续连接其他跳线。按右键"取消操作"命令或按〈Esc〉键即可退出该操作，最终结果如图5-236所示。

图 5-236 放置跳线

第6章　图形符号的绘制

图形符号有两种用途，一种在原理图中起到说明和修饰的作用，不具有任何电气意义；另一种在原理图库中，用于元件的外形绘制，可以提供更丰富的元件封装库资源。本章详细讲解常用的绘图工具，从而更好地为原理图设计与原理图库设计服务。

6.1　使用图形工具绘图

单击"图形"工具栏中的按钮，与"插入"菜单下"图形"命令子菜单中的各项命令具有对应关系，均是图形绘制工具，如图 6-1 所示。

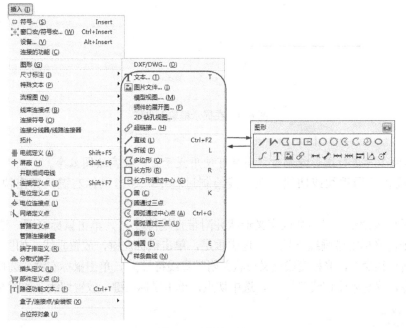

图 6-1　图形工具

6.1.1　绘制直线

在原理图中，直线可以用来绘制一些注释性的图形，如表格、箭头、虚线等，或者在编辑元件时绘制元件的外形。这里的直线在功能上完全不同于前面所说的连接导线，它不具有电气连接特性，不会影响到电路的电气结构。

1. 直线的绘制

1）选择菜单栏中的"插入"→"图形"→"直线"命令，或者单击"图形"工具栏中的（插入直线）按钮，这时光标变成交叉形状并附带直线符号。

2）移动光标到需要放置"直线"的位置处，随光标移动变化坐标信息。单击鼠标左键确定直线的起点，单击确定终点，一条直线绘制完毕，如图6-2所示。

图6-2　直线绘制

3）此时鼠标仍处于绘制直线的状态，重复步骤 2）的操作即可绘制其他的直线，按〈Esc〉键便可退出操作。

2. 编辑直线

1）在直线绘制过程中，打开提示框绘制更方便，激活提示框命令，在提示框下显示可直接输入下一点坐标值，如图6-3所示。

图6-3　在提示框输入坐标

提示：

利用其他工具进行图形绘制时，同样可使用提示框，提高绘图效率。

2）直线也可用垂线或切线。在直线绘制过程中，单击鼠标右键，弹出快捷菜单，如图6-4所示。

● 激活直线命令，光标变成交叉形状并附带直线符号，单击鼠标右键，选择"垂线"命令，光标附带垂线符号，选中垂足，单击鼠标左键，放置垂线，如图6-5所示。

● 激活直线命令，光标变成交叉形状并附带直线符号，单击鼠标右键，选择"切线的"命令，光标附带切线符号，选中切点，单击鼠标左键，放置切线，如图6-6所示。

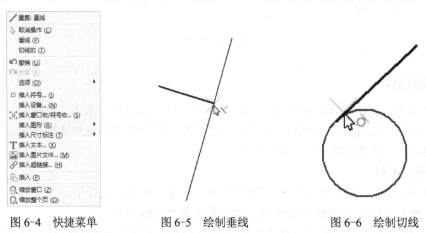

图6-4　快捷菜单　　　　图6-5　绘制垂线　　　　图6-6　绘制切线

3．设置直线属性

双击直线，系统将弹出相应的"属性（直线）"对话框，如图6-7所示。

图6-7　直线的属性对话框

在该对话框中可以对坐标、线宽、类型和直线的颜色等属性进行设置。

（1）"直线"选项组

在该选项组下输入直线的起点、终点的 X 坐标和 Y 坐标。在"起点"选项下勾选"箭头显示"复选框，直线的一端显示箭头，如图6-8所示。

直线的表示方法可以是（X,Y），也可以是（A<L），其中，A是直线角度，L 是直线长度。因此直线的显示属性下还包括"角度"与"长度"选项。

（2）"格式"选项组

图6-8　起点显示箭头

线宽：用于设置直线的线宽。下拉列表中显示固定值，包括 0.05mm、0.13mm、0.18mm、0.20mm、0.25mm、0.35mm、0.40mm、0.50mm、0.70mm、1.00mm、2.00mm 这 11 种线宽供用户选择。

● 颜色：单击该颜色显示框，用于设置直线的颜色。

● 隐藏：控制直线的隐藏与否。

● 线型：用于设置直线的线型。

● 式样长度：用于设置直线的式样长度。

● 线端样式：用于设置直线线端的样式。

● 层：用于设置直线所在层。对于中线，推荐选择 EPLAN105，图形.中线层则在下拉列表中选择。

● 悬垂：勾选该复选框，自动从线宽中计算悬垂。

6.1.2 绘制折线

直线为单条直线，折线为多条直线组成的几何图形。

1．折线的绘制

1）选择菜单栏中的"插入"→"图形"→"折线"命令，或者单击"图形"工具栏中的（插入折线）按钮，这时光标变成交叉形状并附带折线符号。

2）移动光标到需要放置"折线"的起点处，确定折线的起点，多次单击确定多个固定点，单击〈空格键〉或选择右键命令"封闭折线"，确定终点，一条折线绘制完毕，退出当前折线的绘制，如图6-9所示。

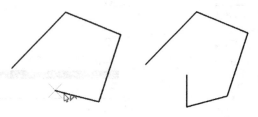

图6-9　折线绘制

3）此时鼠标仍处于绘制折线的状态，重复步骤 2）的操作即可绘制其他的折线，按〈Esc〉键便可退出操作。

2．编辑折线

1）在折线绘制过程中，如果绘制多边形，则自动在第一个点和最后一个点之间绘制连接，如图6-10所示。

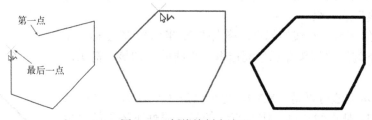

图6-10　折线绘制多边形

2）折线也可用垂线或切线。在折线绘制过程中，单击鼠标右键，选择"垂线"命令或"切线的"命令，放置垂线或切线。

3）编辑折线结构段

选中要编辑的折线，此时，线高亮显示，同时在折线的结构段的角点和中心上显示小方块，如图 6-11 所示。通过单击鼠标左键将其角点或中心拉到另一个位置。将折线进行变形或增加结构段数量，如图6-12和图6-13所示。

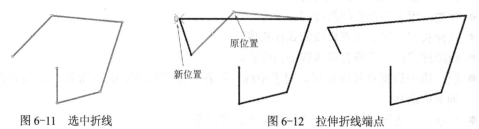

图6-11　选中折线　　　　　　　　图6-12　拉伸折线端点

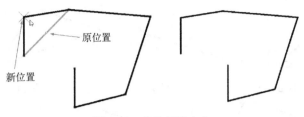

图 6-13　拉伸折线中点

3．设置折线属性

双击折线，系统将弹出相应的"属性（折线）"编辑对话框，如图 6-14 所示。

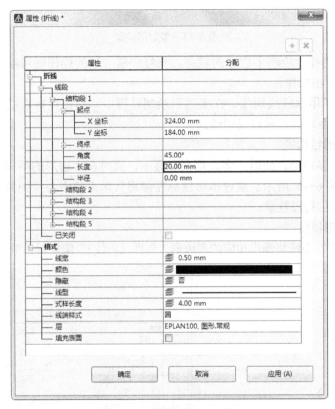

图 6-14　折线的属性对话框

在该对话框中可以对坐标、线宽、类型和折线的颜色等属性进行设置。

6.1.3　绘制多边形

由三条或三条以上的线段首尾顺次连接所组成的平面图形叫作多边形。在 EPLAN 中，折线绘制的闭合图形是多边形。

1．多边形的绘制

1）选择菜单栏中的"插入"→"图形"→"多边形"命令，或者单击"图形"工具栏中的（插入多边形）按钮，这时光标变成交叉形状并附带多边形符号。

2）移动光标到需要放置"多边形"的起点处，单击确定多边形的起点，多次单击确定多个固定点，单击〈空格键〉或选择右键命令"封闭折线"，确定终点，多边形绘制完毕，退出当前多边形的绘制，如图 6-15 所示。

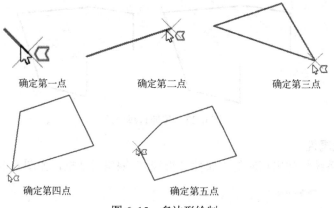

确定第一点   确定第二点   确定第三点

确定第四点   确定第五点

图 6-15   多边形绘制

3）此时鼠标仍处于绘制多边形的状态，重复步骤 2）的操作即可绘制其他的多边形，按〈Esc〉键便可退出操作。

4）多边形也可用垂线或切线。在多边形绘制过程中，单击鼠标右键，选择"垂线"命令或"切线的"命令，放置垂线或切线。

2．编辑多边形结构段

选中要编辑的多边形，此时，多边形高亮显示，同时在多边形的结构段的角点和中心上显示小方块，如图 6-16 所示。通过单击鼠标左键将其角点或中心拉到另一个位置。将多边形进行变形或增加结构段数量。

3．设置多边形属性

1）双击多边形，系统将弹出相应的多边形"属性（折线）"编辑对话框，如图 6-17 所示。

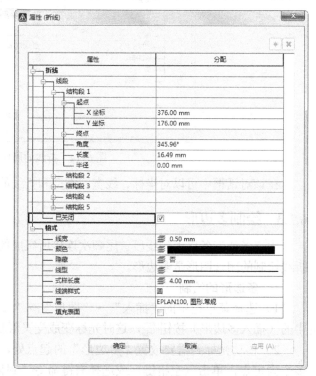

图 6-16   编辑多边形   图 6-17   多边形属性对话框

在该对话框中可以对坐标、线宽、类型和多边形的颜色等属性进行设置。

2）"多边形"选项组。多边形是由一个个结构段组成，在该选项组下输入多边形结构段的起点、终点的 X 坐标和 Y 坐标、角度、长度和半径。

多边形默认勾选"已关闭"复选框，取消该复选框的勾选，自动断开多边形的起点、终点，如图 6-18 所示。

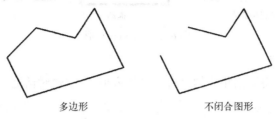

图 6-18　不闭合多边形

设置多边形"格式"选项属性与折线属性相同，这里不再赘述。

6.1.4　绘制长方形

长方形是特殊的多边形，长方形分为两种绘制方法。

1. 长方形的绘制

（1）通过起点和终点定义长方形

1）选择菜单栏中的"插入"→"图形"→"长方形"命令，或者单击"图形"工具栏中的（长方形）按钮□，这时光标变成交叉形状并附带长方形符号□。

2）移动光标到需要放置"长方形"的起点处，单击确定长方形的角点，再次单击确定另一个角点，单击右键选择"取消操作"命令或按〈Esc〉键，长方形绘制完毕，退出当前长方形的绘制，如图 6-19 所示。

3）此时鼠标仍处于绘制长方形的状态，重复步骤 2）的操作即可绘制其他的长方形，按〈Esc〉键便可退出操作。

（2）通过中心和角点定义长方形

1）选择菜单栏中的"插入"→"图形"→"长方形（通过中心）"命令，或者单击"图形"工具栏中的（长方形（通过中心））按钮▣，这时光标变成交叉形状并附带长方形符号▣。

2）移动光标到需要放置"长方形"的起点处，单击确定长方形的中心点，再次单击确定角点，单击右键选择"取消操作"命令或按〈Esc〉键，长方形绘制完毕，退出当前长方形的绘制，如图 6-20 所示。

图 6-19　长方形绘制　　　　　　　　　　　图 6-20　长方形绘制

3）此时鼠标仍处于绘制长方形的状态，重复步骤 2）的操作即可绘制其他的长方形，按〈Esc〉键便可退出操作。

2. 编辑长方形

选中要编辑的长方形，此时，长方形高亮显示，同时在长方形的角点和中心上显示小方块，如图 6-21 所示。通过单击鼠标左键将其角点或中心拉到另一个位置，将长方形进行变形。

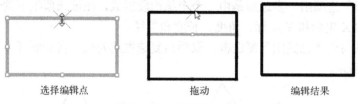

选择编辑点   拖动   编辑结果

图 6-21　编辑长方形

3．设置长方形属性

双击长方形，系统将弹出相应的"属性（长方形）"编辑对话框，如图 6-22 所示。

图 6-22　长方形的属性对话框

在该对话框中可以对坐标、线宽、类型和长方形的颜色等属性进行设置。

（1）"长方形"选项组

在该选项组下输入长方形的起点、终点的 X 坐标和 Y 坐标，宽度、高度和角度。

（2）"格式"选项组

勾选"填充表面"复选框，填充长方形，如图 6-23 所示。

勾选"倒圆角"复选框，对长方形倒圆角，在"半径"文本框中显示圆角半径，圆角半径根据矩形尺寸自动设置，如图 6-24 所示。

填充前   填充后   倒圆角前   倒圆角后

图 6-23　填充长方形   图 6-24　长方形倒圆角

长方形其余设置属性与折线属性相同，这里不再赘述。

6.1.5　绘制圆

圆是圆弧的一种特殊形式。

1. 圆的绘制

（1）通过圆形和半径定义圆

1）选择菜单栏中的"插入"→"图形"→"圆"命令，或者单击"图形"工具栏中的（圆）按钮 ⭕，这时光标变成交叉形状并附带圆符号〇。

2）移动光标到需要放置圆的位置处，单击鼠标左键第 1 次确定圆的中心，第 2 次确定圆的半径，从而完成圆的绘制。单击右键选择"取消操作"命令或按〈Esc〉键，圆绘制完毕，退出当前圆的绘制，如图 6-25 所示。

3）此时鼠标仍处于绘制圆的状态，重复步骤 2）的操作即可绘制其他的圆，按〈Esc〉键便可退出操作。

（2）通过三点定义圆

1）选择菜单栏中的"插入"→"图形"→"圆通过三点"命令，或者单击"图形"工具栏中的（圆通过三点）按钮 ⭕，这时光标变成交叉形状并附带圆符号〇。

2）移动光标到需要放置圆的位置处，单击鼠标左键第 1 次确定圆的第一点，第 2 次确定圆的第二点，第 3 次确定圆的第三点，从而完成圆的绘制。单击右键选择"取消操作"命令或按〈Esc〉键，圆绘制完毕，退出当前圆的绘制，如图 6-26 所示。

图 6-25　圆绘制　　　　　　　　　　　　图 6-26　圆绘制

3）此时鼠标仍处于绘制圆的状态，重复步骤 2）的操作即可绘制其他的圆，按〈Esc〉键便可退出操作。

4）圆也可用切线圆。在圆绘制过程中，单击鼠标右键，选择"切线的"命令，绘制切线圆，如图 6-27 所示。

2. 编辑圆

选中要编辑的圆，此时，圆高亮显示，同时在圆的象限点上显示小方块，如图 6-28 所示。通过单击鼠标左键将其象限点拉到另一个位置，将圆进行变形。

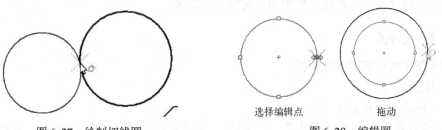

选择编辑点　　　　　　拖动

图 6-27　绘制切线圆　　　　　　图 6-28　编辑圆

3．设置圆属性

双击圆，系统将弹出相应的"属性（弧/扇形/圆）"对话框，如图 6-29 所示。

图 6-29　圆的属性对话框

在该对话框中可以对坐标、线宽、类型和圆的颜色等属性进行设置。

（1）"弧/扇形/圆"选项组

在该选项组下输入圆中心的 X 坐标和 Y 坐标，起始角、终止角、半径。

● 起始角与终止角可以设置，可选择 0°、45°、90°、135°、180°、−45°、−90°、−135°，起始角与终止角的差值为 360 的情况绘制的图形为圆，设置起始角与终止角分别为 0°、90°，显示如图 6-30 所示的圆弧。

● 勾选"扇形"复选框，封闭圆弧，显示扇形，如图 6-31 所示。

（2）"格式"选项组

勾选"已填满"复选框，填充圆，如图 6-32 所示。

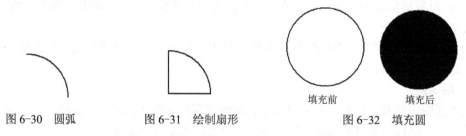

填充前　　　　填充后

图 6-30　圆弧　　　　　图 6-31　绘制扇形　　　　　图 6-32　填充圆

圆其余属性设置与折线属性相同，这里不再赘述。

6.1.6　绘制圆弧

圆上任意两点间的部分叫弧。

1．圆弧的绘制

（1）通过中心点定义圆弧

1）选择菜单栏中的"插入"→"图形"→"圆弧通过中心点"命令，或者单击"图形"工具栏中的（圆弧通过中心点）按钮 ，这时光标变成交叉形状并附带圆弧符号 。

2）移动光标到需要放置圆弧的位置处，单击鼠标左键第 1 次确定弧的中心，第 2 次确定圆弧的半径，第 3 次确定圆弧的起点，第 4 次确定圆弧的终点，从而完成圆弧的绘制。单击右键选择"取消操作"命令或按〈Esc〉键，圆弧绘制完毕，退出当前圆弧的绘制，如图 6-33 所示。

3）此时鼠标仍处于绘制圆弧的状态，重复步骤 2）的操作即可绘制其他的圆弧，按〈Esc〉键便可退出操作。

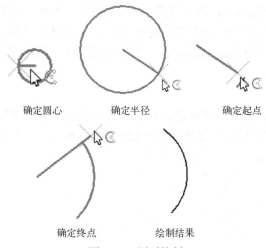

确定圆心　　　　　　确定半径　　　　　　确定起点

确定终点　　　　绘制结果

图 6-33　圆弧绘制

（2）通过三点定义圆弧

1）选择菜单栏中的"插入"→"图形"→"圆弧通过三点"命令，或者单击"图形"工具栏中的（圆弧通过三点）按钮 ，这时光标变成交叉形状并附带圆弧符号 。

2）移动光标到需要放置圆弧的位置处，单击鼠标左键第 1 次确定圆弧的第一点，第 2 次确定圆弧的第二点，第 3 次确定圆弧的半径，从而完成圆弧的绘制。单击右键选择"取消操作"命令或按〈Esc〉键，圆弧绘制完毕，退出当前圆弧的绘制，如图 6-34 所示。

3）此时鼠标仍处于绘制圆弧的状态，重复步骤 2）的操作即可绘制其他的圆弧，按〈Esc〉键便可退出操作。

4）圆弧也可用切线圆弧。在圆弧绘制过程中，单击鼠标右键，选择"切线的"命令，绘制切线圆弧。

2. 编辑圆弧

选中要编辑的圆弧，此时，圆弧高亮显示，同时在圆弧的端点和中心点上显示小方块，如图 6-35 所示。通过单击鼠标左键将其端点和中心点拉到另一个位置，将圆弧进行变形。

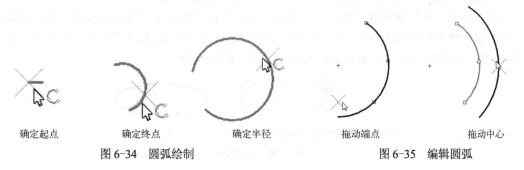

确定起点　　　　确定终点　　　　确定半径　　　　拖动端点　　　　拖动中心

图 6-34　圆弧绘制　　　　　　　　　　图 6-35　编辑圆弧

圆弧属性设置与圆属性设置相同，这里不再赘述。

6.1.7　绘制扇形

1．扇形的绘制

1）选择菜单栏中的"插入"→"图形"→"扇形通过中心点"命令，或者单击"图形"工具栏中的（扇形）按钮⊙，这时光标变成交叉形状并附带扇形符号⊙。

2）移动光标到需要放置扇形的位置处，单击鼠标左键第 1 次确定弧的中心，第 2 次确定扇形的半径，第 3 次确定扇形的起点，第 4 次确定扇形的终点，从而完成扇形的绘制。单击右键选择"取消操作"命令或按〈Esc〉键，扇形绘制完毕，退出当前扇形的绘制，如图 6-36 所示。

3）此时鼠标仍处于绘制扇形的状态，重复步骤 2）的操作即可绘制其他的扇形，按〈Esc〉键便可退出操作。

2．编辑扇形

选中要编辑的扇形，此时，扇形高亮显示，同时在扇形的端点和中心点上显示小方块，如图 6-37 所示。通过单击鼠标左键将其端点和中心点拉到另一个位置，将扇形进行变形。

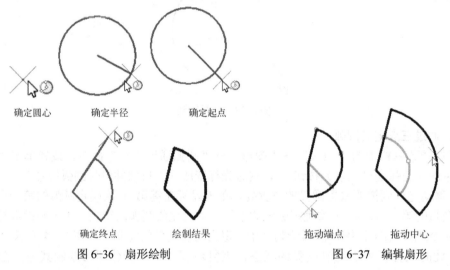

确定圆心　　　　确定半径　　　　确定起点

确定终点　　　　绘制结果　　　　　　拖动端点　　　　拖动中心

图 6-36　扇形绘制　　　　　　　　　　图 6-37　编辑扇形

扇形属性设置与圆属性设置相同，这里不再赘述。

6.1.8　绘制椭圆

1．椭圆的绘制

（1）选择菜单栏中的"插入"→"图形"→"椭圆"命令，或者单击"图形"工具栏中的（椭圆）按钮◯，这时光标变成交叉形状并附带椭圆符号◯。

（2）移动光标到需要放置椭圆的位置处，单击鼠标左键第 1 次确定椭圆的中心，第 2 次确定椭圆长轴和短轴的长度，从而完成椭圆的绘制。单击右键选择"取消操作"命令或按〈Esc〉键，椭圆绘制完毕，退出当前椭圆的绘制，如图 6-38 所示。

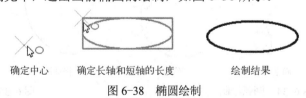

确定中心　　　确定长轴和短轴的长度　　　　绘制结果

图 6-38　椭圆绘制

（3）此时鼠标仍处于绘制椭圆的状态，重复步骤 2）的操作即可绘制其他的椭圆，按〈Esc〉键便可退出操作。

2．编辑椭圆

选中要编辑的椭圆，此时，椭圆高亮显示，同时在椭圆的象限点上显示小方块，如图 6-39 所示。通过单击鼠标左键将其长轴和短轴的象限点拉到另一个位置，将椭圆进行变形。

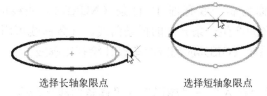

选择长轴象限点　　　　　　　　选择短轴象限点

图 6-39　编辑椭圆

3．设置椭圆属性

双击椭圆，系统将弹出相应的"属性（椭圆）"编辑对话框，如图 6-40 所示。

图 6-40　椭圆的属性对话框

在该对话框中可以对坐标、线宽、类型和椭圆的颜色等属性进行设置。

（1）"椭圆"选项组

在该选项组下输入椭圆的中心和半轴的 X 坐标和 Y 坐标，旋转角度。旋转角度可以设置 0°、45°、90°、135°、180°、-45°、-90°、-135°，用于旋转椭圆。

（2）"格式"选项组

在该选项组下勾选"已填满"复选框，填充椭圆，如图 6-41 所示。

填充前　　　　　　　　　　　填充后

图 6-41　填充椭圆

椭圆其余属性设置与圆属性设置相同，这里不再赘述。

6.1.9　绘制样条曲线

EPLAN 使用一种称为非一致有理 B 样条（NURBS）曲线的特殊样条曲线类型。NURBS 曲线在控制点之间产生一条光滑的样条曲线。样条曲线可用于创建形状不规则的曲线。例如，为地理信息系统（GIS）应用或汽车设计绘制轮廓线。

1. 样条曲线的绘制

1）选择菜单栏中的"插入"→"图形"→"样条曲线"命令，或者单击"图形"工具栏中的（样条曲线）按钮，这时光标变成交叉形状并附带样条曲线符号。

移动光标到需要放置样条曲线的位置处，单击鼠标左键，确定贝塞尔曲线的起点。然后移动光标，再次单击鼠标左键确定终点，绘制出一条直线，如图 6-42 所示。

2）继续移动鼠标，在起点和终点间合适位置单击鼠标左键确定控制点 1，然后生成一条弧线，如图 6-43 所示。

3）继续移动鼠标，曲线将随光标的移动而变化，单击鼠标左键，确定控制点 2，如图 6-44 所示。单击右键选择"取消操作"命令或按〈Esc〉键，样条曲线绘制完毕，退出当前样条曲线的绘制。

图 6-42　确定一条直线　　　　图 6-43　确定曲线的控制点 1　　　　图 6-44　确定曲线的控制点 2

4）此时鼠标仍处于绘制样条曲线的状态，重复步骤 2）的操作即可绘制其他的样条曲线，按〈Esc〉键便可退出操作。

2. 编辑样条曲线

选中要编辑的样条曲线，此时，样条曲线高亮显示，同时在样条曲线的起点、终点、控制点 1、控制点 2 上显示小方块，如图 6-45 所示。通过单击鼠标左键将其上点拉到另一个位置，将样条曲线进行变形。

3. 设置样条曲线属性

双击样条曲线，系统将弹出相应的样条曲线"属性（样条曲线）"编辑对话框，如图 6-46 所示。

图 6-45　编辑样条曲线

在该对话框中可以对坐标、线宽、类型和样条曲线的颜色等属性进行设置。

在"样条曲线"选项组下输入样条曲线的起点、终点、控制点 1、控制点 2 坐标。

样条曲线其余属性设置与圆属性设置相同，这里不再赘述。

图 6-46　样条曲线的属性对话框

6.2　注释工具

在原理图编辑环境中，注释工具用于在原理图中标注各种注释信息，使电路原理图、元件更清晰，数据更完整，可读性更强。

6.2.1　文本

文本注释是图形中很重要的一部分内容，进行各种设计时，通常不仅要绘出图形，还要在图形中标注一些文字，如技术要求、注释说明等，对图形对象加以解释。

1. 插入文本

1）选择菜单栏中的"插入"→"图形"→"文本"命令，或者单击"图形"工具栏中的（文本）按钮 **T**，弹出"属性（文本）"对话框，如图 6-47 所示。

图 6-47　文本框属性设置对话框

完成设置后，关闭对话框。

2）这时光标变成交叉形状并附带文本符号 **T**，移动光标到需要放置文本的位置处，单击鼠标左键，完成当前文本放置。

3）此时鼠标仍处于绘制文本的状态，重复步骤 2）的操作即可绘制其他的文本，单击右键选择"取消操作"命令或按〈Esc〉键，便可退出操作。

2．文本属性设置

双击文本，系统将弹出相应的"属性（文本）"编辑对话框，如图 6-47 所示。

该对话框包括两个选项卡：

（1）"文本"选项卡

- 文本：用于输入文本内容。
- 路径功能文本：勾选该复选框，插入路径功能文本。
- 不自动翻译：勾选该复选框，不自动翻译输入的文本内容。

（2）"格式"选项卡

所有 EPLAN 原理图图形中的文字都有与其相对应的文本格式。当输入文字对象时，EPLAN 使用当前设置的文本格式。文本格式是用来控制文字基本形状的一组设置。下面介绍"格式"选项组中的选项。

- "字号"下拉列表框：用于确定文本的字符高度，可在文本编辑器中设置输入新的字符高度，也可从此下拉列表框中选择已设定过的高度值。
- 颜色：用于确定文本的颜色。
- 方向：用于确定文本的方向。
- 角度：用于确定文本的角度。
- 层：用于确定文本的层。
- 字体：文字的字体确定字符的形状，在 EPLAN 中，一种字体可以设置不同的效果，从而被多种文本样式使用，下拉列表中显示同一种字体（宋体）的不同样式。
- 隐藏：用于隐藏文本的内容。
- 行间距：用于确定文本的行间距。这里所说的行间距是指相邻两文本行基线之间的垂直距离。
- 语言：用于确定文本的语言。
- "粗体"复选框：用于设置加粗效果。
- "斜体"复选框：用于设置斜体效果。
- "删除线"复选框：用于在文字上添加水平删除线。
- "下划线"复选框：用于设置或取消文字的下划线。
- "应用"按钮：确认对文字格式的设置。当对现有文字格式的某些特征进行修改后，都需要单击此按钮，系统才会确认所做的改动。

6.2.2 文本分类

EPLAN 中对文本做了 3 种定义，分别是静态文本、功能文本和路径功能文本。

1．静态文本

是指纯静态的文本，如图 6-48 所示，在插入时可修改文字属性，无任何关联。生成报表时也无法自动去对应显示，只是一段普通文字，属于注释、解释性文本。

图 6-48 静态文本

2. 功能文本

功能文本属于关联于元件属性内的文本，其属性编号为 20011，常用于表示元件功能，在生成报表时可调出属性显示。如图 6-49 所示。

图 6-49 功能文本

3．路径功能文本

路径功能文本是指在此路径区域内元件下的功能文本。路径是指作用于标题栏的路径，在制作标题栏时被指定，选择菜单栏中的"视图"→"路径"命令，在原理图中可以查看其作用域，如图 6-50 所示。

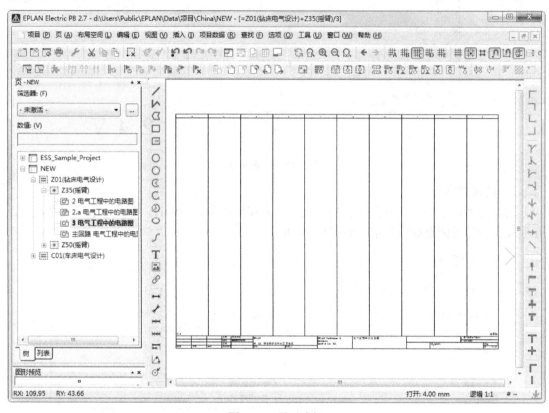

图 6-50　显示路径

在"属性（文本）"对话框中，勾选"路径功能文本"复选框，插入路径功能文本，如图 6-51 所示。同一区域下的所有元件将共享路径功能文本的内容。

图 6-51　路径功能文本

在生成报表时功能文本显示的优先级是：功能文本>路径功能文本。

6.2.3 放置图片

在电路原理图的设计过程中，有时需要添加一些图片文件，例如元件的外观、厂家标志等。

1. 放置图片

选择菜单栏中的"插入"→"图形"→"图片文件"命令，或者单击"图形"工具栏中的（图片文件）按钮，弹出"选取图片文件"对话框，如图 6-52 所示。

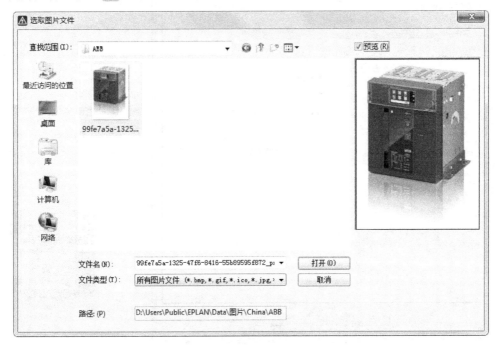

图 6-52　选择图片

选择图片后，单击"打开"按钮，弹出"复制图片文件"对话框，如图 6-53 所示，单击"确定"按钮。

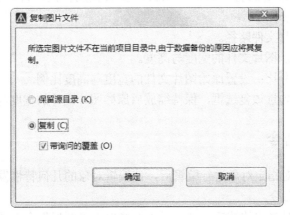

图 6-53　"复制图片文件"对话框

光标变成交叉形状并附带图片符号，还附有一个矩形框。移动光标到指定位置，单击鼠标左键，确定矩形框的位置，移动鼠标可改变矩形框的大小，在合适位置再次单击鼠标左键确定另一顶点，如图 6-54 所示，同时弹出"属性（图片文件）"对话框，如图 6-55 所示。完成属性设置后，单击即可将图片添加到原理图中，如图 6-56 所示。

图 6-54　确定位置

图 6-55　"属性（图片文件）"对话框

图 6-56　添加图片

2．设置图片属性

在放置状态下，或者放置完成后，双击需要设置属性的图片，弹出"属性（图片文件）"对话框，如图 6-55 所示。

● 文件：显示图片文件路径。

● 显示尺寸：显示图片文件的宽度与高度。

● 原始尺寸的百分比：设置原始图片文件的宽度与高度比例。

● 保持纵横比：勾选该复选框，保持缩放后原始图片文件的宽度与高度比例。

6.3　图形编辑命令

这类编辑命令在对指定对象进行编辑后，使编辑对象的几何特性发生改变，包括倒角、圆角、修剪、延伸等命令。

单击"图形"工具栏中的按钮，与"插入"菜单下"图形"命令子菜单中的各项命令具有对应关系，均是图形绘制工具，如图 6-57 所示。

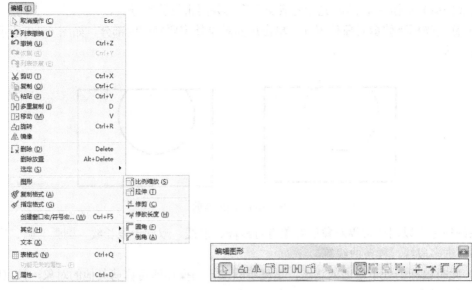

图 6-57　图形编辑工具

6.3.1　比例缩放命令

比例缩放的绘制步骤如下：

1）选择菜单栏中的"编辑"→"图形"→"比例缩放"命令，或者单击"编辑图形"工具栏中的（比例缩放）按钮，这时光标变成交叉形状并附带缩放符号。

2）移动光标到缩放对象位置处，框选对象，单击鼠标左键选择缩放比例的原点，如图 6-58 所示，弹出"比例缩放"对话框，如图 6-59 所示，单击"确定"按钮，关闭对话框，完成图形缩放。

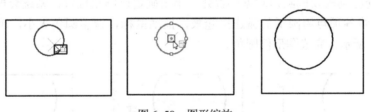

图 6-58　图形缩放

图 6-59　"比例缩放"对话框

6.3.2　修剪命令

修剪的绘制步骤如下：

1）选择菜单栏中的"编辑"→"图形"→"修剪"命令，或者单击"编辑图形"工具栏中的（修剪）按钮，这时光标变成交叉形状并附带修剪符号。

2）移动光标到修剪对象位置处，单击边界对象外需要修剪的部分，如图 6-60 所示，完成图形修剪。

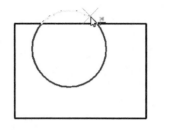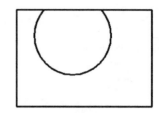

图 6-60　图形修剪

系统规定可以用作边界对象的对象有直线段、射线、双向无限长线、圆弧、圆、椭圆、二维和三维多段线、样条曲线等。

3）此时鼠标仍处于修剪的状态，重复步骤 2）的操作即可修剪其他的对象，按〈Esc〉键便可退出操作。

6.3.3　圆角命令

圆角是指用指定的半径决定的一段平滑的圆弧连接两个对象。系统规定可以用圆角连接一对直线段、非圆弧的多段线段、样条曲线、双向无限长线、射线、圆、圆弧和椭圆。可以在任何时刻圆角连接非圆弧多段线的每个节点。

圆角的绘制步骤如下：

1）选择菜单栏中的"编辑"→"图形"→"圆角"命令，或者单击"编辑图形"工具栏中的（圆角）按钮，这时光标变成交叉形状并附带圆角符号。

2）移动光标到需要倒圆角对象位置处，单击确定倒圆角位置，系统会根据指定的圆弧的半径把多段线各顶点用圆滑的弧连接起来，拖动鼠标，调整圆角大小，单击确定圆角大小，如图 6-61 所示，完成图形倒圆角。

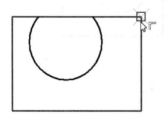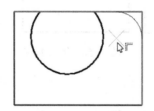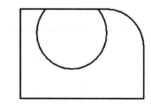

图 6-61　图形倒圆角

3）此时鼠标仍处于绘制倒圆角的状态，重复步骤 2）的操作即可绘制其他的倒圆角，按〈Esc〉键便可退出操作。

6.3.4　倒角命令

倒角是指用斜线连接两个不平行的线型对象。可以用斜线连接直线段、双向无限长线、射线和多段线。

倒角的绘制步骤如下：

1）选择菜单栏中的"编辑"→"图形"→"倒角"命令，或者单击"编辑图形"工具栏中的（倒角）按钮，这时光标变成交叉形状并附带倒角符号。

2）移动光标到需要倒角对象位置处，单击确定倒角位置，系统会根据指定的选择倒角的两个斜线距离将被连接的两对象连接起来，拖动鼠标，调整倒角大小，单击确定倒角大小，如图 6-62 所示，完成图形倒角。

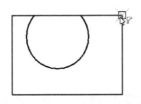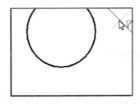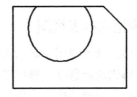

图 6-62　图形倒角

3）此时鼠标仍处于绘制倒角的状态，重复步骤 2）的操作即可绘制其他的倒角，按〈Esc〉键便可退出操作。

6.3.5　修改长度命令

修改长度对象是指拖拉选择的，且长度发生改变后的对象。

修改长度的绘制步骤如下：

1）选择菜单栏中的"编辑"→"图形"→"修改长度"命令，或者单击"编辑图形"工具栏中的（修改长度）按钮，这时光标变成交叉形状并附带修改长度符号。

2）移动光标到修改长度对象位置处，单击选中对象并确定基点，拖动鼠标确定修改的长度，如图 6-63 所示，确定位置后，单击鼠标左键，完成图形长度修改。

3）此时鼠标仍处于图形修改长度的状态，重复步骤 2）的操作即可修改其他图形长度，按〈Esc〉键便可退出操作。

图 6-63　修改图形长度

6.3.6　拉伸命令

拉伸对象时，应指定拉伸的基点和移置点，可以使用拖拉鼠标的方法来动态地改变对象的长度或角度。利用一些辅助工具，如捕捉、相对坐标等提高拉伸的精度。

拉伸的绘制步骤如下：

1）选择菜单栏中的"编辑"→"图形"→"拉伸"命令，或者单击"编辑图形"工具栏中的（扩展）按钮，这时光标变成交叉形状并附带拉伸符号。

2）移动光标到拉伸对象位置处，框选选中对象并单击确定基点，拖动鼠标确定拉伸后的位置，如图 6-64 所示，确定位置后，单击鼠标左键，完成图形拉伸。

3）此时鼠标仍处于图形拉伸的状态，重复步骤 2）的操作即可拉伸其他图形，按〈Esc〉键便可退出操作。

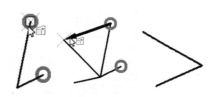

图 6-64　拉伸图形

6.4 表格

在 EPLAN 中，项目的连接图表是系统创建自动化表格，包括标识符总览、部件清单表、电缆连接图表、端子插头连接图表等一系列自动化报表，通过一些报表的组合基本可以代替电气接线图。

6.4.1 表格式列表视图

在表格式列表视图中显示消息管理等信息。

1."编辑功能数据"导航器

在"页"导航器中选中原理图文件，右键单击选择"表格式编辑"命令，或选择菜单栏中的"编辑"→"表格式"命令，系统弹出"编辑功能数据"导航器，显示表格式列表视图，导航器包括功能、连接、宏边框三个选项卡，如图 6-65 所示。

"功能"选项卡

"连接"选项卡

"宏边框"选项卡

图 6-65 "编辑功能数据"导航器

表格式列表视图中显示不同元件的连接点、功能定义、主功能、表达类型等参数，可以更改和优化元件的显示和排序顺序。

2．设置宽度

1）将鼠标放置在参数列右侧，并激活分栏符号，如图 6-66 所示，向左右两侧拖动即可调整选中的参数列列宽。一般需要将列宽调整到所有参数完整可见。

图 6-66　调整列宽

2）在列表中单击鼠标右键，选择快捷命令"调整列宽"，系统自动以所有参数完整可见为基准调整列宽，结果如图 6-67 所示。

图 6-67　自动调整列宽

6.4.2　复制和粘贴数据

在表格式列表视图中显示消息管理等信息，在结构标识管理中，编辑端子排和插头时，需要大量相同数据，可以以不同的方式复制和粘贴表格中的数据，可以将相同或不同表格内的数据进行相互复制和粘贴。

1．复制单元格

选中"编辑功能数据"导航器中的某一单元格，复制单元格的方法有以下 5 种。

（1）菜单命令

选择菜单栏中的"编辑"→"复制"命令，复制被选中的单元格。

（2）工具栏命令

单击"默认"工具栏中的"复制"按钮 🗋，复制被选中的单元格。

（3）快捷命令

单击右键弹出快捷菜单选择"复制"命令，复制被选中的元件。

（4）功能键命令

在键盘中按住〈Ctrl+C〉组合键，复制被选中的单元格。

（5）拖拽的方法

按住〈Ctrl〉键，拖动要复制的单元格，即复制出相同的单元格。

2．粘贴单元格

粘贴单元格的方法有以下 3 种。

（1）菜单命令

选择菜单栏中的"编辑"→"粘贴"命令，粘贴被选中的单元格。

（2）工具栏命令

单击"默认"工具栏中的"粘贴"按钮，粘贴复制的单元格。

（3）功能键命令

在键盘中按住〈Ctrl+V〉键，粘贴复制的单元格。

根据已选中的原始单元格的排列方式（上下排列或并排排列），单元格及复制的数据将填充在收割目标单元格的下面或一侧。

若复制时选中整行或整栏，则一同复制行标题/栏标题，若复制的是制度单元格，则需要忽略粘贴的数值。

6.5 综合实例——制作七段数码管元件

本例中要创建的元器件是一个七段数码管，这是一种显示元器件，广泛地应用在各种仪器中，它由七段发光二极管构成。在本例中，主要学习用绘图工具中的按钮来创建一个七段数码管原理图符号的方法。

1．创建符号库

选择菜单栏中的"工具"→"主数据"→"符号库"→"新建"命令，弹出"创建符号库"对话框，新建一个名为"Lib Design"的符号库，如图 6-68 所示。

图 6-68 "创建符号库"对话框

单击"保存"按钮，弹出如图 6-69 所示的"符号库属性"对话框，显示栅格大小，默认值为 1.00mm，单击"确定"按钮，关闭对话框。

2. 创建符号变量 A

选择菜单栏中的"工具"→"主数据"→"符号"→"新建"命令，弹出"生成变量"对话框，目标变量选择"变量 A"，如图 6-70 所示，单击"确定"按钮，关闭对话框，弹出"符号属性"对话框。

图 6-69 "符号库属性"对话框   图 6-70 "生成变量"对话框

在"符号编号"文本框中命名符号编号；在"符号名"文本框中命名符号名 SM；在"功能定义"文本框中选择功能定义，单击 ... 按钮，弹出"功能定义"对话框，可根据绘制的符号类型，选择功能定义，如图 6-71 所示，功能定义选择"二极管，可变"，在"连接点"文本框中定义连接点，连接点为"7"。单击 逻辑... (L) 按钮，弹出"连接点逻辑"设置对话框，如图 6-72 所示。

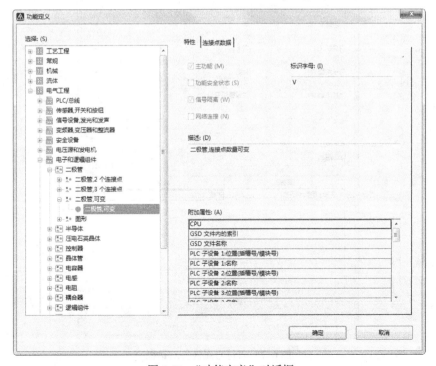

图 6-71 "功能定义"对话框

图 6-72 "连接点逻辑"设置对话框

默认连接点逻辑信息，如图 6-73 所示，单击"确定"按钮，进入符号编辑环境，绘制符号外形。

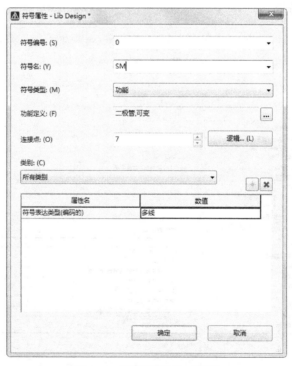

图 6-73 "符号属性"对话框

3．绘制原理图符号

（1）绘制数码管外形

在图纸上绘制数码管元件的外形。选择菜单栏中的"插入"→"图形"→"长方形"命令，或者单击"图形"工具栏中的（长方形）按钮▢，这时光标变成交叉形状并附带长方形符号▢，绘制矩形，单击右键选择"取消操作"命令或按〈Esc〉键，退出当前长方形的绘制，如图 6-74 所示。

图 6-74 绘制长方形

（2）绘制七段发光二极管

1）在图纸上绘制数码管的七段发光二极管，在原理图符号中用直线来代替发光二极管。选择菜单栏中的"插入"→"图形"→"直线"命令，或者单击"图形"工具栏中的（插入直线）按钮✎，这时光标变成交叉形状并附带直线符号✎，在数码管外形中间绘制直线，如图 6-75 所示，然后双击绘制好的直线打开属性面板，将直线的线宽设置为 0.7mm，如图 6-76 所示。

图 6-75 在图纸上放置二极管　　　　图 6-76 设置直线属性

2）绘制线圈上的引出线。选择菜单栏中的"插入"→"图形"→"直线"命令，或者单击"图形"工具栏中的（插入直线）按钮✎，这时光标变成交叉形状并附带直线符号✎，在线圈上绘制出 7 条引出线如图 6-77 所示。然后双击绘制好的直线打开属性面板，将直线的线宽设置为 0.25mm，如图 6-78 所示。

3）绘制小数点。选择菜单栏中的"插入"→"图形"→"长方形"命令，或者单击"图形"工具栏中的（长方形）按钮▢，这时光标变成交叉形状并附带长方形符号▢，在图纸上绘制一个如图 6-79 所示的小矩形作为小数点。

双击放置的矩形打开"属性（长方形）"对话框，勾选"填充表面"复选框，如图 6-80 所示。

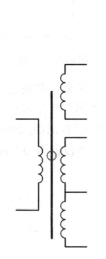

图 6-77　绘制引出线

图 6-78　设置直线属性

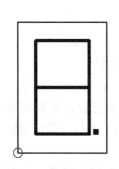

图 6-79　在图纸上放置小数点

图 6-80　设置矩形属性

提示：

在放置小数点的时候，由于小数点比较小，用默认的栅格 C 放置可能比较困难，因此可以通过使用小间距栅格，切换为栅格 A；也可以在"属性（长方形）"对话框中设置坐标的方法来微调小数点的位置。

（3）放置数码管的标注

选择菜单栏中的"插入"→"图形"→"文本"命令，或者单击"图形"工具栏中的（文本）按钮 **T**，弹出"属性（文本）"对话框，输入文字，在图纸上放置如图 6-81 所示的数码管标注。

双击放置的文字打开"属性（文本）"对话框，修改文字，如图 6-82 所示。同样的方法设置其余文字，结果如图 6-83 所示。

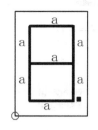

图 6-81　放置数码管标注

图 6-82　设置文本属性

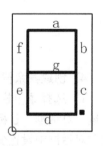

图 6-83　数码管标注

提示：

单击"视图"工具栏中的"直接编辑"按钮，修改文本时，不需要打开"属性（文本）"对话框，直接在需要修改的文本上单击，显示编辑显示框，修改即可，如图 6-84 所示。

（4）绘制数码管的连接点

选择菜单栏中的"插入"→"图形"→"连接点左"命令，这时光标变成交叉形状并附带连接点符号 ←，按住〈Tab〉键，旋转连接点方向，单击确定连接点位置，自动弹出"连接点"属性对话框，在该对话框中，默认显示连接点号 1，如图 6-85 所示。绘制 7 个连接点，如图 6-86 所示。

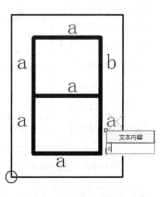

图 6-84　直接编辑

图 6-85　设置连接点属性

4. 创建其余符号变量

1）选择菜单栏中的"工具"→"主数据"→"符号"→"新变量"命令，弹出"生成变量"对话框，目标变量选择"变量 B"，如图 6-87 所示，单击"确定"按钮，在"生成变量"对话框中设置变量 B，选择元变量为变量 A，旋转 90°，如图 6-88 所示。

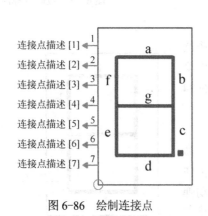

图 6-86　绘制连接点

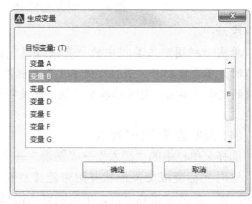

图 6-87　"生成变量"对话框

2）单击"确定"按钮，返回符号编辑环境，显示变量 B，如图 6-89 所示。

图 6-88 "生成变量"对话框

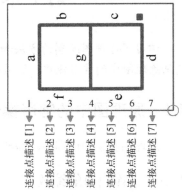

图 6-89 变量 B

3）使用同样的方法，旋转 180°，生成变量 C；旋转 270°，生成变量 D；勾选"绕 Y 轴镜像图形"复选框，旋转 0°、90°、180°、270°，生成变量 E、F、G、H，如图 6-90 所示。

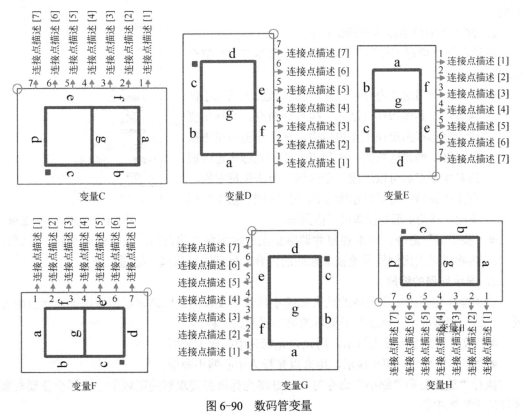

图 6-90　数码管变量

至此完成数码管元件符号的绘制。

243

第7章 原理图中的后续操作

学习了原理图绘制的方法和技巧后，接下来将介绍原理图中的后续操作。本章主要内容包括原理图中的常用操作、编号管理和定位工具。

7.1 原理图中的常用操作

原理图在绘制过程中，需要一些常用技巧操作，以方便绘制，下面进行具体介绍。

7.1.1 工作窗口的缩放

在原理图编辑器中，提供了电路原理图的缩放功能，以便于用户进行观察。选择"视图"菜单，系统弹出如图 7-1 所示的下拉菜单，在该菜单中列出了对原理图画面进行缩放的多种命令。

图 7-1 "视图"下拉菜单

菜单中"缩放"子菜单栏中缩放的操作分为以下几种类型。

1. 在工作窗口中显示选择的内容

该类操作包括在工作窗口显示整个原理图窗口和整个原理图页区域。

- 窗口：使用这个命令可以在工作区域放大或缩小图像显示。具体操作方法为：执行该命令，光标将变成十字形状出现在工作窗口中，在工作窗口单击鼠标左键，确定区域的一个顶点，移动光标确定区域的对角顶点后可以形成一个区域；单击鼠标左键，在工作窗口中将只显示刚才选择的区域。按下鼠标中键，移动手形光标即可平移图形。

- "整个页"命令：用来观察并调整整张原理图窗口的布局。执行该命令后，编辑窗口内将以最大比例显示整张原理图的内容，包括图纸边框、标题栏等。

2. 显示比例的缩放

该类操作包括确定原理图的放大和缩小显示以及以固定比例显示原理图上坐标点附近区域，它们一起构成了"缩放"子菜单的第二栏和第三栏。

- "放大"命令：放大显示，用来以光标为中心放大画面。
- "缩小"命令：缩小显示，用来以光标为中心缩小画面。

执行"放大"和"缩小"命令时，最好将光标放在要观察的区域中，这样会使要观察的区域位于视图中心。

3. 使用快捷键和工具栏按钮执行视图操作

EPLAN Electric P8 2.7 为大部分的视图操作提供了快捷键，有些还提供了工具栏按钮，具体如下。

（1）快捷键

快捷键 Z：保持以固定比例显示以鼠标光标所在点为中心的附近区域。

快捷键 Alt+3：放大显示整个原理图页。

（2）工具栏按钮

按钮：放大光标所在区域。

按钮：在工作窗口中放大显示选定区域。

按钮：在工作窗口中缩小显示选定区域。

按钮：在工作窗口中显示所有对象。

7.1.2 刷新原理图

绘制原理图时，在滚动画面、移动元件等操作后，有时会出现画面显示残留的斑点、线段或图形变形等问题。

虽然这些内容不会影响电路的正确性，但为了美观，建议用户选择菜单栏中的"视图"→"重新绘制"命令，或单击"视图"工具栏中的"重新绘制"按钮，或者按〈Ctrl+Enter〉键刷新原理图。

7.1.3 查找操作

在原理图编辑器中，提供了电路原理图的查找与替换功能，以便于用户进行设计。元件编号和连接代号等可以通过查找替换的方法来修改。这种方法能够修改的范围比较大，可以通过选定项目在项目内搜索需要修改的目标或者通过选定某些页来搜索目标，使用起来比较灵活。

选择"查找"菜单，系统弹出如图 7-2 所示的下拉菜单，在该菜单中列出了对原理图中对象进行查找的多种命令。

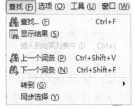

图 7-2 "查找"下拉菜单

1. 查找

该命令用于在电路图中查找指定的对象，运用该命令可以迅速找到某一对象文字标识的符号，下面介绍该命令的使用方法。

（1）查找界面

选择菜单栏中的"查找"→"查找"命令，或者按〈Ctrl+F〉快捷键，屏幕上会出现如图 7-3 所示的"查找"对话框。

"查找"对话框中包含的各主要参数含义如下。

● "功能筛选器"选项组：在下拉列表框用于设置所要查找的电路图类型。

● "查找按照"文本框：用于输入需要查找的文本。

● "查找在"选项组：用于匹配查找对象所具有的特殊属性，包含设备标识符/名称、所偶遇的元件的全部属性。

● "区分大小写"复选框：勾选该复选框，表示查找时要注意大小写的区别。

● "只查找整个文本"复选框：勾选该复选框，表示只查找具有整个单词匹配的文本。

● "查找范围"选项组：在下拉列表框用于设置所要查找的电路图范围，包括逻辑页、图形页、报表页等。

● "应用到整个项目"复选框：勾选该复选框，在工作窗口中将屏蔽所有不符合搜索条件的对象，并跳转到最近的一个符合要求的对象上。

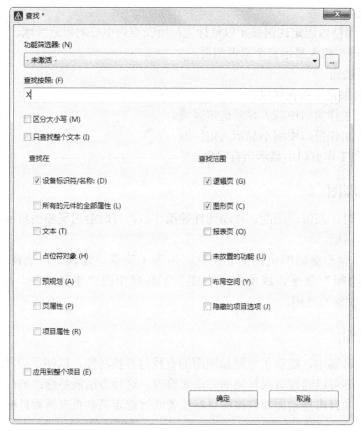

图 7-3 "查找"对话框

（2）查找命令

用户按照自己实际情况设置完对话框内容之后，单击"确定"按钮开始查找，如果查找成功，会发现原理图中的视图发生了变化，在"查找结果"导航器中显示要查找的元件，如图 7-4 所示。如果没有找到需要查找的元件，"查找结果"导航器中显示为空，查找失败。

图 7-4 "查找结果"导航器

总的来说，"查找"命令的用法和含义与 Word 中的"查找"命令基本上是一样的，按照 Word 中的"查找"命令来运用"查找"命令即可。

1）上一个词条。该命令用于在"查找结果"导航器中查找上一处结果，也可以按〈Ctrl+Shift+V〉键执行这项命令。该命令比较简单，这里不多介绍。

2）下一个词条。该命令用于在"查找结果"导航器中查找下一处结果，也可以按〈Ctrl+Shift+F〉键执行这项命令。该命令比较简单，这里不多介绍。

3）查找结果。查找完毕时会弹出"查找结果"导航器，显示查找到的内容。这时，可以对查找结果进行排序，选择需要修改的目标进行修改。

选择菜单栏中的"查找"→"显示结果"命令,打开"查找结果"导航器,显示要查找的元件。双击查找结果中的对象,直接跳转到原理图中的对象处。

在查找结果上单击鼠标右键,弹出如图 7-5 所示的快捷菜单,选择命令修改属性内容或通过替换进行。

- 全选:选择查找结果列表中全部查找结果。
- 调整列宽:调整查找结果列表列宽。
- 删除:删除选中的查找结果信息。
- 删除所有记录:为避免下次查找的结果中将包含之前已经查找到的目标,使用查找后需要在查找结果窗口中右键单击删除所有记录。
- 查找:弹出"查找"对话框,执行查找命令。
- 替换:替换查找到的目标属性的部分数据,比如元件标识符的前导数字和标识字母、连接代号中的页码等,都可以进行部分替换。
- 属性:弹出选中查找对象的属性设置对话框,进行参数设置,方便进行替换。

2.查找相似对象

在原理图编辑器中提供了寻找相似对象的功能。具体的操作步骤如下:

选择某一"对象"命令,单击鼠标右键,弹出快捷菜单,如图 7-6 所示,选择"相同类型的对象"命令,对选中对象搜索类似对象,类似对象均高亮显示。

图 7-5 快捷菜单

图 7-6 "Find Text(文本查找)"对话框

7.1.4 视图的切换

1.前一个视图

选择菜单栏中的"视图"→"返回"命令,可返回到上一个视图所在位置,且不受上一个视图移动缩放命令的影响。

2.下一个视图

视图返回后,选择菜单栏中的"视图"→"向前"命令,可退回到下一个视图所在位置。

7.1.5 命令的重复、撤销和重做

在命令执行的任何时刻都可以取消或终止命令,可以一次完成多个操作。

1.列表撤销

选择菜单栏中的"编辑"→"列表撤销"命令或单击"默认"工具栏中的"放弃"按钮

，弹出列表撤销对话框，显示操作步骤，在列表中可以选中需要撤销的一步或多步，如图 7-7 所示。

图 7-7　列表撤销对话框

2．撤销

选择菜单栏中的"编辑"→"撤销"命令或单击"默认"工具栏中的"撤销"按钮，撤销执行的最后一个命令，若需要撤销多步，需要多次执行该命令。

3．列表恢复

选择菜单栏中的"编辑"→"列表恢复"命令或单击"默认"工具栏中的"恢复"按钮，弹出列表恢复对话框，显示已撤销的操作步骤，在列表中选中需要恢复的一步或多步，如图 7-8 所示。

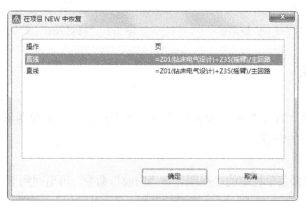

图 7-8　列表恢复对话框

4．恢复

选择菜单栏中的"编辑"→"恢复"命令或单击"默认"工具栏中的"恢复"按钮，已被撤销的命令则恢复重做，可以恢复撤销的最后一个命令。

5. 取消操作

选择菜单栏中的"编辑"→"取消操作"命令或按快捷键〈Esc〉，取消当前正在执行的操作。

7.2 编号管理

当原理图设计完成后，用户可以逐个地手动更改这些编号，但是这样比较烦琐而且容易出现错误。EPLAN 为用户提供了强大的连接自动编号功能。首先要确定一种编号方案，即要确定线号字符集（数字/字母的组合方式），线号的产生规则（是基于电位还是基于信号等），线号的外观（位置/字体等）等。

每个公司对线号编号的要求都不尽相同，比较常见的编号要求有几种：

第一种：主回路用电位+数字，PLC 部分用 PLC 地址，其他用字母+计数器的方式。

第二种：用相邻的设备连接点代号，例如：KM01:3-FR01：1。

第三种：页号+列号+计数器，比如图纸第二页第三列的线号为 00203-01，00203-02。

7.2.1 连接编号设置

选择菜单栏中的"选项"→"设置"命令，弹出"设置"对话框，选择"项目"→"NEW（打开的项目名称）"→"连接"→"连接编号"选项，打开项目默认属性下的连接线编号设置对话框，如图 7-9 所示。单击"配置"栏后的 按钮，新建一个 EPLAN 线号编号的配置文件，该配置文件包括筛选器配置、放置设置、名称设置、显示设置。

图 7-9 "连接编号"选项卡

1."筛选器"选项卡

1）行业：勾选需要进行连接编号的行业。

2）功能定义：确定可用连接的功能定义。

2."放置"选项卡

1）符号（图形）：EPLAN 在自动放置线号时，在图纸中自动放置的符号显示复制的连接符号所在符号库、编号/名称、变量、描述，如图 7-10 所示。

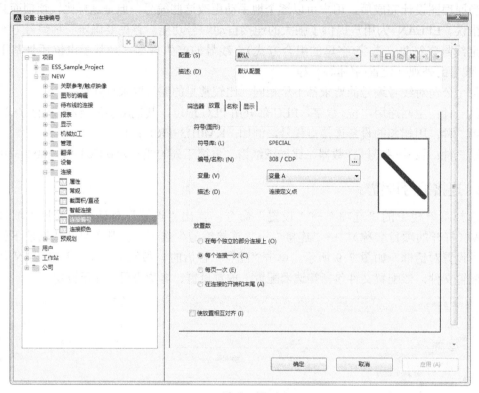

图 7-10 "放置"选项卡

2）放置数：在图纸中放置线号设置的规则，包括 4 个单选钮，选择不同的单选钮，连接放置效果不同，如图 7-11 所示。

- 在每个独立的部分连接上：在连接的每个独立部分连接上放置一个连接定义点。对于并联回路，每一根线称为一个连接。
- 每个连接一次：分别在连接图形的第一个独立部分连接上放置一个连接定义点。根据图框的报表生成方向确定图形的第一部分连接。
- 每页一次：每页一次在不换页的情况下等同于每个连接一次，涉及换页使用中断点时，选择每页一次，会在每页的中断点上都生成线号。
- 在连接的开端和末尾：分别在连接的第一个开端和最后一个部分上放置连接定义点。

3）使放置相互对齐：勾选该复选框，部分连接保持水平，部分连接之间的距离相同，部分连接拥有共用的坐标区域放置的连接相互对齐。

3."名称"选项卡

显示编号规则，如图 7-12 所示，新建、编辑、删除一个命名规则，根据需求调整编号的优先顺序。

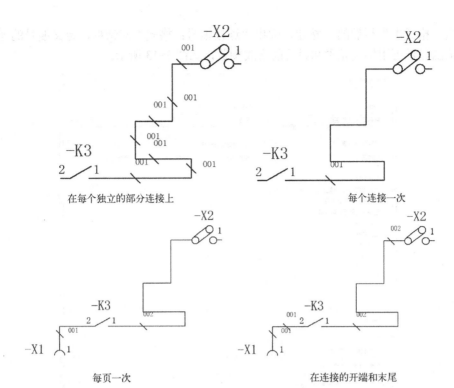

图 7-11　显示连接定义点的放置数

图 7-12　"名称"选项卡

单击"格式组"栏后的▣按钮，弹出"连接编号：格式"对话框，定义编号的连接组、连接组范围显示可用格式元素和设置的格式预览，如图7-13所示。

图7-13 "连接编号：格式"对话框

在"连接组"中选择已预定义的连接组，包括11种，如图7-14所示。

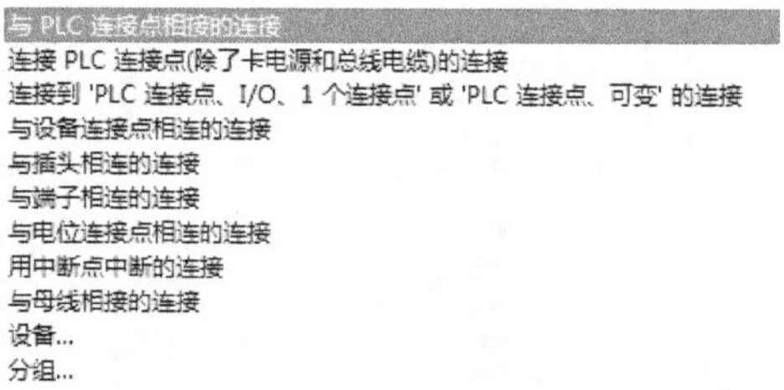

- 与 PLC 连接点（卡电源和总线电缆）相接的连接：将卡电源和总线电缆视为特殊并和常规连接一起编号。

- 连接到'PLC 连接点、I/O、1 个连接点'或 'PLC 连接点、可变'的连接：与功能组的 PLC 连接点'PLC 连接点、I/O、1 个连接

图7-14 已预定义的连接组

点'或'PLC 连接点、可变'相连的连接。已取消的 PLC 连接点将不予考虑。仅当可设置的 PLC 连接点（功能定义'PLC 连接点，多功能'）通过信号类型被定义为输入端或输出端时，才被予以考虑。

- 设备：在选择列表对话框中可选择在项目中存在的设备标识符。输入设备标识符时通过全部连接到相应功能的连接定义连接组。

- 分组：在选择列表对话框中可选择已在组合属性中分配的值。连接组将通过全部已指定组合的值的连接定义。

在"范围"下拉列表中选择编号范围，包括电位、信号、网络、单个连接和到执行器或传感器。在实现 EPLAN 线号自动编号之前，需要先了解 EPLAN 内部的一些逻辑传递关系，在 EPLAN 中，电位、网络、信号、连接以及传感器，这几个因素直接关系到线号编号规则的作用范围。

- 电位表示从电源到耗电设备之间的所有回路，电位在传递过变频器、变压器、整流器等整流设备时会发生改变，电位可以通过电位连接点或者电位定义点来定义。
- 信号：非连接性元件之间的所有回路。
- 网络：元件之间的所有回路。
- 连接：每个物理性连接。

在"可用的格式元素"列表中显示可作为连接代号组成部分的元素。在"所选择的格式元素"列表中显示格式元素的名称、符号显示和已设置的值。单击 ➡ 按钮，将"可用格式元素"添加到"所选的格式元素"列表中。在"预览"选项下显示名称格式的预览。

信号中的非连接性元件指的是端子和插头等元件，所以代号需要另外设置。

- 勾选"覆盖端子代号"复选框，使用连接代号覆盖端子代号，不勾选该复选框，则端子代号保持原代号不变。
- 勾选"修改中断点代号"复选框，使用连接代号覆盖中断点名称，不勾选该复选框，则中断点保持原代号不变。
- 勾选"覆盖线束连接点代号"复选框，使用连接代号覆盖线束连接点代号，不勾选该复选框，则线束连接点保持原代号不变。

单击"格式组"栏后的 ✳ ✐ ✖ 按钮，编辑、删除命名规则。

4. "显示"选项卡

显示连接编号的水平、垂直间隔，字体格式，如图 7-15 所示。

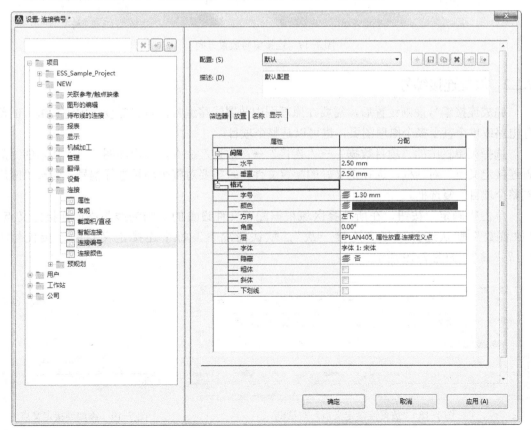

图 7-15 "显示"选项卡

在"角度"下拉列表中包含"与连接平行"选项，如图 7-16 所示，如果选择"与连接平行"，生成线号的字体方向自动与连接方向平行，如图 7-17 所示。

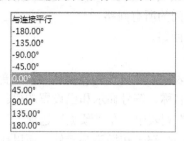

图 7-16 "角度"下拉列表

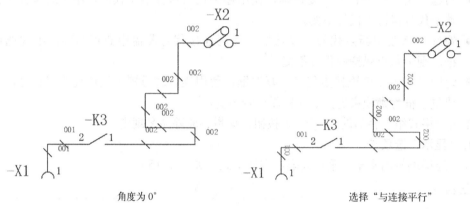

角度为 0°   选择"与连接平行"

图 7-17 连接编号放置方向

7.2.2 放置连接编号

完成连接编号规则设置后，需要在原理图中放置线路编号，首先需要选中进行编号的部分电路或单个甚至多个原理图页，也可以是整个项目。

选择菜单栏中的"项目数据"→"连接"→"放置"命令，弹出如图 7-18 所示的"放置连接定义点"对话框，选择定义好的配置文件，若需要对整个项目进行编号，勾选"应用到整个项目"复选框。

单击"确定"按钮，在所选择区域根据配置文件设置的规则为线路添加连接定义点，"放置数"默认选择"每个连接一次"，默认情况下，每个连接定义点的连接代号为"?????"，如图 7-19 所示。

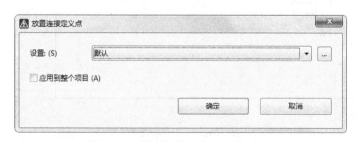

图 7-18 "放置连接定义点"对话框

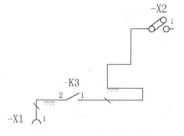

图 7-19 添加连接定义点

7.2.3 手动编号

如果项目中有一部分线号需要手动编号，那么在显示连接编号位置放置的问号代号进行修改。双击连接定义点的问号代号，弹出属性设置对话框，如图 7-20 所示，编辑"连接代号"文本框，修改为实际的线号。

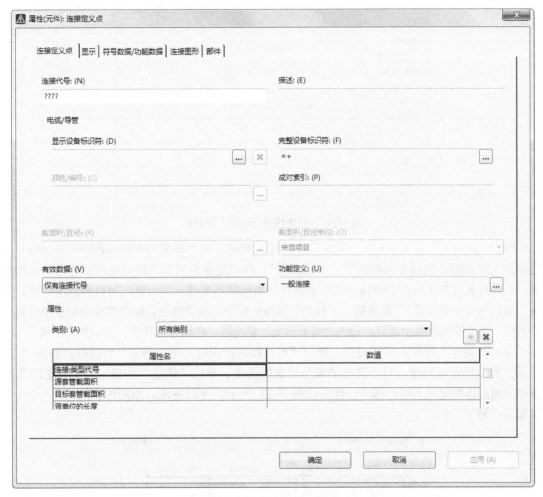

图 7-20 属性设置对话框

手动编号的作用范围与配置的编号方案有关。例如，如果编号是基于电位进行的，那么与手动放置编号的连接电位相同的所有连接均会被手动编号。也就是说相同编号只需手动编号一处即可。手动放置的编号处于自动编号的范围外，否则自动产生的编号会与手动编号重复。

7.2.4 自动编号

需要选中进行编号的部分电路或单个甚至多个原理图页，也可以是整个项目。选择菜单栏中的"项目数据"→"连接"→"命名"命令，弹出如图 7-21 所示的"对连接进行说明"对话框，根据配置好的编号方案执行手动编号。

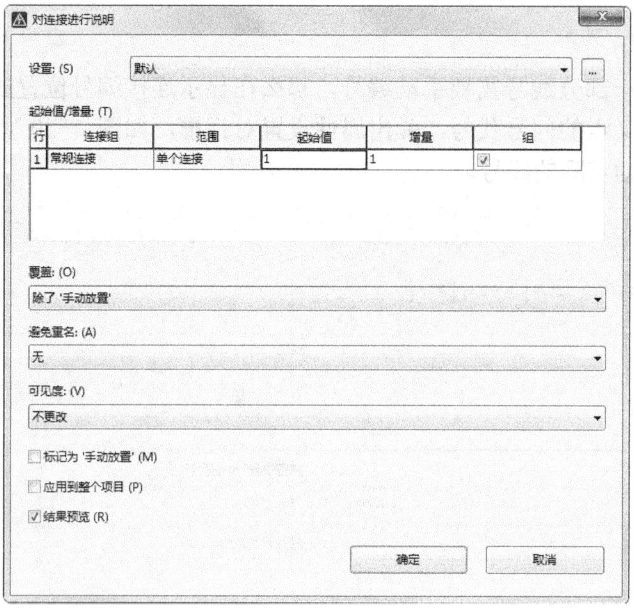

图 7-21 "对连接进行说明"对话框

"起始值/增量"表格中列出当前配置中的定义规则。在"覆盖"下拉列表确定进行编号的连接定义点范围,包括全部和除了'手动放置'。在"避免重名"下拉列表中设置是否允许重名。在"可见度"下拉列表中选择显示的连接类型包括不更改、均可见、每页和范围一次。勾选"标记为'手动放置'"复选框,所有的连接被分配手动放置属性。勾选"应用到整个项目"复选框,编号范围为整个项目;勾选"结果预览"复选框,在编号执行前,显示预览结果。

单击"确定"按钮,完成设置,弹出"对连接进行说明:结果预览"对话框,如图 7-22 所示,对结果进行预览,对不符合的编号可进行修改。单击"确定"按钮,按照预览结果对选择区域的连接定义点进行标号,结果如图 7-23 所示。可以发现,原理图上的"?????"被编号代替了。

图 7-22 "对连接进行说明:结果预览"对话框

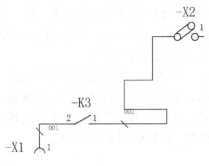

图 7-23 编号结果

7.2.5 手动批量更改线号

通过设定编号规则，可以实现 EPLAN 的自动线号编号，在自动编号过程中，因为某些原因，不一定能够完全生成自己想要的线号，这时候需要进行手动修改，逐个修改步骤又过于烦琐，可以通过对 EPLAN 进行设置，实现手动批量修改。

选择菜单栏中的"选项"→"设置"命令，弹出"设置"对话框中选择"用户"→"图形的编辑"→"连接符号"，勾选"在整个范围内传输连接代号"复选框，如图 7-24 所示。

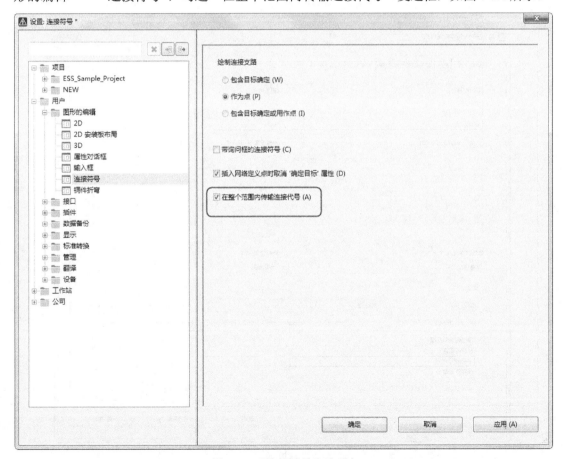

图 7-24 "连接符号"选项卡

单击"确定"按钮，关闭对话框。在原理图中选择单个线号，如图 7-25a 所示，双击弹出线号属性对话框，对该线号的"连接代号"进行修改，将"连接代号"从001改为0001，如图7-25b所示，单击"确定"按钮，弹出如图7-26所示的"传输连接代号"对话框。

- 不传输至其他连接：只更改当前连接线号。
- 传输至电位的所有连接：更改该电位范围内的所有连接。
- 传输至信号的所有连接：更改该信号范围内的所有连接。
- 传输至网络的所有连接：更改该网络范围内的所有连接。

根据不同的选项，进行更改，结果如图7-27所示。

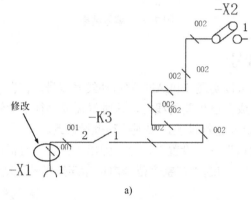

a)

b)

图7-25　修改"连接代号"

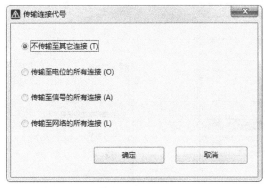

图 7-26 "传输连接代号" 对话框

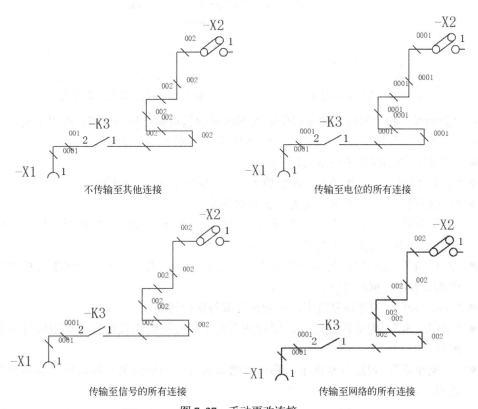

图 7-27　手动更改连接

7.3　页面的排序

当图纸越画越多的时候难免会有增页、删页的情况，当页编号已经不连续了而且存在子页，若手动按页更改步骤太麻烦，可以使用页的标号功能。

7.3.1　页面编号

单击鼠标左键选中第一页，按住〈Shift〉键选择要结束编号的页，如图 7-28 所示。自动选择这两页（包括这两页）之间所有的页。在选中的图纸页上单击鼠标右键选择"编号"命令，或选择菜单栏中的"页"→"编号"命令，弹出如图 7-29 所示的"给页编号"对话框。

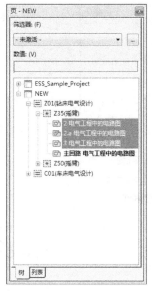

图 7-28　选择原理图页　　　　　　　　图 7-29　"给页编号"对话框

在"起始号"和"增量"文本框中输入图纸页的起始编号与递增值，在"子页"下拉列表中显示 3 种子页的排序方法，保留、从头到尾编号、转换为主页。

- "保留"：指当前的子页形式保持不变；
- "从头到尾编号"：指子页用起始值为 1，增量为 1 进行重新编号；
- "转换为主页"：指子页转换为主页并重新编号。
- "应用到整个项目"：勾选该复选卡，将整个项目下的图纸页按照对话框中的设置进行重新排序，包括选中与未选中的原理图页。
- "结构相关的编号"：勾选该复选卡，将与选择图纸页结构相关的图纸页按照对话框中的设置进行重新排序。
- "保持间距"：勾选该复选卡，原理图页编号保持间隔。
- "保留文本"：勾选该复选卡，原理图页数字编号按照增量进行，保留编号中的字母编号。
- "结果预览"：勾选该复选卡，弹出"给页编号：结果预览"对话框，显示预览设置结果，如图 7-30 所示。

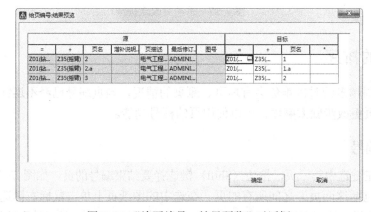

图 7-30　"给页编号：结果预览"对话框

预览结果检查无误后，单击"确定"按钮，在"页"导航器中显示排序结果，如图 7-31 所示。

图 7-31　原理图页排序结果

7.3.2　设置编号

选择菜单栏中的"选项"→"设置"命令，在弹出的"设置"对话框中选择"项目名称"→"管理"→"页"，在"子页标识"下拉列表中选择"数字"选项，如图 7-32 所示。

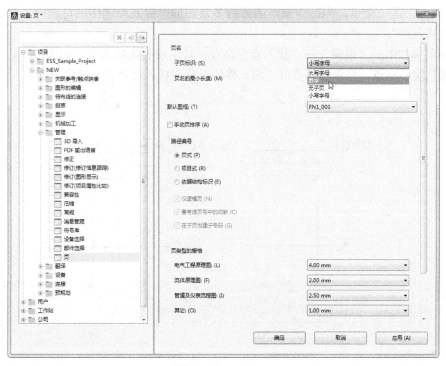

图 7-32　"页"选项卡

单击"确定"按钮，关闭对话框。在原理图中进行编号时，给"页编号"对话框中"子页"下拉列表中选择"从头到尾编号"，页编号模式变为子页起始值为1，增量为1的形式，如图 7-33 所示。

图 7-33 设置数字编号

7.3.3 检测对齐

在 EPLAN 中，元件、连接、文本等符号插入到原理图时，鼠标单击确定的插入点位置，"插入点"是一个点，为减少原理图形的多余图形，提高原理图的可读性，默认情况下不显示"插入点"。

选择菜单栏中的"编辑"→"插入点"命令，显示或关闭插入点，如图 7-34 所示，插入点为黑色实心小点。显示插入点可检测元件等对象在插入时是否与栅格对齐。

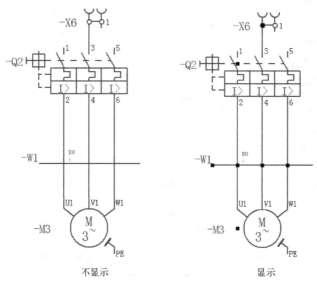

图 7-34 显示插入点

7.4　宏

在 EPLAN 中，原理图中存在大量标准电路，可将项目页上某些元素或区域组成的部分标注电路保存为宏，可根据需要随时把已经定义好的宏插入到原理图的任意位置，对于某些控制回路，做成宏之后调用能起到事半功倍的效果，如起停保护电路、自动往返电路等，以后调用即可。

7.4.1　创建宏

在原理图设计过程中经常会重复使用的部分电路或典型电路被保存可调用的模块称之为宏，如果每次都重新绘制这些电路模块，不仅造成大量的重复工作，而且存储这些电路模块及其信息要占据相当大的磁盘空间。

在 EPLAN 中，宏可分为窗口宏、符号宏和页面宏。

- 窗口宏：窗口宏包括单页的范围或位于页的全部对象。插入时，窗口宏附着在光标上并能自由定位于 X 和 Y 方向。窗口宏的后缀名为"*.ema"。
- 符号宏：可以将符号宏认为是符号库的补充。符号宏和窗口宏的内容没有本质区别，主要是为了区分和方便管理。例如可将显示相应单位的多个单个符号或对象归总成一个对象。将符号宏模拟创建到窗口宏，但在相同的目录下用另外的文件名扩展进行设置。符号宏的后缀名为"*.ems"。
- 页面宏：包含一页或多页的项目图纸，其扩展名为"*.emp"。

框选选中图 7-35 所示的部分电路，选择菜单栏中的"编辑"→"创建窗口宏/符号宏"命令，或在选中电路上单击鼠标右键选择"创建窗口宏/符号宏"命令，或按〈Ctrl+5〉键，系统将弹出如图 7-36 所示的宏"另存为"对话框。

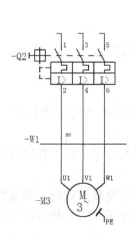

图 7-35　部分电路

图 7-36　"另存为"对话框

在"目录"文本框中输入宏目录，在"文件名"文本框中输入宏名称，单击 … 按钮，弹出宏类型"另存为"对话框，如图 7-37 所示，在该对话框中可选择文件类型、文件目录、文件名称，显示宏的图形符号与描述信息。

图 7-37　宏类型"另存为"对话框

在"表达类型"下拉列表中显示 EPLAN 中宏类型。宏的表达类型用于排序，有助于管理宏，但对宏中的功能没有影响；其保持各自的表达类型：

- 多线：对于放置在多线原理图页上的宏。
- 多线流体：适用于放置在流体工程原理图页中的宏。
- 总览：对于放置在总览页上的宏。
- 成对关联参考：对于用于实现成对关联参考的宏。
- 单线：对于放置在单线原理图页上的宏。
- 拓扑：对于放置在拓扑图页上的宏。
- 管道及仪表流程图：适用于放置在管道及仪表流程图页中的宏。
- 功能：适用于放置在功能原理图页中的宏。
- 安装板布局：对于放置在安装板上的宏。
- 预规划：适用于放置在预规划图页中的宏。在预规划宏中"考虑页比例"不可激活。
- 图形：表示对于只包含图形元件的宏。图形元件既不在报表中，也不在错误检查和形成关联参考中。

在"变量"下拉列表中可选择从变量 A 到变量 P 的 16 个变量。在同一个文件名称下，可为一个宏创建不同的变量。标准情况下，宏默认保存为"变量 A"。EPLAN 中可为一个宏的每个表达类型最多创建 16 个变量。

在"描述"栏中输入设备组成的宏的注释性文本或技术参数文本，用于在选择宏时更加方便。勾选"考虑页"复选框，则宏在插入时会进行外观调整，其原始大小保持不变，但在页上会根据已设置的比例尺放大或缩小显示。如果未勾选复选框，则宏会根据页比例相应地放大或缩小。

在"页数"文本框中默认显示原理图页数为 1，固定不变。窗口宏与符号宏的对象不能超过一页。

在"附加"按钮下选择"定义基准点"命令，在创建宏时重新定义基准点；选择"分配部件数据"命令，为宏分配部件。

单击"确定"按钮，完成窗口宏"m.ema"宏创建，符号宏的创建方法和窗口宏是相同，符号宏后缀名改为".ems"即可。在目录下创建的宏为一个整体，方便后面使用时插入，但创建原理图中选中创建宏的部分电路不是整体，取消选中后的部分电路中设备与连接导线仍是单独的个体。

7.4.2　插入宏

选择菜单栏中的"插入"→"窗口宏/符号宏"命令，或按〈M〉键，系统将弹出如图 7-38 所示的宏"选择宏"对话框，在之前的保存目录下选择创建的"m.ema"宏文件。

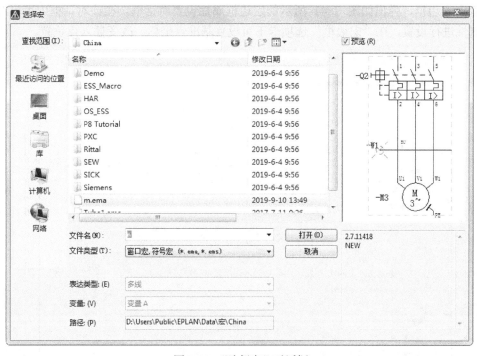

图 7-38　"选择宏"对话框

单击"打开"命令，此时光标变成交叉形状并附加选择的宏符号，如图 7-39 所示，将光标移动到需要插入宏的位置上，在原理图中单击鼠标左键确定插入宏。此时系统自动弹出"插入模式"对话框，选择插入宏的标示符编号格式与编号方式，如图 7-40 所示。此时光标仍处于插入宏的状态，重复上述操作可以继续插入其他的宏。宏插入完毕，按右键"取消操作"命令或按〈Esc〉键即可退出该操作。

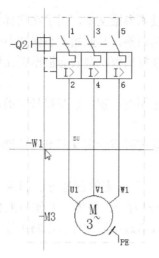

图 7-39　显示宏符号

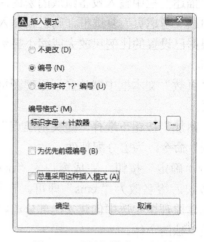

图 7-40　"插入模式"对话框

可以发现，插入宏后的电路模块与原电路模块相比，仅多了一个虚线组成的边框，称之为宏边框，宏通过宏边框储存宏的信息，如果原始宏项目中的宏发生改变，可以通过宏边框来更新项目中的宏。

双击宏边框，弹出如图 7-41 所示的宏边框属性设置对话框，在该对话框中可以对宏边框的属性进行设置，在"宏边框"选项卡下可设置基准点坐标，改变插入点位置。

图 7-41　宏边框属性设置对话框

宏边框属性设置还包括"显示""符号数据""格式""部件数据分配"选项卡，与一般的

266

元件属性设置类似，宏可看作是一个特殊的元件，该元件可能是多个元件、连接导线或电缆的组合，在"部件数据分配"选项卡中显示不同的元件的部件分配。如图 7-42 所示。

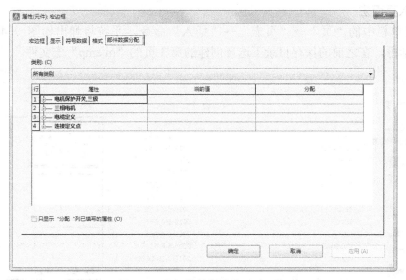

图 7-42 "部件数据分配"选项卡

7.4.3 页面宏

由于创建范围的不同，页面宏的创建和插入与窗口宏和符号宏不同。

1. 创建页面宏

在"页"导航器中选择需要创建为宏的原理图页，选择菜单栏中的"页"→"页宏→"创建"命令，系统将弹出如图 7-43 所示的宏"另存为"对话框。

图 7-43 "另存为"对话框

该对话框与前面创建窗口宏、符号宏相同，激活了"页数"文本框，可选择创建多个页面的宏。

2．插入页面宏

选择菜单栏中的"页"→"页宏"→"插入"命令，系统将弹出如图 7-44 所示的宏"打开"对话框，在之前的保存目录下选择创建的第 3 页的"m.emp"宏文件。

图 7-44 宏"打开"对话框

单击"打开"命令，此时系统自动弹出"调整结构"对话框，选择插入的页面宏的编号，如图 7-45 所示。

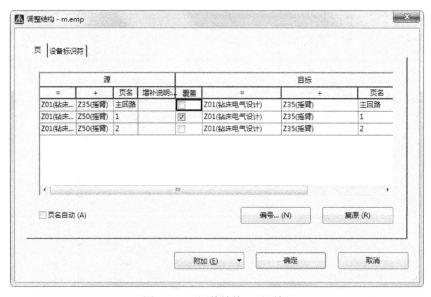

图 7-45 "调整结构"对话框

完成页面宏插入后，在"页"导航器中显示插入的原理图页。

7.4.4 宏值集

为了使项目的设计更加智能化，EPLAN 中不仅添加了宏的定义，还为宏定义了其特殊的属性，统称为宏值集。

1．插入占位符对象

占位符对象是宏值集的标识符，插入占位符对象，也就是插入宏值集的标识符。

选择菜单栏中的"插入"→"占位符对象"命令，此时光标变成交叉形状并附加一个占位符对象符号⚓。

将光标移动到需要设置占位符对象的位置上，移动光标，选择占位符对象插入点，在原理图中框选确定插入占位符对象。如图 7-46 所示。此时光标仍处于插入占位符对象的状态，重复上述操作可以继续插入其他的占位符对象。占位符对象插入完毕，按右键"取消操作"命令或按〈Esc〉键即可退出该操作。

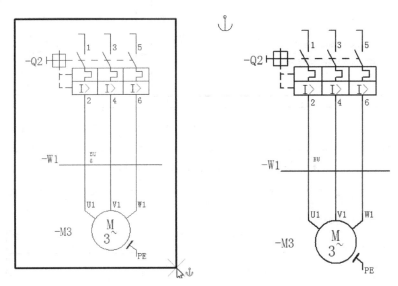

图 7-46　插入占位符对象

2．新建变量

在插入占位符对象的过程中，用户可以对占位符对象的属性进行设置。双击占位符对象或在插入占位符对象后，弹出如图 7-47 所示的占位符对象属性设置对话框，在该对话框中可以对占位符对象的属性进行设置，在"名称"中输入占位符对象的名称。

打开"数值"选项，如图 7-48 所示，在空白处单击鼠标右键，选择"新变量"命令，弹出"命名新的变量"对话框，输入新建的变量名称，如图 7-49 所示，单击"确定"按钮，添加变量，如图 7-50 所示。

3．选择变量

打开"分配"选项，如图 7-51 所示，显示元件下的属性，并选择属性的"变量"栏，在变量上单击鼠标右键，选择"选择变量"命令，弹出如图 7-52 所示的"选择变量"对话框，选择创建的变量，单击"确定"按钮，关闭对话框，完成属性变量的添加，如图 7-53 所示。

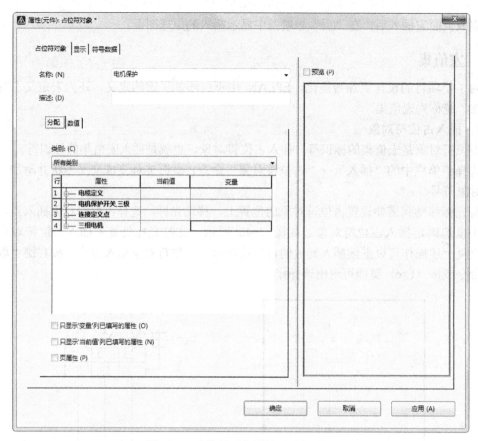

图 7-47　占位符对象属性设置对话框

图 7-48　"数值"选项

图 7-49 "命名新的变量"对话框

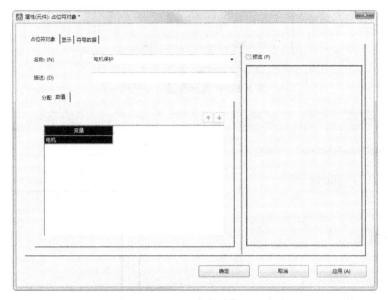

图 7-50 添加变量

图 7-51 选择属性变量

图 7-52 "选择变量"对话框

图 7-53 添加变量

4. 新建值集

打开"数值"选项卡,在空白处单击鼠标右键,选择"数值集"命令,在变量后自动添空白的数值集选项,输入新建的值集,如图 7-54 所示,添加值集。

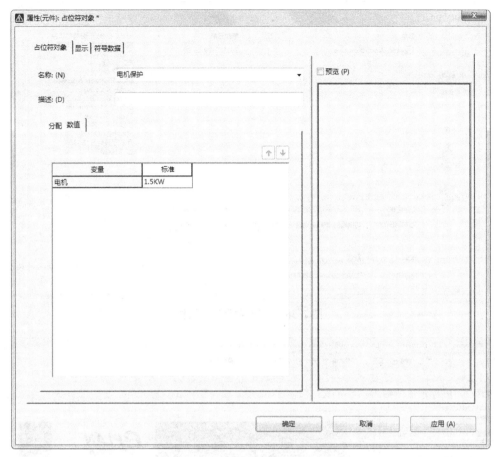

图 7-54 添加值集

5. 传输变量

返回"分配"选项卡中，在空白处单击鼠标右键，选择"传输变量"命令，传输变量，结果如图 7-55 所示。

6. 创建宏

将创建的值集保存成一个宏文件。

通过值集的使用，项目设计完成后，可以选择项目中的值集符号，通过鼠标右键命令"分配值集"，为宏重新选择值集，极大程度上方便了后期的修改。

7.4.5 实例——创建标题栏宏

1. 打开项目

选择菜单栏中的"项目"→
"打开"命令，弹出如图 7-56 所示
的对话框，选择项目文件的路径，

7.4.5 实例——
创建标题栏宏

打开项目文件"Auto Production Line.elk"，如图 7-57
所示。

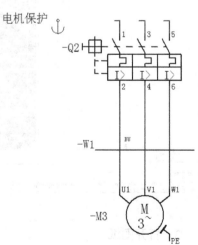

图 7-55 宏值集

图 7-56 "打开项目"对话框

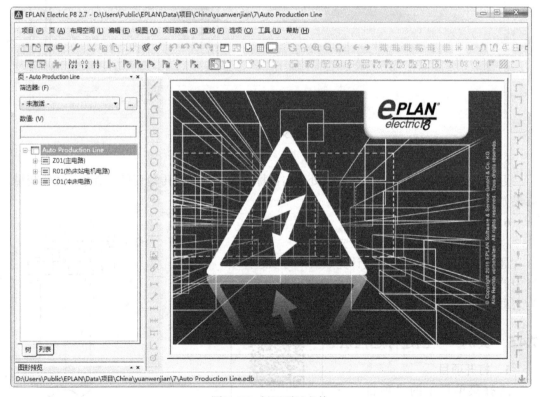

图 7-57 打开项目文件

2. 打开图纸

选择菜单栏中的"页"→"导入"→"DWF/DWG"文件命令，弹出"DWF/DWG 文件选择"对话框，导入 DWF/DWG 文件"A4 样板图.dwg"，如图 7-58 所示。

图 7-58　"DWF/DWG 文件选择"对话框

3. 导入 DWF/DWG 文件

单击"打开"按钮，弹出"DWF-/DWG 导入"对话框，在"源"下拉列表中显示要导入的图纸，默认配置信息，如图 7-59 所示，单击"确定"按钮，关闭该对话框，弹出"指定页面"对话框，确认导入的 DWF/DWG 文件复制的图纸页名称，如图 7-60 所示。完成设置后，单击"确定"按钮，完成 DWF/DWG 文件的导入，结果如图 7-61 所示。

图 7-59　"DWX-/DWF 导入"对话框

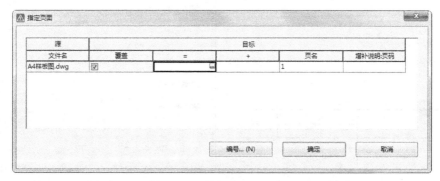

图 7-60　"指定页面"对话框

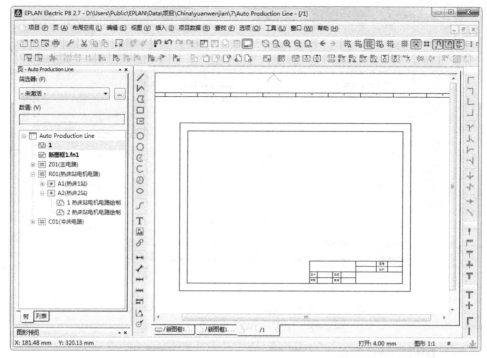

图 7-61　导入 DWF/DWG 文件

4．创建宏文件

框选选中图中所示的标题栏部分，如图 7-62 所示，选择菜单栏中的"编辑"→"创建窗口宏/符号宏"命令，或在选中电路上单击鼠标右键选择"创建窗口宏/符号宏"命令，或按〈Ctrl+5〉键，系统将弹出如图 7-63 所示的宏"另存为"对话框，在"目录"文本框中输入宏目录，在"文件名"文本框中输入宏名称"NTL.ema"，单击"确定"按钮，在设置的目录下创建宏文件。

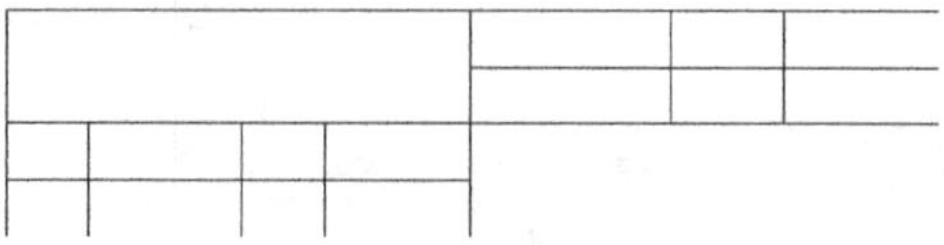

图 7-62　标题栏部分

图 7-63　"另存为"对话框

7.5 图框的属性编辑

图框的编辑包括图框的选择，行列的设置、文本的输入和属性。

在"页"导航器中项目下添加文件，在该图框文件上单击鼠标右键，选择"属性"命令，弹出"图框属性"对话框，在"属性名—数值"列表中显示的提示信息与打开的图框属性对话框中显示的信息相同，如图 7-64 所示。

1. 图框的选择

选择菜单栏中的"工具"→"主数据"→"图框"→"打开"命令，弹出"打开图框"对话框，如图 7-65 所示，选择保存在 EPLAN 默认数据库中的图框模板，勾选"预览"复选框，在预览框中显示图框的预览图形及提示信息。

图 7-64 "图框属性"对话框

单击"打开"按钮，打开图框模板文件后，在"页"导航器中项目下添加文件，在"图框属性"对话框"属性名—数值"列表中显示的提示信息与打开的图框中属性对话框中显示相同，如图 7-66 所示。

图 7-65 "打开图框"对话框

图 7-66 打开图框文件

2. 行列的设置

选择菜单栏中的"视图"→"路径"命令，打开路径，在图框中显示行与列，如图 7-67 所示。

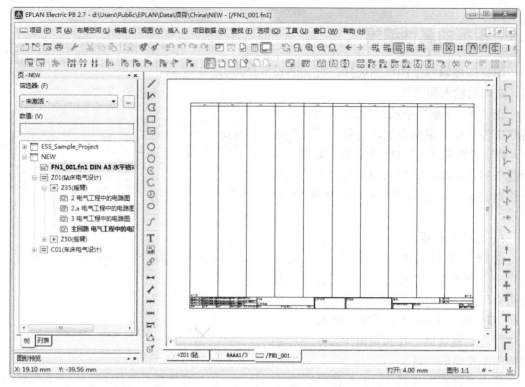

图 7-67　显示列

　　"图框属性"对话框中"属性名—数值"列表行数与列数，默认为 1 行 10 列，如图 7-68 所示，修改为 10 行 10 列，如图 7-69 所示。同时，还可以设置行高与列宽，如图 7-70 所示。

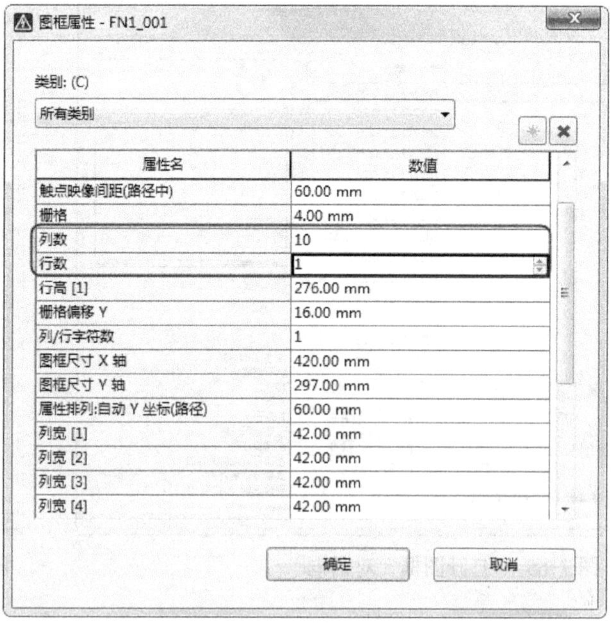

图 7-68　"图框属性"对话框

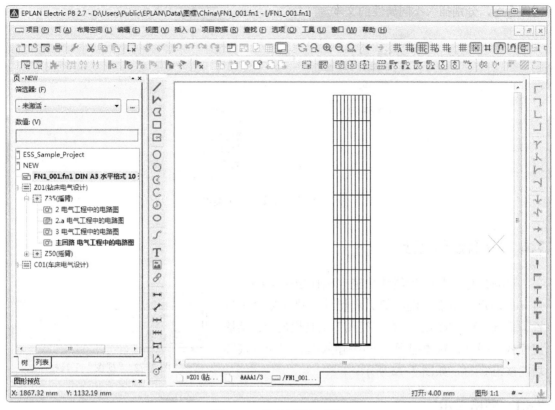

图 7-69　修改行数与列数

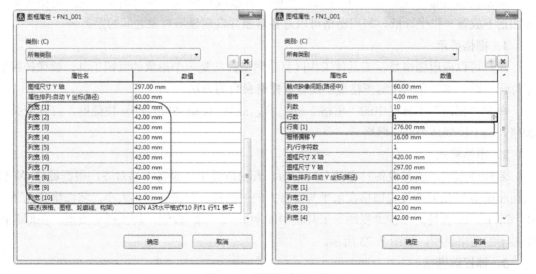

图 7-70　设置行高与列宽

3. 文本的输入

图框顶部每一列显示"列号"，每一行显示行号，底部标题栏显示的图框信息文本还根据信息分为项目属性文本、页属性文本等，均需要进行编辑，这些文本不是普通文本，有其特殊名称，行号称为行文本，列数为列文本。

选择菜单栏中的"插入"→"特殊文本"命令,弹出如图 7-71 所示的子菜单,选择不同的命令,分别插入不同属性的文本。

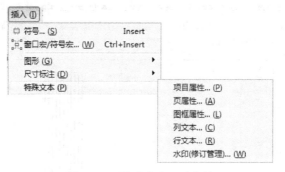

图 7-71 "特殊文本"子菜单

7.6 精确定位工具

精确定位工具是指能够快速准确地定位某些特殊点(如端点、中点、圆心等)和特殊位置(如水平位置、垂直位置)的工具,在"视图"工具栏显示包括捕捉模式、栅格、对象捕捉、开/关输入框、智能连接等功能按钮/图标,如图 7-72 所示。

图 7-72 "视图"工具栏

7.6.1 栅格显示

栅格是覆盖整个坐标系 (UCS) XY 平面的直线或点组成的矩形图案。使用栅格类似于在图形下放置一张坐标纸。利用栅格可以对齐对象并直观显示对象之间的距离。

1. 栅格显示

用户可以应用栅格显示工具使工作区显示网格,它是一个形象的画图工具,就像传统的坐标纸一样。本节介绍控制栅格显示及设置栅格参数的方法。

单击"视图"工具栏中的"栅格"按钮,或按〈Ctrl+Shift+F6〉快捷键,打开或关闭栅格,用于控制是否显示栅格。

2. 栅格样式

若栅格太大,放置设备时容易布局不均。若栅格过小,设备不易对齐,根据栅格 X 轴间距和栅格 Y 轴间距设置栅格在水平与垂直方向的间距。如栅格间距大小,将栅格分为 A、B、C、D、E 五种,单击"视图"工具栏中的 按钮,切换栅格类型,在原理图中显示的栅格类型,如图 7-73 所示。

3. 捕捉到栅格

原理图设计过程中,连接设备两端时,通常绘图人员需要注意的是捕捉至栅格。

选择菜单栏中的"选项"→"捕捉到栅格"命令,或单击"视图"工具栏中的"开/关捕捉到栅格"按钮,则系统可以在工作区生成一个隐含的栅格(捕捉栅格),这个栅格能够捕捉光标,并约束它只能落在栅格的某一个节点上,使用户能够高精确度地捕捉和选择这个栅格上的点。

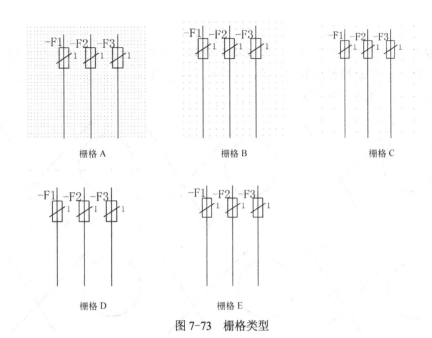

| 栅格 A | 栅格 B | 栅格 C |

| 栅格 D | 栅格 E |

图 7-73　栅格类型

4．对齐到栅格

单击"视图"工具栏中的"对齐至栅格"按钮，则系统会自动将选中的元件对齐至栅格。

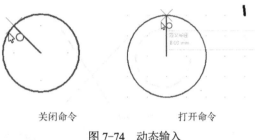

关闭命令　　　　打开命令

图 7-74　动态输入

7.6.2　动态输入

激活"动态输入"，在光标附近显示出一个提示框（称之为"工具提示"），工具提示中显示出对应的命令提示和光标的当前坐标值，如图 7-74 所示。

选择菜单栏中的"选项"→"输入框"命令，或单击"视图"工具栏中的"开/关输入框"按钮，或按〈C〉快捷键，打开或关闭动态输入，该按钮用于控制是否显示动态输入。

7.6.3　对象捕捉模式

EPLAN 中经常要用到一些特殊点，如圆心、切点、线段或圆弧的端点、中点等，见表 7-1。如果只利用光标在图形上选择，要准确地找到这些点是十分困难的，因此，EPLAN 提供了一些识别这些点的工具，通过工具即可很容易地构造新几何体，精确地绘制图形，其结果比传统手工绘图更精确且更容易维护。在 EPLAN 中，这种功能称为对象捕捉功能。

表 7-1　特殊位置点捕捉

捕 捉 模 式	功　　能
两点之间的中点	捕捉两个独立点之间的中点
中点	用来捕捉对象（如线段或圆弧等）的中点
圆心	用来捕捉圆或圆弧的圆心
象限点	用来捕捉距光标最近的圆或圆弧上可见部分的象限点，即圆周上 0°、90°、180°、270°位置上的点
交点	用来捕捉对象（如线、圆弧或圆等）的交点
垂足	在线段、圆、圆弧或其延长线上捕捉一个点，与最后生成的点形成连线，与该线段、圆或圆弧正交
切点	生成一个点到选中的圆或圆弧上引切线，切线与圆或圆弧的交点

选择菜单栏中的"选项"→"对象捕捉"命令，或单击"视图"工具栏中的"开/关对象捕捉"按钮，控制捕捉功能的开关，可以基于对象端点、中点或者对象的交点，沿着某个路径选择一点，如图 7-75 所示。

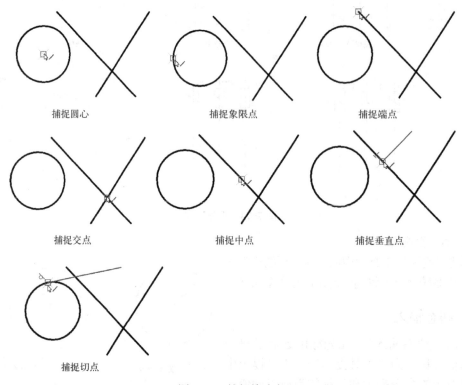

捕捉圆心　　　　　　　　捕捉象限点　　　　　　　　捕捉端点

捕捉交点　　　　　　　　捕捉中点　　　　　　　　捕捉垂直点

捕捉切点

图 7-75　捕捉特殊点

7.6.4　智能连接

原理图中元件的自动连接只要满足元件的水平或垂直对齐即可实现，移动原理图中的元件，当元件之间不再满足水平或垂直对齐，元件间的连接会自动断开，需要利用角连接重新连接，这种特性对于原理图的布局有很大困扰，步骤过于烦琐。这里引入"智能连接"，自动跟踪元件自动连接线。

1. 移动元件

选择菜单栏中的"选项"→"智能连接"命令，或单击"视图"工具栏中的"智能连接"按钮，激活智能连接。单击鼠标左键，选择图 7-76 中的元件，在原理图内移动元件，松开鼠标左键后将自动跟踪自动连接线，如图 7-77 所示。同时，系统弹出如图 7-78 所示的"插入模式"对话框，选择"编号"选项，自动递增移动元件的编号，单击"确定"按钮，完成元件移动。

如果不再需要使用智能连接，则重新选择菜单栏中的"选项"→"智能连接"命令，取消激活智能连接。单击鼠标左键，选择元件，在原理图内移动元件，松开鼠标左键后将自动断开连接线，如图 7-79 所示。

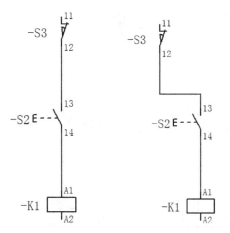
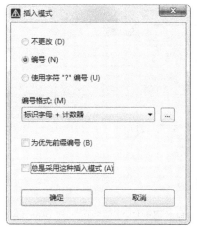
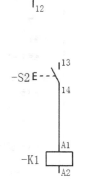

图 7-76 原始图形   图 7-77 智能连接   图 7-78 "插入模式"对话框   图 7-79 自动断开连接

提示：

在"插入模式"对话框，也可选择"不更改"选项，移动元件的编号不更改。

2. 剪切复制元件

在智能连接情况下，也可进行剪切和复制命令操作。

选择菜单栏中的"选项"→"智能连接"命令，激活智能连接。选择菜单栏中的"编辑"→"剪切"命令，单击鼠标左键，选择图 7-80 中的元件，剪切该元件，同时在元件连接断开处自动添加"中断点"符号；选择菜单栏中的"编辑"→"粘贴"命令，单击鼠标左键，在原理图内粘贴元件，系统弹出如图 7-82 所示的"插入模式"对话框，选择"编号"选项，自动递增粘贴元件的编号，单击"确定"按钮，完成元件粘贴。同时，粘贴元件连接断开处自动添加"中断点"符号，如图 7-81 所示。

如果不再需要使用智能连接，则重新选择菜单栏中的"选项"→"智能连接"命令，取消激活智能连接。选择菜单栏中的"编辑"→"剪切"命令，单击鼠标左键，选择图 7-80 中的元件，剪切该元件，同时元件连接取消；选择菜单栏中的"编辑"→"粘贴"命令，单击鼠标左键，在原理图内粘贴元件，粘贴元件连接取消，如图 7-83 所示。

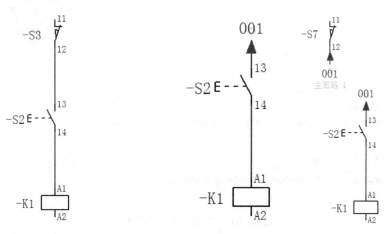

图 7-80 原始图形   图 7-81 智能剪切粘贴连接

图 7-82 "插入模式"对话框

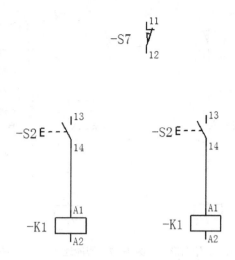

图 7-83 自动断开连接

7.7 综合实例——绘制图框

7.7 综合实例——绘制图框

1. 打开项目

选择菜单栏中的"项目"→"打开"命令，弹出如图 7-84 所示的对话框，选择项目文件的路径，打开项目文件"Auto Production Line.elk"，如图 7-85 所示。

图 7-84 "打开项目"对话框

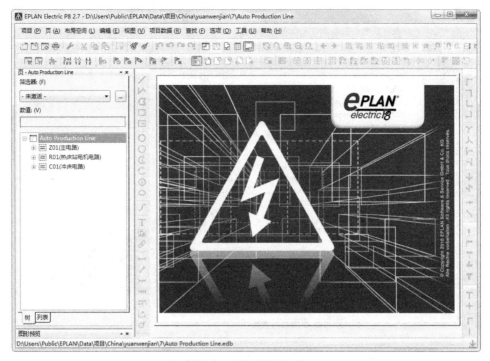

图 7-85　打开项目文件

2．创建图框

选择菜单栏中的"工具"→"主数据"→"图框"→"新建"命令，如图 7-86 所示，弹出"创建图框"对话框，新建一个名为"新图框 1"的图框，如图 7-87 所示。单击"保存"按钮，在"页"导航器中显示创建的新图框 1，并自动进入图框编辑环境，如图 7-88 所示。

图 7-86　菜单命令

图 7-87 "创建图框"对话框

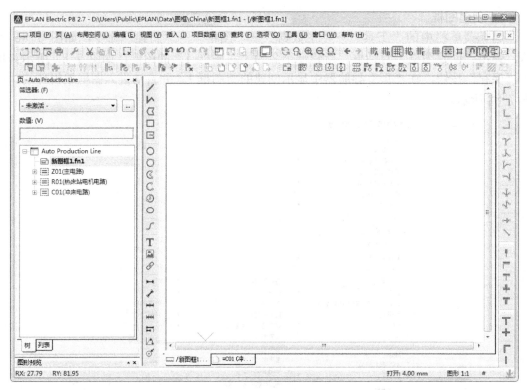

图 7-88 图框编辑环境

3. 绘制图框

1) 选择菜单栏中的"插入"→"图形"→"长方形"命令, 或者单击"图形"工具栏中的（长方形）按钮□，这时光标变成交叉形状并附带长方形符号□。

2）移动光标到需要放置"长方形"的起点处，单击确定长方形的角点，再次单击确定另一个角点，绘制两个嵌套的任意大小的矩形，单击右键选择"取消操作"命令或按〈Esc〉键，长方形绘制完毕，退出当前长方形的绘制，内外图框如图7-89所示。

图7-89　长方形内外图框

双击外侧的长方形图框，弹出"属性（长方形）"对话框，在"格式"选项卡下设置长方形的起点与终点坐标，如图7-90所示。外图框属性：起点：0mm，0mm；终点：420mm，297mm。内图框属性：起点：5mm，5mm；终点：415mm，292mm。

图7-90　"属性（长方形）"对话框

同样的方法，设置外图框大小，设置结果如图7-91所示。

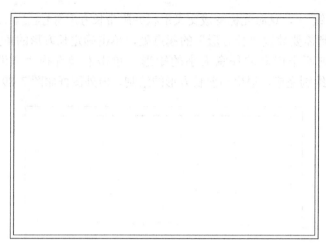

图 7-91　外图框大小设置结果

4．定义栅格

默认的栅格间距太小，为了放置文本时能保证精确地位置，下面介绍如何重新定义栅格。

选择菜单栏中的"选项"→"设置"命令，或单击"默认"工具栏中的"设置"按钮，系统将弹出"设置"对话框，选择"用户"→"图形的编辑"→"2D"，打开二维图新编辑环境的设置界面，修改默认栅格，如图 7-92 所示。

图 7-92　"2D"选项卡

定义列间距：420/10=42，定义行间距：297/6=49.5。位置文本需要放置在中间，因此栅格间距为间距除以 2，列间距：42/2=21，行间距：49.5/2=24.75，即定义栅格 A 为 21mm，栅格 B 为 24.75mm，栅格修改结果如图 7-93 所示。

图 7-93　设置栅格

单击"确定"按钮，关闭对话框，完成栅格修改。单击"视图"工具栏中的"栅格"按钮▦，或按〈Ctrl+Shift+F6〉快捷键，打开栅格，如图 7-94 所示。

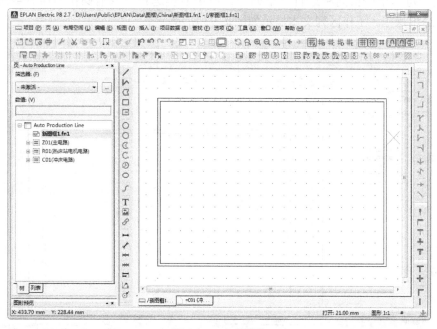

图 7-94　定义栅格

5. 插入位置文本

（1）插入列号

单击工具栏中▦按钮，显示栅格 A，插入列号。

1）选择菜单栏中的"插入"→"特殊文本"→"列文本"命令，弹出"属性（特殊文本）：列文本"对话框，如图 7-95 所示，显示列文本属性，单击"确定"按钮，完成设置，关闭对话框，这时光标变成交叉形状并附带文本符号 T，移动光标到需要放置文本的位置处，单击鼠标左键，完成当前文本放置，如图 7-96 所示。

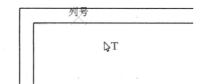

图 7-95　"属性（特殊文本）：列文本"对话框　　　　　　　　图 7-96　放置位置文本

2）此时鼠标仍处于绘制文本的状态，重复步骤 1）的操作即可放置其他的文本，捕捉栅格放置，每两个栅格间距放置一个列号，单击右键选择"取消操作"命令或按〈Esc〉键，便可退出操作。工作区列文本显示如图 7-97 所示。

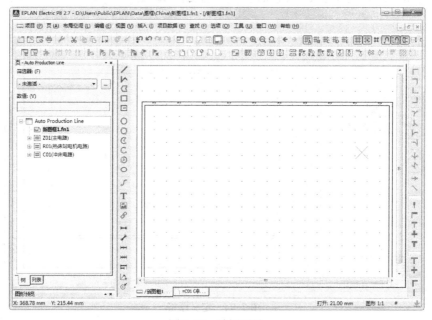

图 7-97　放置列号

（2）插入行号

单击工具栏中 ⊞ 按钮，显示栅格 B，插入列号。

1）选择菜单栏中的"插入"→"特殊文本"→"行文本"命令，弹出"属性（特殊文本）：行文本"对话框，如图 7-98 所示，显示行文本属性，单击"确定"按钮，完成设置，关闭对话框，这时光标变成交叉形状并附带文本符号 $\mathbf{T}$，移动光标到需要放置文本的位置处，单击鼠标左键，完成当前文本放置，如图 7-99 所示。

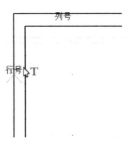

图 7-98 "属性（特殊文本）：行文本"对话框　　　图 7-99 放置位置文本

2）此时鼠标仍处于绘制文本的状态，重复步骤 1）的操作即可放置其他的文本，捕捉栅格放置，每两个栅格间距放置一个行号，单击右键选择"取消操作"命令或按〈Esc〉键，便可退出操作。工作区行文本显示如图 7-100 所示。

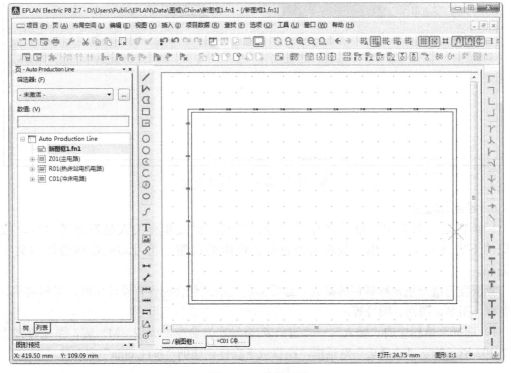

图 7-100 放置行号

（3）调整位置

观察位置为本放置结果发现，因为定义的栅格过大，捕捉位置不精确，行号与列号的位置文本放置的位置不在内外边框的中间，可以重新设置栅格 A、B 的间距大小，也可切换使用栅格 C、栅格 D、栅格 E。

选择菜单栏中的"选项"→"设置"命令，或单击"默认"工具栏中的"设置"按钮 🔧，系统将弹出"设置"对话框，选择"用户"→"图形的编辑"→"2D"，还原默认栅格 A、B 的间距大小。

将光标框选列号，按住鼠标左键不放，拖动鼠标，到达内外边框的中间位置后，释放鼠标左键，列号即被移动到当前光标的位置。使用同样的方法移动行号，结果如图 7-101 所示。

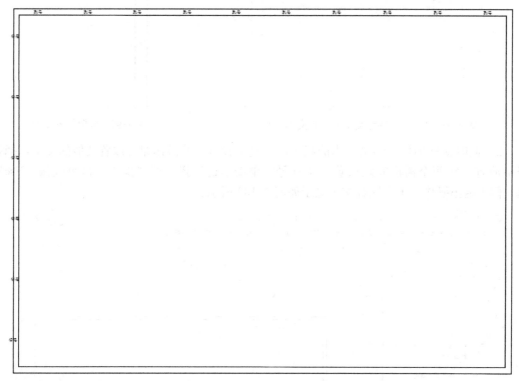

图 7-101　调整位置文本位置

6. 绘制标题栏

标题栏是用来确定图纸的名称、图号、张次、更改和有关人员签署等内容，位于图纸的下方或右下方，也可放在其他位置。图纸的说明、符号均应以标题栏的文字方向为准。

我国没有统一规定标题栏的格式，通常标题栏格式包含内容有设计单位、工程名称、项目名称、图名、图别、图号等。

1）选择菜单栏中的"插入"→"窗口宏/符号宏"命令，或按〈M〉键，系统将弹出如图 7-102 所示的宏"选择宏"对话框，在目录下选择创建的"NTL.ema"宏文件。

图 7-102 "选择宏"对话框

2）单击"打开"命令，此时光标变成交叉形状并附加选择的宏符号，如图 7-103 所示，将光标移动到需要插入宏的位置上，在原理图中单击鼠标左键确定插入标题栏，按右键"取消操作"命令或按〈Esc〉键即可退出该操作，将标题栏插入到图框的右下角，如图 7-104 所示。

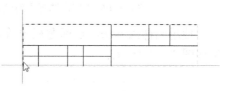

图 7-103　显示标题栏符号

3）选择菜单栏中的"插入"→"特殊文本"→"页属性"命令，弹出"属性（特殊文本）：页属性"对话框，如图 7-105 所示，单击 ⋯ 按钮，弹出"属性选择"对话框，选择"页号"，如图 7-106 所示，单击"确定"按钮，返回"属性（特殊文本）：页属性"对话框，显示加载的属性。单击"确定"按钮，完成设置，关闭对话框，这时光标变成交叉形状并附带属性符号，移动光标到需要放置属性的位置处，单击鼠标左键，完成当前属性放置，如图 7-107 所示。

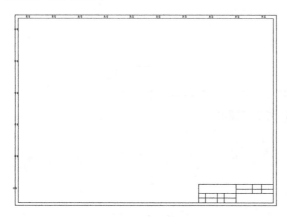

图 7-104　插入标题栏

图 7-105　"属性（特殊文本）：页属性"对话框

图 7-106 "属性选择"对话框

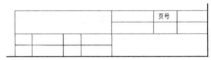

图 7-107 属性放置

使用同样的方法,在标题栏中放置"页名(完整)"属性,至此,新图框绘制完成,结果如图 7-108 所示。

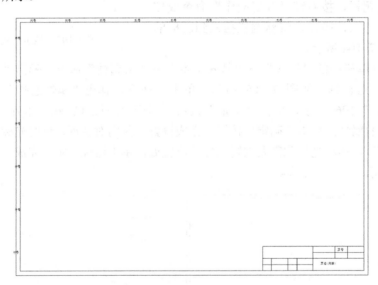

图 7-108 绘制新图框

第8章　原理图中的高级操作

学习了原理图绘制的方法和技巧后，还需要对原理图进行必要的查错和编译等后续操作，这样才是一个完整的电路设计过程。通过本章及前几章的学习，读者不仅系统地学习了基本电路的绘制流程，而且对后面高级电路的学习也有很大帮助。

8.1　工具的使用

原理图中提供了一些高级工具的操作，掌握了这些工具的使用，将使用户在进行电路设计时更加得心应手。

8.1.1　批量插入电气元件和导线节点

在当前电气设计领域，EPLAN 是最佳的电气制图辅助制图软件之一，功能相当强大，在其他的电气制图软件上，元件、导线需要一个个的添加，在 EPLAN 上，在一张图纸上可以一次性添加同类元件或导线。

1．批量插入元件

选择菜单栏中的"插入"→"符号"命令，系统将弹出如图 8-1 所示的"符号选择"对话框，打开"树"选项卡，如图 8-1 所示。在该选项卡中用户选择需要的元件符号。

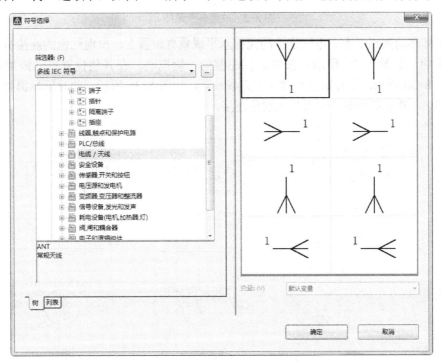

图 8-1　"符号选择"对话框

完成元件选择后，单击"确定"按钮，关闭对话框，这时鼠标变成交叉字形状，并带有一个元件符号。

移动光标到需要放置元件的水平或垂直位置，元件符号自动添加连接，如图 8-2a 所示，按住鼠标左键向一侧拖动，在其他位置自动添加该符号，如图 8-2b 所示，松开鼠标左键即可完成放置，如图 8-2c 所示。此时鼠标仍处于放置元件的状态，重复操作即可放置其他的元件。

2. 批量插入导线节点

选择菜单栏中的"插入"→"连接符号"→"角（右下）"命令，或单击"连接符号"工具栏中的"右下角"按钮 ⌐，此时光标变成交叉形状并附加一个角符号。

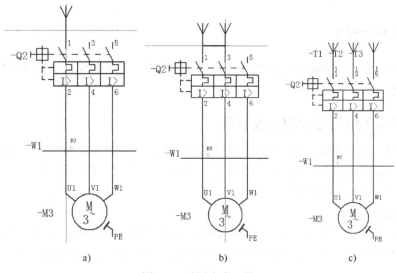

图 8-2 放置多个元件

将光标移动到想要完成电气连接的元件水平或垂直位置上，出现红色的连接符号表示电气连接成功，如图 8-3a 所示，按住鼠标左键向一侧拖动，在其他位置自动添加该连接符号，如图 8-3b 所示，松开鼠标左键即可完成放置，如图 8-3c 所示。此时鼠标仍处于放置角连接的状态，重复操作即可放置其他的角连接。

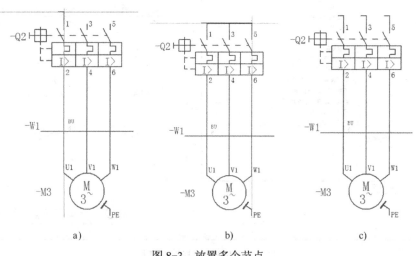

图 8-3 放置多个节点

此外，还可以添加其他符号，包括端子排、中断点符号等，操作步骤相同，这里不再赘述。

8.1.2 项目的导入与导出

为了方便软件的信息沟通，EPLAN 可将项目导入导出成 XML 格式。

1．项目导入/导出

选择菜单栏中的"项目"→"组织"→"导入"命令，弹出如图 8-4 所示的"项目导入"对话框，选择文件的默认路径，单击"确定"按钮，完成导入操作。

图 8-4 "项目导入"对话框

选择菜单栏中的"项目"→"组织"→"导出"命令，弹出如图 8-5 所示的"项目导出至"对话框，选择文件的导出路径，单击"确定"按钮，完成导出操作，导出文件如图 8-6 所示。

图 8-5 "项目导出至"对话框

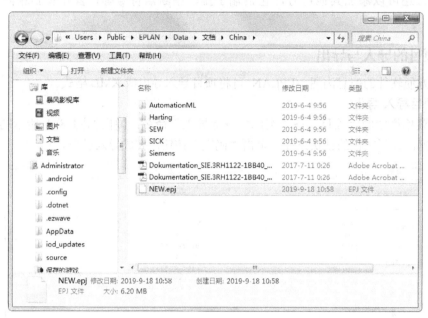

图 8-6　导出文件

2. PLC 导入/导出

选择菜单栏中的"项目数据"→"PLC"→"导入数据"命令，弹出如图 8-7 所示的"导入 PLC 数据"对话框，在"导入文件的格式"下拉列表中选择需要导入 PLC 文件的格式，如图 8-8 所示，单击"确定"按钮，完成导入操作。

图 8-7　"导入 PLC 数据"对话框　　　　　图 8-8　选择需要导入的 PLC 文件

单击"重新生成"单选钮，重新生成导入文件中元件的所有功能。

选择菜单栏中的"项目数据"→"PLC"→"导出数据"命令，弹出如图 8-9 所示的"导出 PLC 数据"对话框，在"导出文件的格式"下拉列表中选择需要导出 PLC 文件的格式，单击"确定"按钮，完成导出操作。

图 8-9 "导出 PLC 数据"对话框

8.1.3 文本固定

原理图中元件默认是固定的，元件的固定是指将元件符号与属性文本锁定，进行移动操作时同时进行。已经固定的元件符号与元件属性文本可同时进行复制、粘贴及连线操作。若在原理图绘制过程中出现压线、叠字等情况，则需要移动文本，下面讲解具体方法。

1．坐标移动

在电路原理图上选取需要文本取消固定的单个或多个元件，选择菜单栏中的"编辑"→"属性"命令，弹出属性对话框，打开"显示"选项卡，显示"位置"选项中 X 坐标、Y 坐标为灰色，无法修改移动。

在"属性排列"下选中"功能文本"项，单击鼠标右键选择"取消固定"命令，如图 8-10 所示，在"功能文本"项显示取消固定符号，在右边的"位置"选项中激活"X 坐标""Y 坐标"，调整 X、Y 轴坐标，如图 8-11 所示。

图 8-10 "功能文本"选项

图 8-11　调整坐标

2．直接移动

选中元件，则选中元件符号和元件文本，如图 8-12 所示，单击鼠标右键，选择"文本"→"移动属性文本"命令，激活属性文本移动命令，单击需要移动的属性文本，将其放置到任意位置。

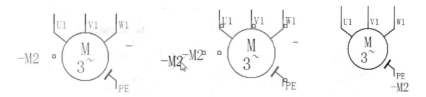

图 8-12　移动属性文本

使用同样的方法也可解除关联参考与元件的固定，任意移动其位置。

8.2　原理图的查错及编译

EPLAN 和其他的电气设计软件一样提供有电气检测法则，可以对原理图的电气连接特性进行自动检查，检查后的错误信息将在"信息管理"对话框中列出，同时也在原理图中标注出来，用户可以对检测规则进行设置，然后根据对话框中所列出的错误信息回过来对原理图进行修改。

8.2.1 运行检查

选择菜单栏中的"项目数据"→"消息"→"执行项目检查"命令，弹出"执行项目检查"对话框，如图 8-13 所示，在"设置"下拉列表中显示设置的检查标准，单击 按钮，在该对话框中设置所有与项目有关的选项，如图 8-14 所示。

图 8-13 "执行项目检查"对话框

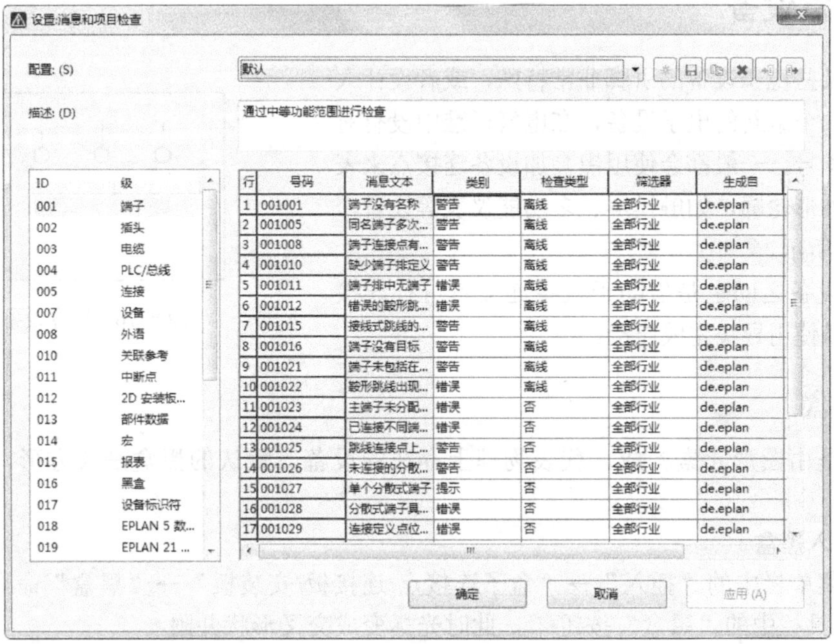

图 8-14 设置的检查标准

单击"确定"按钮，自定进行检测。

8.2.2 检测结果

原理图的自动检测机制只是按照用户所绘制原理图中的连接进行检测，系统并不知道原理图到底要设计成什么样子，所以如果检测后的"信息管理"对话框中并无错误信息出现，这并不表示该原理图的设计完全正确。用户还需将所要求的设计反复对照和修改，直到完全正确为止。

选择菜单栏中的"项目数据"→"消息"→"管理"命令，弹出"信息管理"对话框，如图 8-15 所示，显示系统的自动检测结果。

图 8-15　编译后的"信息管理"对话框

8.3　黑盒设备

　　由于某些电子设备的引脚非常特殊，或者设计人员使用了一个最新的电子设备，在电气标准中没有对应的电气符号，一般都会使用黑盒加设备连接点来表示设备的外形轮廓，如触摸屏、多功能仪表等设备，如图 8-16 所示。

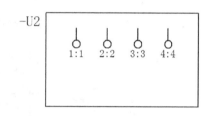

图 8-16　黑盒设备

　　黑盒设备之间也是借助于设备连接点进行连接的，也可以使用导线完成连接。

8.3.1　黑盒

　　黑盒是由图形元素构成，代表物理上存在的设备。默认的黑盒是长方形，也可使用多边形。

1. 插入黑盒

　　选择菜单栏中的"插入"→"盒子连接点/连接板/安装板"→"黑盒"命令，或单击"盒子"工具栏中的"黑盒"按钮 🔲，此时光标变成交叉形状并附加一个黑盒符号 🔲。

　　将光标移动到需要插入黑盒的位置，单击确定黑盒的一个顶点，移动光标到合适的位置再一次单击确定其对角顶点，即可完成黑盒的插入，如图 8-17 所示。此时光标仍处于插入黑盒的状态，重复上述操作可以继续插入其他的黑盒。黑盒插入完毕，按〈Esc〉键即可退出该操作。

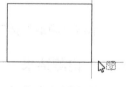

图 8-17　插入黑盒

2. 设置黑盒的属性

　　在插入黑盒的过程中，用户可以对黑盒的属性进行设置。双击黑盒或在插入黑盒后，弹出如图 8-18 所示的黑盒属性设置对话框，在该对话框中可以对黑盒的属性进行设置，在"显示设备标识符"中输入黑盒的编号。

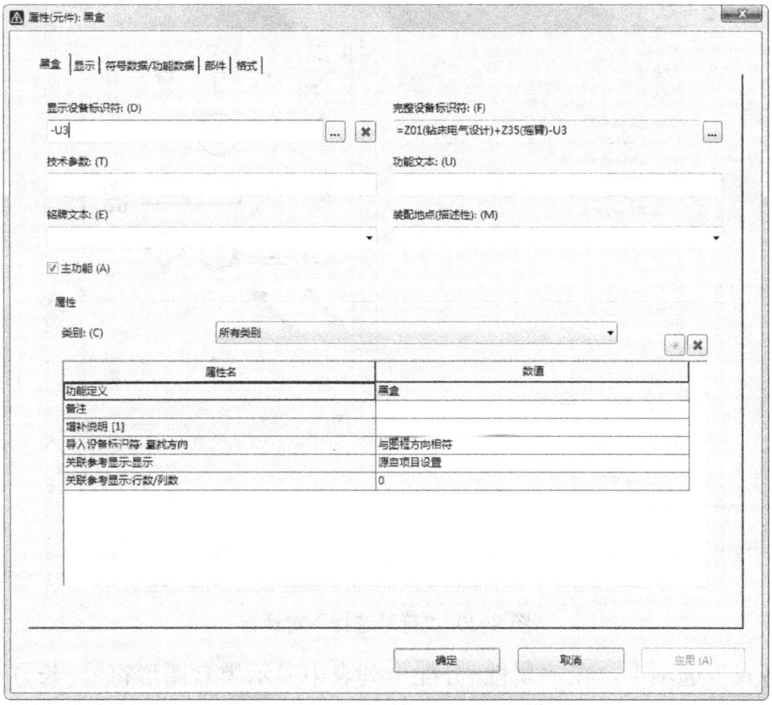

图 8-18　黑盒属性设置对话框

打开"符号数据/功能数据"选项卡，在"符号数据"下显示选择的图形符号预览图，如图 8-19 所示，在"编号/名称"栏后单击 ⋯ 按钮，弹出"符号选择"对话框，如图 8-20 所示，选择黑盒图形符号。

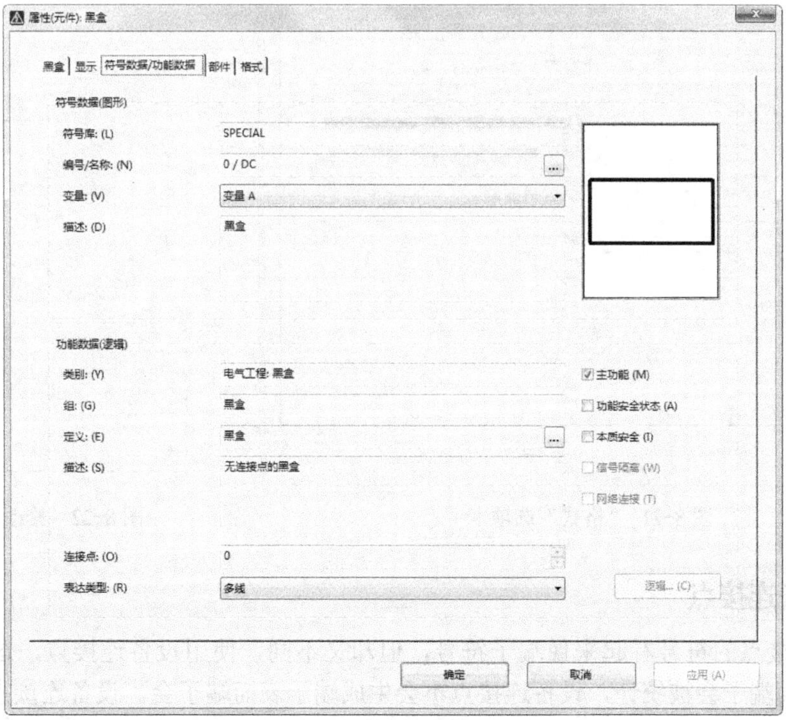

图 8-19　"符号数据/功能数据"选项卡

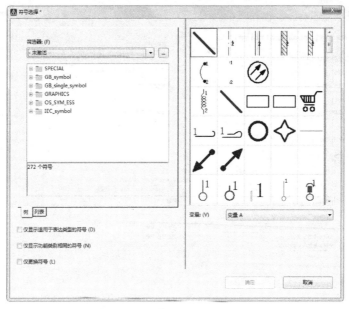

图 8-20 "符号选择"对话框

打开"格式"选项卡,在"属性-分配"列表中显示黑盒图形符号-长方形的起点、终点、宽度、高度与角度;还可设置长方形的线型、线宽、颜色等参数,如图 8-21 所示,切换线型,显示如图 8-22 所示的黑盒。

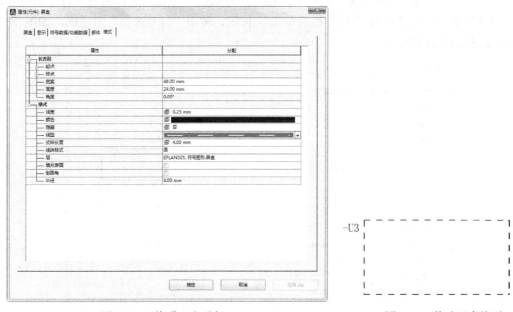

图 8-21 "格式"选项卡   图 8-22 修改黑盒线型

8.3.2 设备连接点

设备连接点的符号看起来像端子符号,但却又不同,使用设备连接点,这些点不会被 BOM 统计而端子会被统计,设备连接点不会生成端子表而端子会。设备连接点通常指电子设备上的端子,如 Q401.2 指空开 Q402 的第二个端子。

设备连接点分两种，一种是单向连接，一种是双向连接，如图 8-23 所示。单向连接的设备有一个连接点，双向连接的设备有两个连接点。

1．插入设备连接点

选择菜单栏中的"插入"→"设备连接点"命令，或单击"盒子"工具栏中的"电位连接点"按钮，此时光标变成交叉形状并附加一个设备连接点符号。

将光标移动到黑盒内需要插入设备连接点的位置，单击插入设备连接点，如图 8-24 所示，此时光标仍处于插入设备连接点的状态，重复上述操作可以继续插入其他的设备连接点。设备连接点插入完毕，按〈Esc〉键即可退出该操作。

图 8-23　设备连接点　　　　　　　　　　图 8-24　插入设备连接点

2．确定设备连接点方向

在光标处于放置设备连接点的状态时按〈Tab〉键，旋转设备连接点符号，变换设备连接点模式。

3．设置设备连接点的属性

在插入设备连接点的过程中，用户可以对设备连接点的属性进行设置。双击设备连接点或在插入设备连接点后，弹出如图 8-25 所示的设备连接点属性设置对话框，在该对话框中可以对设备连接点的属性进行设置，在"显示设备标识符"栏输入设备连接点名称，可以是信号的名称，也可以自己定义。

图 8-25　设备连接点属性设置对话框

如果一个黑盒设备中用同名的连接点号，可以通过属性"Plug DT"进行区分，让这些连接点分属不同的插头。

8.3.3　黑盒的逻辑定义

制作完的黑盒仅仅描述了一个设备的图形化信息，还需要添加逻辑信息。

双击黑盒，弹出如图 8-25 所示的属性（元件）设置对话框，在该对话框中打开"符号数据/功能数据"选项卡，在"功能数据"下显示重新定义黑盒描述的设备。

在"定义"文本框后单击 ⋯ 按钮，弹出"功能定义"对话框，选择重新定义的设备所在类别，如图 8-26 所示，完成选择后，单击"确定"按钮，返回"符号数据/功能数据"对话框，在"类别""组""描述"栏后显示新设备类别，如图 8-27 所示。

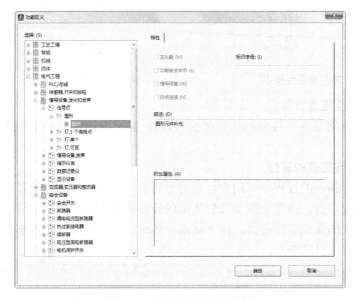

图 8-26　"功能定义"对话框

图 8-27　设备逻辑属性定义

完成定义后的设备，重新打开属性设置对话框后，直接显示新设备名称，如图 8-28 所示。

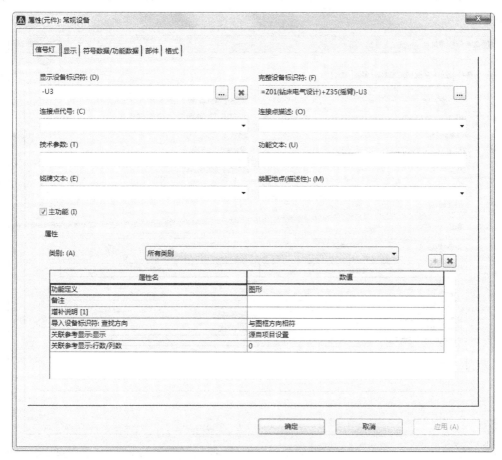

图 8-28　设备属性设置对话框

8.3.4　实例——热交换器

本例绘制 SK 3209.110 空气/水热交换器，这是一种以冷热媒介进行冷却或加热空气的换热装置，广泛应用于轻工、建筑、机械、电子等行业中的采暖、冷却、除湿等。

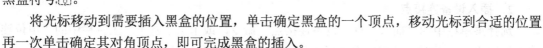

8.3.4　实例——热交换器

打开项目文件"Auto Production Line.elk"。

1. 插入黑盒

选择菜单栏中的"插入"→"盒子连接点/连接板/安装板"→"黑盒"命令，或单击"盒子"工具栏中的"黑盒"按钮 ，此时光标变成交叉形状并附加一个黑盒符号 。

将光标移动到需要插入黑盒的位置，单击确定黑盒的一个顶点，移动光标到合适的位置再一次单击确定其对角顶点，即可完成黑盒的插入。

弹出黑盒属性设置对话框，在"显示设备标识符"中输入黑盒的编号 U1，在"技术参数"中输入"2.5kW"，在"功能文本"中输入"最大电流可达 3000A"，如图 8-29 所示。

图 8-29　黑盒属性设置对话框

此时光标仍处于插入黑盒的状态，重复上述操作可以继续插入其他的黑盒。黑盒插入完毕，按〈Esc〉键即可退出该操作，显示如图 8-30 所示的黑盒。

图 8-30　插入黑盒

2. 插入设备连接点

选择菜单栏中的"插入"→"设备连接点"命令，或单击"盒子"工具栏中的"电位连接点"按钮，此时光标变成交叉形状并附加一个设备连接点符号。

将光标移动到黑盒内需要插入设备连接点的位置，单击插入设备连接点，弹出如图 8-31 所示的设备连接点属性设置对话框，在该对话框中可以对设备连接点的属性进行设置，在"显示设备标识符"栏输入设备连接点名称。

图 8-31　设备连接点属性设置对话框

此时光标仍处于插入设备连接点的状态，重复上述操作可以继续插入其他的设备连接点。设备连接点插入完毕，按〈Esc〉键即可退出该操作，如图 8-32 所示。

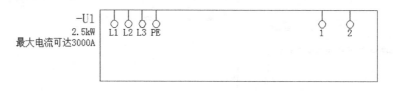

图 8-32　插入设备连接点

3．放置图片的步骤如下

选择菜单栏中的"插入"→"图形"→"图片文件"命令，或者单击"图形"工具栏中的（图片文件）按钮，弹出"选取图片文件"对话框，如图 8-33 所示。

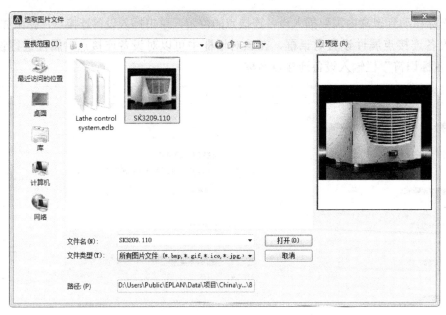

图 8-33　选择图片

选择图片后，单击"打开"按钮，弹出"复制图片文件"对话框，如图 8-34 所示，单击"确定"按钮。

光标变成交叉形状并附带图片符号 ，并附有一个矩形框。移动光标到指定位置，单击鼠标左键，确定矩形框的位置，移动鼠标可改变矩形框的大小，在合适位置再次单击鼠标左键确定另一顶点，弹出"属性（图片文件）"对话框，如图 8-35 所示。完成属性设置后，单击即可将图片添加到原理图中，如图 8-36 所示。

图 8-34　"复制图片文件"对话框

图 8-35　"属性（图片文件）"对话框

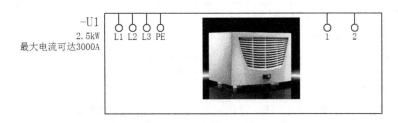

图 8-36 放置图片

框选绘制的元件符号，选择菜单栏中的"编辑"→"其他"→"组合"命令，将元件组合成一个整体。

8.4 结构盒

结构盒并非黑盒，两者只是图形属性相同，同时标准线型符合结构盒的标准。结构盒并非设备，而是一个组合，仅向设计者指明其归属于原理图中一个特定的位置。结构盒也可以理解为是设备上的元件与安装盒的结合体。

8.4.1 插入结构盒

结构盒可以具有一个设备标识符，但结构盒并非设备。结构盒不可能具有部件编号。在确定完整的设备标识符时，如同处理黑盒中的元件一样来处理结构盒中的元件。也就是说，当结构盒的大小改变时，或在移动元件或结构盒时，将重新计算结构盒内元件的项目层结构。

1. 插入结构盒

选择菜单栏中的"插入"→"盒子连接点/连接板/安装板"→"结构盒"命令，或单击"盒子"工具栏中的"结构盒"按钮 ，此时光标变成交叉形状并附加一个结构盒符号 。

将光标移动到想要需要插入结构盒的位置，单击确定结构盒的一个顶点，移动光标到合适的位置再一次单击确定其对角顶点，即可完成结构盒的插入，如图 8-37 所示。此时光标仍处于插入结构盒的状态，重复上述操作可以继续插入其他的结构盒。结构盒插入完毕，按〈Esc〉键即可退出该操作。

图 8-37 插入结构盒

2. 设置结构盒的属性

在插入结构盒的过程中，用户可以对结构盒的属性进行设置。双击结构盒或在插入结构盒后，弹出如图 8-38 所示的结构盒属性设置对话框，在该对话框中可以对结构盒的属性进行设置，在"显示设备标识符"中输入结构盒的编号。

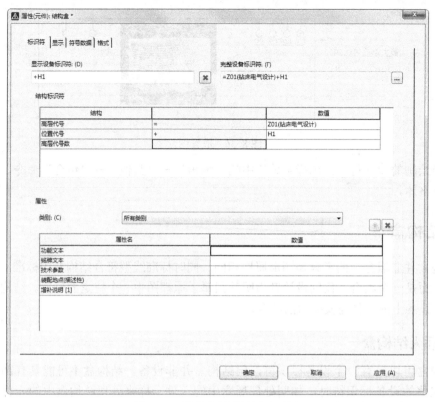

图 8-38 结构盒属性设置对话框

打开"符号数据"选项卡，在"符号数据"下显示选择的图形符号预览图，如图 8-39 所示，在"编号/名称"栏后单击 ⋯ 按钮，弹出"符号选择"对话框，如图 8-40 所示，选择结构盒图形符号。

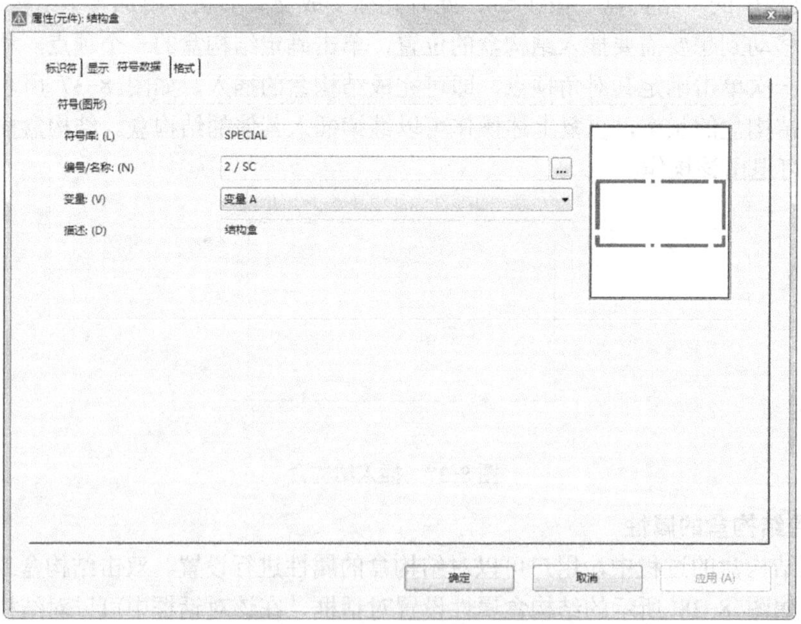

符号(图形)	
符号库: (L)	SPECIAL
编号/名称: (N)	2 / SC
变量: (V)	变量 A
描述: (D)	结构盒

图 8-39 "符号数据"选项卡

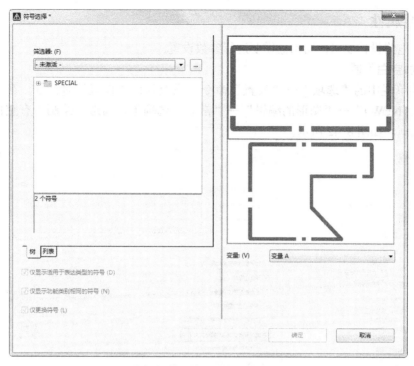

图 8-40 "符号选择"对话框

打开"格式"选项卡,在"属性-分配"列表中显示结构盒图形符号-长方形的起点、终点、宽度、高度与角度;还可设置长方形的线型、线宽、颜色等参数,如图 8-41 所示。

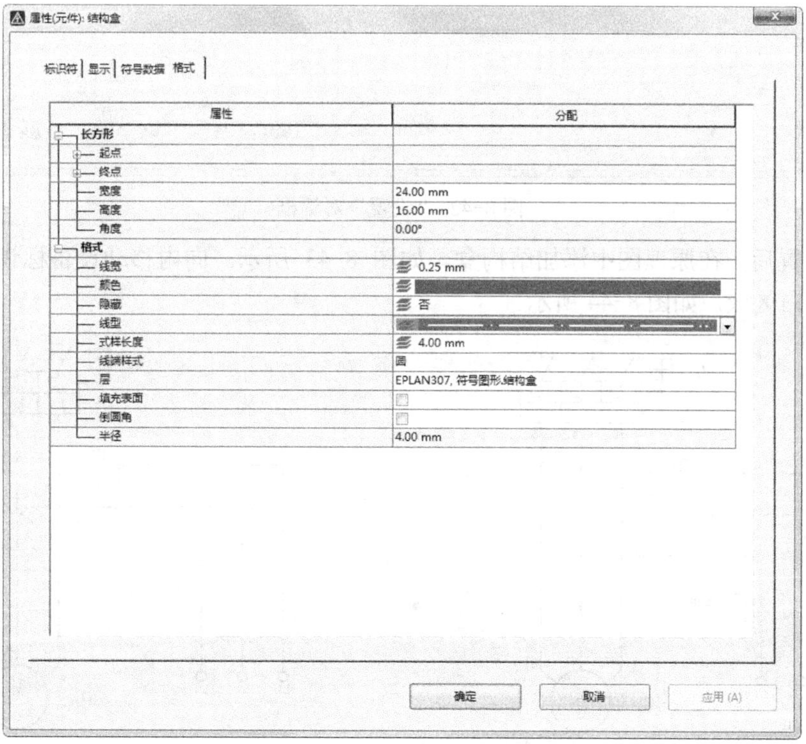

图 8-41 "格式"选项卡

8.4.2　项目属性

为符合电路设计要求，结构盒需要进行参数设置。

1．添加空白区域

选择菜单栏中的"选项"→"设置"命令，系统弹出"设置"对话框，在"项目"→"项目名称（NEW）"→"图形的编辑"→"常规"选项下，勾选"绘制带有空白区域的结构盒"复选框，如图 8-42 所示。

图 8-42　"设置"对话框

完成设置后，在原理图中添加结构盒，如图 8-43 所示。向内移动设备标识符，结构盒显示带有空白区域，如图 8-44 所示。

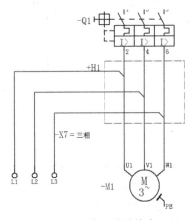

图 8-43　修改前结构盒

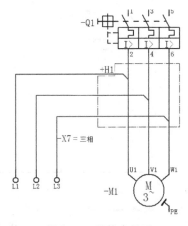

图 8-44　结构盒显示

2．传予设置

在页导航器的树结构视图中选定项目，选择菜单栏中的"项目"→"属性"命令，或在该项目上单击右键，选择"属性"快捷命令，弹出"项目属性"对话框，打开"结构"选项卡，如图 8-45 所示，可以在该选项卡中设置结构盒的参考标识符。单击"其它"按钮，弹出"扩展的项目结构"对话框，切换到"传予"选项卡，勾选"结构盒"复选框，如图 8-46 所示。

图 8-45　"结构"选项卡　　　　　　图 8-46　"扩展的项目结构"对话框

选择菜单栏中的"项目数据"→"设备"→"导航器"命令，打开"设备"导航器，如图 8-47 所示，显示嵌套的结构盒中的设备。显示结构盒内的所有元素可以分配给页属性中所指定结构标识符之外的其他结构标识符，元件与结构盒的关联将同元件与页的关联相同。在图 8-48 中显示传予结构盒的设备标识符。

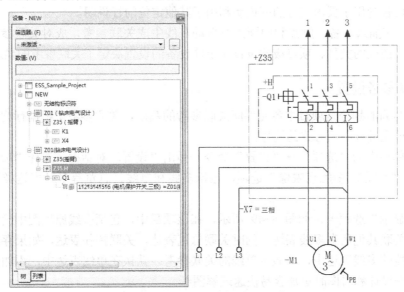

图 8-47　嵌套在结构盒中的设备

315

图 8-48 显示完整设备标识符

8.5 关联参考

关联参考表示 EPLAN 符号元件主功能与辅助功能之间逻辑和视图的连接，可快速在大量页中准确查找某一特定元件或信息。使用关联参考时搜索信息至少要包含所查找的页名，另外，它还可包含用于页内定位的列说明和用于其他定位的行说明。

EPLAN 在插入设备、触点和中断点时自动在线生成关联参考，成对关联参考可通过设置实现关联。图框的类型、项目级的设置和个体设备的设置决定了关联参考的显示。

8.5.1 关联参考设置

图框行与列的划分是项目中各元件间关联参考的基础，关联参考可根据行列划分的水平单元与处置单元进行不同方式的编号。

选择菜单栏中的"选项"→"设置"命令，弹出"设置"对话框，选择"项目"→"当前项目"→"关联参考/触点映像"选项，显示多线和单线、总览等多种表达类型之间的关联参考。

打开"显示"选项卡，如图 8-49 所示，在该项目中，包括多线原理图中设备主功能的多线表达，关联其他所有多线表达，同时关联总览表达，关联拓扑表达，如果存在单线图，在设备主功能的多线表达中，不显示单线的关联参考。默认在单线表达中，添加多线的关联参考，方便在设计和看图时更加容易快速理解图纸。

图 8-49 "显示"选项卡

8.5.2 成对的关联参考

在 EPLAN 中成对的关联参考是为了更好的表达图纸而出现的，请大家注意成对关联参考在设备导航器中的图标，以及在图纸中的颜色区分。在生产报表时成对的关联参考对图纸逻辑没有影响。

成对的关联参考通常用来表示原理图上的电动机过载保护器或断路器辅助触点和主功能的关系。

1．选项设置

打开"常规"选项卡，设置关联参考的常规属性，包括显示形式、分隔符、触点映像表、前缀。如图 8-50 所示。

1）在"显示"组选项下控制触点映像的排列数量及映像表的文字。显示关联参考"按行"或"按列"编号，默认"每行/每列的数量"为1。

● 如果按行显示，则每行/每列的数量将被确定为 3：

0 1 2

3 4 5

6

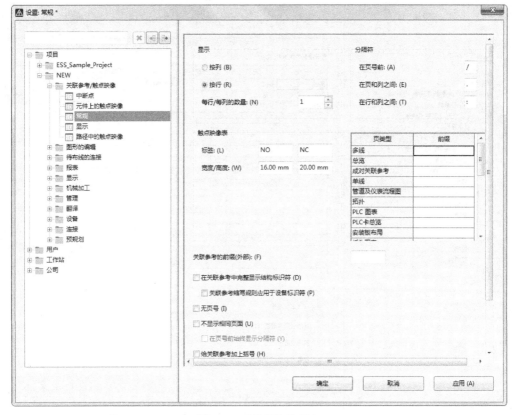

图 8-50 "常规"选项卡

● 如果更改为按列显示,则关联参考显示如下:

0 3 6

1 4

2 5

2)在"分隔符"选项组下显示关联参考的分隔符,其中,在页号前用"/"分隔,在页和列之间用"."分隔,在行和列之间用":"分隔。

3)在"触点映像表"选项组下显示触点映像的标签与宽度/高度。

4)在"关联参考的前缀"选项组下设置关联参考前缀显示完整设备标识符、关联参考前缀的分隔符等信息。

2. 创建成对关联参考

在图 8-51 中的线圈 K1 右侧放置关联参考开关 K1,双击开关 K1,弹出属性设置对话框,在"开关/按钮"选项卡中,在"显示设备标识符"文本框中输入为空,取消"主功能"复选框的勾选,如图 8-52 所示。打开"符号数据/功能数据"选项卡,在"表达类型"下拉列表中选择"成对关联参考"选项,如图 8-53 所示。完成设置后,原理图中的成对关联参考开关 K1 变为黄色,与线圈 K1 生成关联参考,如图 8-54 所示,选中其中之一,按下 F 键,切换两个元件。

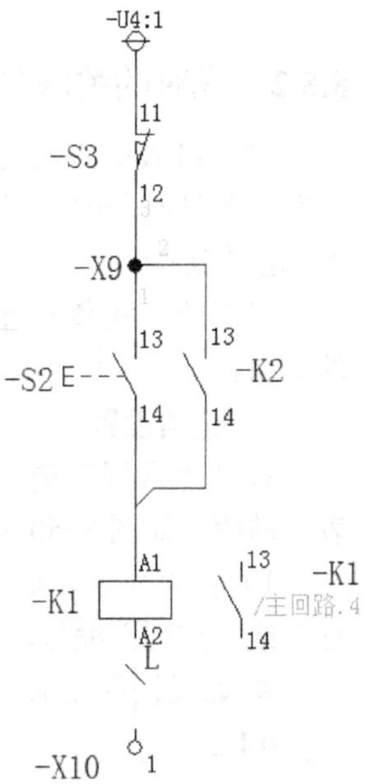

图 8-51 放置开关 K1

图 8-52 "开关/按钮"选项卡

图 8-53 "符号数据/功能数据"选项卡

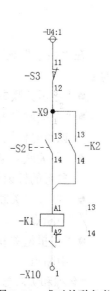

图 8-54 成对关联参考

8.5.3 中断点的关联参考

中断点的关联参考是 EPLAN 自动生成，中断点的关联参考可分为成对的关联参考或星型的关联参考。

1. 选项设置

打开"中断点"选项卡，设置中断点显示的常规属性，如图 8-55 所示。

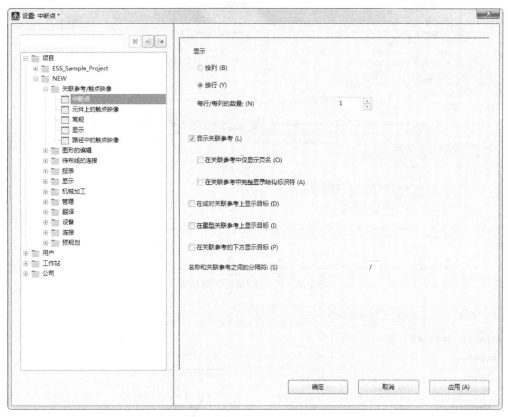

图 8-55 "中断点"选项卡

在"显示"选项下显示关联参考"按行"或"按列"编号，默认"每行/每列的数量"为 1。

- "显示关联参考"复选框：勾选该复选框，在原理图中显示关联参考标识。
- "在关联参考中仅显示页名"复选框：勾选该复选框，在原理图中显示关联参考的标识符时仅显示页名，如"1"。
- "在关联参考中完整显示结构标识符"复选框：勾选该复选框，在原理图中显示关联参考的标识符时仅显示完整的页名，如"=GB1+A1&EFS1/1"。
- "在成对关联参考上显示目标"复选框：勾选该复选框，在成对关联参考上显示目标中断点。
- "在星型关联参考上显示目标"复选框：勾选该复选框，在星型关联参考上显示目标中断点。

"名称和关联参考之间的分隔符"默认设置为"/"。

2．成对中断点

成对中断点是由源中断点和目标中断点组成。一般情况下，中断点的源放置在图纸的右半部分，目标放置在图纸的左半部分，因此，根据放置位置可以轻易地区分中断点的源和目标，确定中断点的指向，输入相同设备标识符名称的中断点自动实现关联参考，如图 8-56 所示。

图 8-56　显示设备标识符

在"中断点"导航器上管理和编辑中断点，放置及分配源和目标的排序，如图 8-57 所示，源和目标总是成对出现的。

图 8-57　"中断点"导航器

选中成对中断点的源，按下〈F〉键，切换中断点的目标；同样选中成对中断点的目标，按下〈F〉键，切换中断点的源。

选中成对中断点的源，单击鼠标右键，弹出快捷菜单，选择"关联参考功能"命令，显示"列表""向前""向后"命令，切换中断点目标与源，选择"列表"命令，弹出如图 8-58 所示对话框，显示中断点的关联参考。

3. 星型中断点

星型中断点由一个起始点（源）与指向该起始点的其余中断点（目标）组成，如图 8-59 所示。这里源与目标中断点，不再只根据放置位置判定，如单纯将源放置在图纸右半部分则不能直接判定该中断点为源，在中断点属性设置对话框中勾选"星型源"复选框，则该终端点为源，如图 8-60 所示。

图 8-58　显示中断点的关联参考

图 8-59　星型中断点

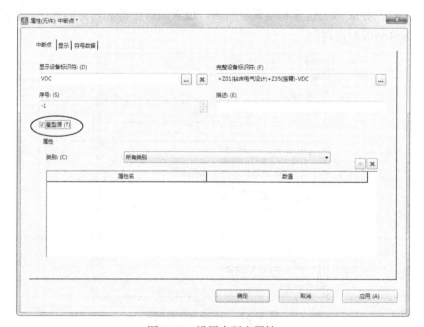

图 8-60　设置中断点属性

322

8.6 坐标

在原理图编辑环境中,系统提供了一个坐标系,它以图纸的左下角为坐标原点,用户也可以根据需要建立自己的坐标系。

8.6.1 基点

EPLAN 中的基点如同其他制图软件中坐标系的原点(0,0)。在进行 2D 或 3D 安装板布局时,需要准确定位(比如"直接坐标输入"功能),此时输入的坐标值就是相对于基点的绝对坐标值。如图 8-61 中,前矩形的左下角点的坐标位置(90,16)是相对于基点的绝对坐标值,将基点移到该矩形的左下角点,然后左下角点(0,0)是相对于这个"临时"基点的相对坐标。

新的基点通过一个小的十字坐标系图标显示,此时,状态栏中新的基点坐标显示的不再是一般坐标,而是相对坐标。移动基点后状态栏坐标前有字母 D。

选择菜单栏中的"选项"→"移动基点"命令,激活移动基点,临时地改变基点的位置。执行此命令后,光标变成交叉形状并附加一个移动基点符号↰,将光标移到要设置成原点的位置单击即可,如图 8-62 所示。

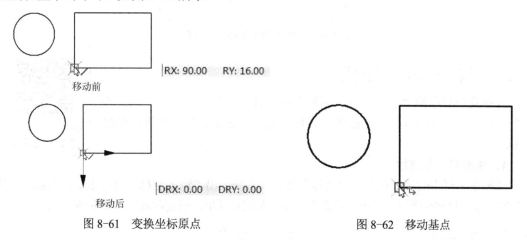

图 8-61 变换坐标原点   图 8-62 移动基点

若要恢复为原来的坐标系,选择菜单栏中的"选项"→"移动基点"命令,取消移动基点操作。

提示:

EPLAN 中的坐标系统,编辑电气原理图时,"电气工程"坐标的基点是在图框左上角;编辑图框表格时,"图形"坐标的基点在左下角。

8.6.2 坐标位置

在状态栏中显示光标的坐标,不同的坐标系下将显示不同的坐标值。

1. 绝对坐标

选择菜单栏中的"选项"→"坐标"命令,系统弹出"输入坐标"对话框,如图 8-63 所示,在"坐标系"选项组下选择不同工程下的坐标系,在"当前坐标位置"选项组下输入 X、Y 轴新坐标,输入新坐标后,将光标点位置从旧坐标点移动至新坐标点。

图 8-63 "输入坐标"对话框

2. 相对坐标

选择菜单栏中的"选项"→"相对坐标"命令,系统弹出"输入相对坐标"对话框,如图 8-64 所示,在"间隔"选项组下输入坐标点在 X、Y 轴移动的数据。

图 8-64 "输入相对坐标"对话框

8.6.3 实例——绘制开关符号

选择菜单栏中的"插入"→"图形"→"直线"命令,或者单击"图形"工具栏中的(插入直线)按钮，这时光标变成交叉形状并附带直线符号。

8.6.3 实例——
绘制开关符号

1. 绘制第一条直线

选择菜单栏中的"选项"→"坐标"命令,系统弹出"输入坐标"对话框,输入起点坐标(32,29),如图 8-65 所示,单击"确定"按钮,关闭对话框,确定起点,如图 8-66 所示。

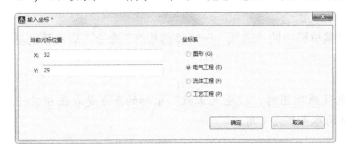

图 8-65 "输入坐标"对话框

图 8-66 确定起点

完成起点确认后,移动光标,如图 8-67 所示,变化坐标的坐标信息。选择菜单栏中的"选项"→"相对坐标"命令,系统弹出"输入相对坐标"对话框,输入第二点相对第一点移动坐标(1,0),如图 8-68 所示,单击"确定"按钮,关闭对话框,完成第一条直线的绘制,如图 8-69 所示。

图 8-67　移动光标　　　　图 8-68　"输入相对坐标"对话框　　　　图 8-69　绘制第一条直线

2．绘制第二条直线

此时鼠标仍处于绘制直线的状态，捕捉第一条直线的终点作为第二条直线的起点，选择菜单栏中的"选项"→"相对坐标"命令，系统弹出"输入相对坐标"对话框，输入第二点相对第一点移动坐标（2,-1），如图 8-70 所示，单击"确定"按钮，关闭对话框，确定终点，完成第二条直线的绘制，如图 8-71 所示。

图 8-70　"输入相对坐标"对话框　　　　图 8-71　绘制第二条直线

3．绘制第三条直线

此时鼠标仍处于绘制直线的状态，选择菜单栏中的"选项"→"坐标"命令，系统弹出"输入坐标"对话框，输入起点坐标（34,29），如图 8-72 所示，单击"确定"按钮，关闭对话框，在原理图中确定起点。

图 8-72　"输入坐标"对话框

完成起点确认后，移动光标，选择菜单栏中的"选项"→"相对坐标"命令，系统弹出"输入相对坐标"对话框，输入第二点相对第一点移动坐标（2,0），如图 8-73 所示，单击"确定"按钮，关闭对话框，确定终点，完成第三条直线的绘制，如图 8-74 所示。

 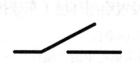

图 8-73　"输入相对坐标"对话框　　　　图 8-74　绘制第三条直线

8.6.4 增量

增量表示最小的增长单位，X、Y轴增长最小默认为1。

选择菜单栏中的"选项"→"增量"命令，系统弹出"增量"对话框，在"当前增量"选项下显示X、Y轴增长最小默认值，如图8-75所示。

图 8-75 "输入相对坐标"对话框

8.7 综合实例——车床控制电路

CA1640 型车床是我国自行设计制造的一种普通车床，车床最大工件回转半径为160mm，最大工件长度为500mm。CA1640 型车床电气控制电路包括主电路、控制电路及照明电路，如图 8-76 所示。从电源到三台电动机的电路称之为主电路，这部分电路中通过的电流大；由接触器、继电器组成的电路称之为控制电路，采用 110V 电源供电；照明电路中指示灯电压为6V，照明灯的电压为24V 安全电压。

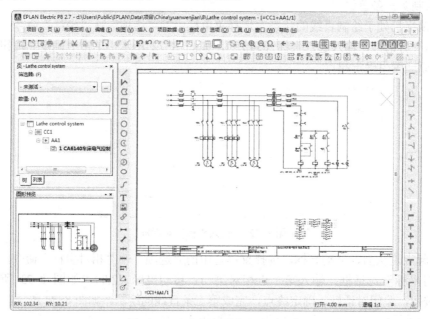

图 8-76 车床控制系统电路原理图

8.7.1 设置绘图环境（车床控制）

1. 创建项目

选择菜单栏中的"项目"→"新建"命令，或单击"默认"工具栏中的 按钮，弹出如图 8-77 所示的对话框，在"项目名称"文

8.7.1 设置绘图环境

本框下输入创建新的项目名称"Lathe control system",在"默认位置"文本框下选择项目文件的路径,在"模板"下拉列表中选择默认国家标准项目模板"GB_tpl001.ept"。

单击"确定"按钮,显示项目创建进度对话框,如图 8-78 所示,进度条完成后,弹出"项目属性"对话框,显示当前项目图纸的参数属性。默认"属性名-数值"列表中的参数,如图 8-79 所示,单击"确定"按钮,关闭对话框,在"页"导航器中显示创建的空白新项目"Lathe control system.elk",如图 8-80 所示。

图 8-77 "创建项目"对话框

图 8-78 进度对话框

图 8-79 "项目属性"对话框

图 8-80 空白新项目

2. 图页的创建

在"页"导航器中选中项目名称"Lathe control system.elk",选择菜单栏中的"页"→"新建"命令,或在"页"导航器中项目名称上单击右键,选择"新建"命令,弹出如图 8-81 所示的"新建页"对话框。

图 8-81 "新建页"对话框

在该对话框中"完整页名"文本框内输入电路图页名称,默认名称为"/1",在"页类型"下拉列表中选择"多线原理图"(交互式),"页描述"文本框输入图纸描述"CA6140 车床电气控制电路原理图",在"属性名-数值"列表中默认显示图纸的表格名称、图框名称、图纸比例与栅格大小。在"属性"列表中单击"新建"按钮,弹出"属性选择"对话框,选择"创建者的特别注释"属性,如图 8-82 所示,单击"确定"按钮,在添加的属性"创建者的特别注释"栏的"数值"列输入"三维书屋",完成设置的"新建页"对话框如图 8-83所示。

图 8-82 "属性选择"对话框

图 8-83 "新建页"对话框

单击"确定"按钮,在"页"导航器中创建原理图页 1。在"页"导航器中显示添加原理图页结果,如图 8-84 所示。

8.7.2 绘制主电路

主电路有 3 台电动机:M1 为主轴电动机,拖动主轴带着工件旋转,并通过进给运动链实现车床刀架的进给运动;M2 为冷却泵电动机,拖动冷却泵输出冷却液;M3 为溜板与刀架快速移动电动机,拖动溜板实现快速移动。

8.7.2 绘制主电路

图 8-84 新建图页文件

1. 插入电机元件

选择菜单栏中的"插入"→"符号"命令,弹出如图 8-85 所示的"符号选择"对话框,选择需要的元件-电机,完成元件选择后,单击"确定"按钮,原理图中在光标上显示浮动的元件符号,选择需要放置的位置,单击鼠标左键,元件被放置在原理图中,自动弹出"属性(元件):常规设备"对话框,输入设备标识符 M1,如图 8-86 所示。

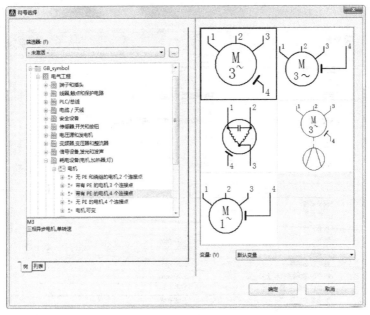

图 8-85 "符号选择"对话框

图 8-86 "属性(元件):常规设备"对话框

打开"部件"选项卡,单击 ··· 按钮,弹出"部件选择"对话框,如图 8-87 所示,选择电机设备部件,部件编号为"SEW.DRN90L4/FE/TH",添加部件后如图 8-88 所示。单击"确定"按钮,关闭对话框,放置 M1。使用同样的方法放置电机元件 M2,部件编号为"SEW.DRN90L4/FE/TH";放置电机元件 M3,部件编号为"SEW.K19DRS71M4/TF",结果如图 8-89 所示。同时,在"设备"导航器中显示新添加的电机元件 M1、M2、M3,如图 8-90 所示。

图 8-87 "部件选择"对话框

图 8-88 添加部件

图 8-89 放置电机元件

图 8-90　显示放置的元件

提示：

可以直接插入元件符号，不添加部件，在"设备"导航器中显示电机元件，如图 8-91 所示。为插入的元件 M3 添加部件"SEW.K19DRS71M4/TF"，如图 8-92 所示。也可以直接选择菜单栏中的"插入"→"设备"命令，插入设备"SEW.K19DRS71M4/TF"，结果与图 8-92 相同。

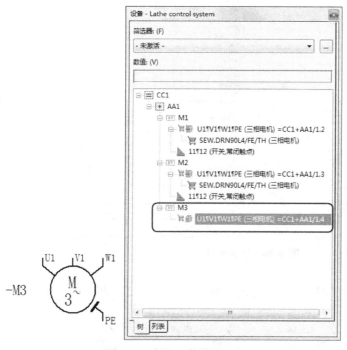

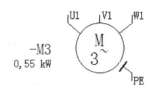

图 8-91　插入元件符号　　　　　　　　　　　图 8-92　插入电机设备

2．插入过载保护热继电器元件

选择菜单栏中的"插入"→"符号"命令，弹出如图 8-93 所示的"符号选择"对话框，选择需要的元件"热过载继电器"，单击"确定"按钮，关闭对话框。

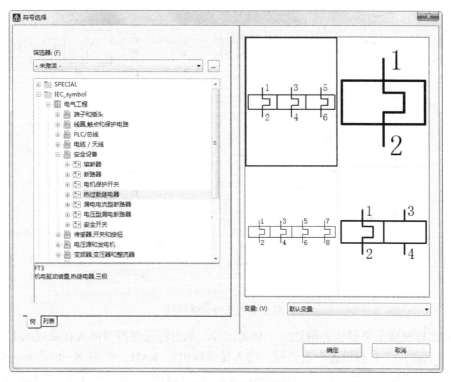

图 8-93　选择元件符号

这时光标变成十字形状并附加一个交叉记号，将光标移动到原理图电动机元件的垂直上方，单击完成元件符号插入，元件被放置在原理图中，自动弹出"属性（元件）：常规设备"对话框，输入设备标识符 FR1，完成属性设置后，单击"确定"按钮，关闭对话框，显示放置在原理图中与电机元件 M1 自动连接的热过载继电器元件 FR1，此时鼠标仍处于放置熔断器元件符号的状态，使用同样的方法，插入热过载继电器 FR2，按右键"取消操作"命令或按〈Esc〉键即可退出该操作，如图 8-94 所示。

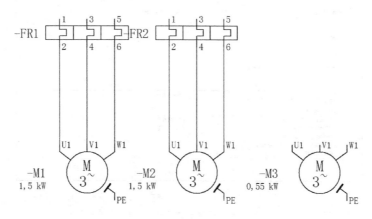

图 8-94　放置热过载继电器元件

3．插入接触器常开触点

选择菜单栏中的"插入"→"符号"命令，弹出如图 8-95 所示的"符号选择"对话框，选择需要的元件"常开触点"，单击"确定"按钮，关闭对话框。

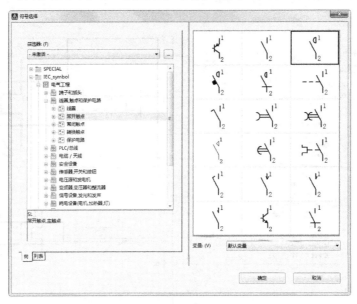

图 8-95　选择元件符号

这时光标变成十字形状并附加一个交叉记号，单击将元件符号插入在原理图中，自动弹出"属性（元件）：常规设备"对话框，输入设备标识符 KM1，如图 8-96 所示，完成属性设置后，单击"确定"按钮，关闭对话框，显示放置在原理图中与热过载继电器元件 FR1 自动连接的常开触点 KM1 的 1、2 连接点。

图 8-96　"属性（元件）：常规设备"对话框

此时鼠标仍处于放置常开触点元件符号的状态，继续插入 KM1 常开触点，自动弹出"属性（元件）：常规设备"对话框，输入设备标识符为空，连接点代号为"3¶4"，如图 8-97 所示，插入常开触点 KM1 的 3、4 连接点，使用同样的方法，继续插入 KM1 常开触点的 5、6 连接点，按右键"取消操作"命令或按〈Esc〉键退出该操作，如图 8-98 所示。

图 8-97 "属性（元件）：常规设备"对话框

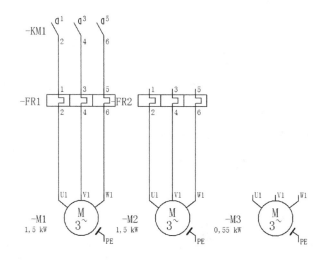

图 8-98 放置接触器常开触点 KM1

4．插入中间继电器

选择菜单栏中的"插入"→"设备"命令，弹出如图 8-99 所示的"部件选择"对话框，选择需要的设备"接触器"，设备编号为"SIE.3RT2015-1BB41-1AA0"，单击"确定"按钮，单击鼠标左键放置元件，如图 8-100 所示。

图 8-99 "部件选择"对话框

图 8-100 放置继电器

双击继电器线圈 K1，弹出"属性（元件）：常规设备"对话框，输入设备标识符-KA1，如图 8-101 所示。将中间继电器线圈 KA1 放置在一侧，用于后面控制电路的绘制。

双击继电器主触点，弹出"属性（元件）：常规设备"对话框，输入设备标识符"KA1"，如图 8-102 所示。

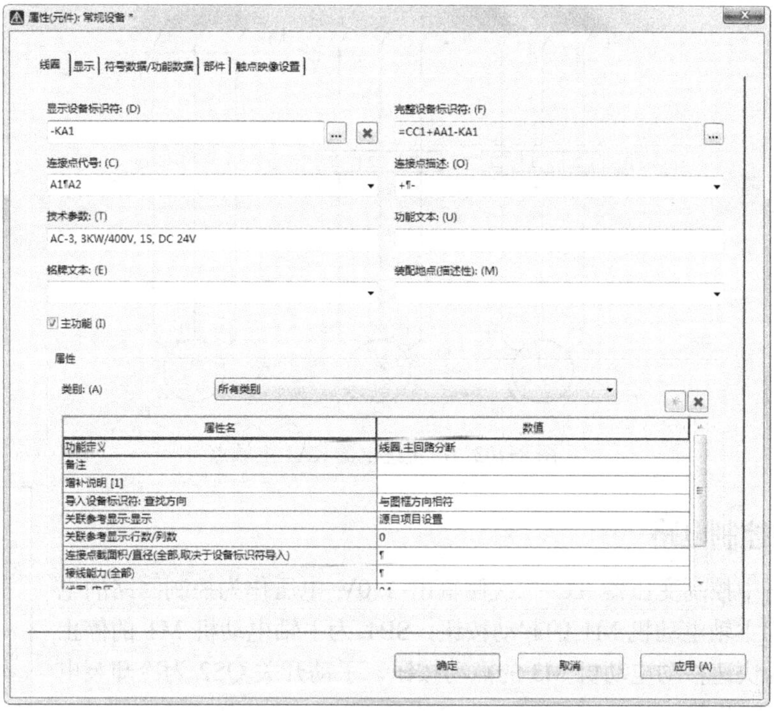

图 8-101 "属性（元件）：常规设备"对话框

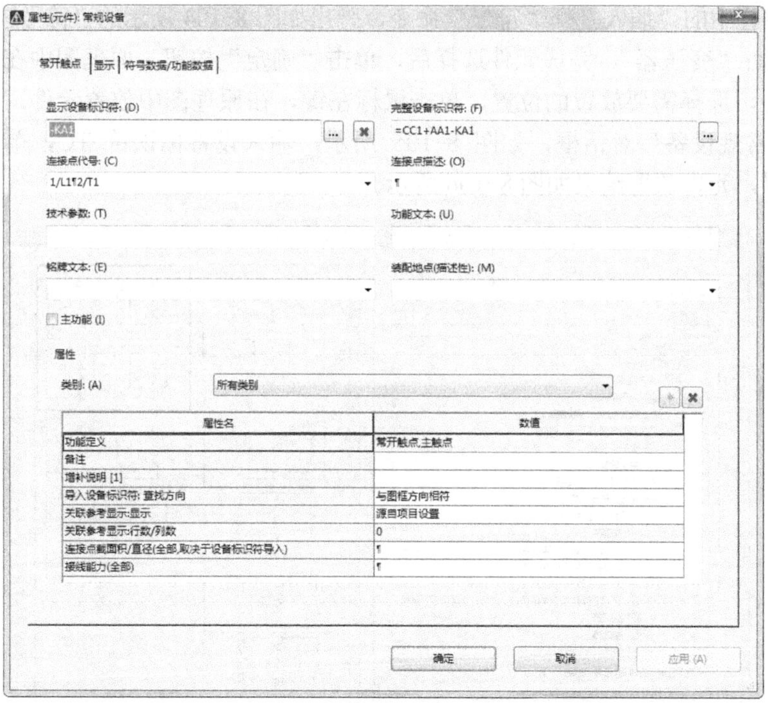

图 8-102 "属性（元件）：常规设备"对话框

将继电器 KA1 主触点放置到 M2、M3 上，如图 8-103 所示。

至此，完成主电路绘制。

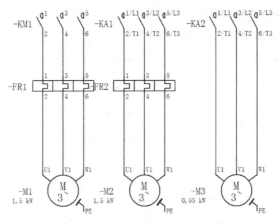

图 8-103　放置继电器 KA1 主触点

8.7.3　绘制控制电路

8.7.3　绘制控制电路

控制电路中控制变压器 TC 二次侧输出 110V 电压作为控制回路的电源，SB2 作为主轴电动机 M1 的起动按钮，SB1 为主轴电动机 M1 的停止按钮，SB3 为快速移动电动机 M3 的点动按钮，手动开关 QS2 为冷却泵电动机 M2 的控制开关。

1．插入变压器

选择菜单栏中的"插入"→"符号"命令，弹出如图 8-104 所示的"符号选择"对话框，选择需要的元件"变压器"，完成元件选择后，单击"确定"按钮，原理图中在光标上显示浮动的元件符号，选择需要放置的位置，单击鼠标左键，在原理图中放置元件，自动弹出"属性（元件）：常规设备"对话框，如图 8-105 所示，输入设备标识符 TC，单击"确定"按钮，完成设置，元件放置结果如图 8-106 所示。

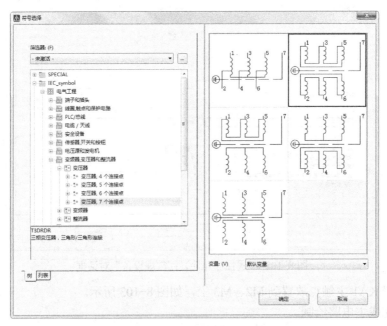

图 8-104　"符号选择"对话框

图 8-105 "属性（元件）：常规设备"对话框

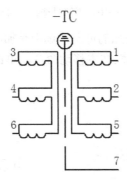

图 8-106 放置变压器元件

2．插入熔断器

选择菜单栏中的"插入"→"符号"命令，弹出如图 8-107 所示的"符号选择"对话框，选择需要的元件"熔断器"，完成元件选择后，单击"确定"按钮，原理图中在光标上显示浮动的元件符号，选择需要放置的位置，单击鼠标左键，在原理图中放置熔断器，自动弹出"属性（元件）：常规设备"对话框，输入设备标识符 FU2，单击"确定"按钮，完成设置。

此时鼠标仍处于放置熔断器的状态，继续插入熔断器 FU3、FU4，结果如图 8-108 所示。

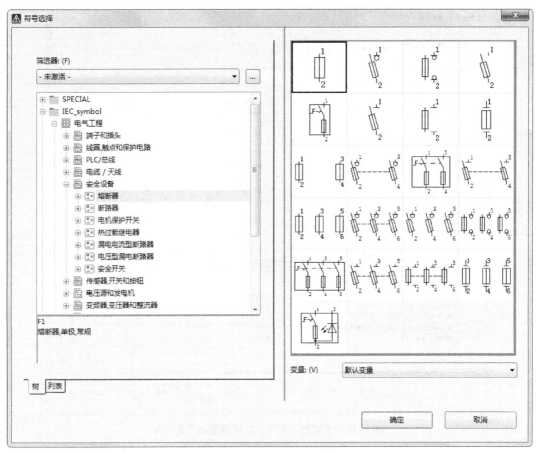

图 8-107 "符号选择"对话框

图 8-108 中出现文字与图形叠加的情况，选中叠加的元件，单击鼠标右键选择"文本"
→"移动属性文本"命令，激活属性文本移动命令，单击需要移动的属性文本，将其放置到
元件一侧，结果如图 8-109 所示。

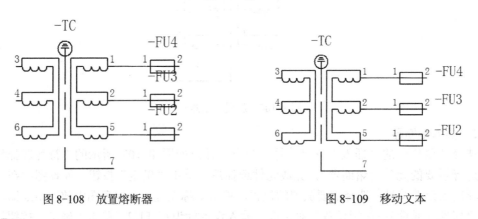

图 8-108　放置熔断器　　　　　　　　　　　　图 8-109　移动文本

提示：

在原理图绘制过程中再次出现叠加、压线的情况，同样采取此种方法，书中不再一一介
绍步骤。

3．插入保护热继电器常闭触点

选择菜单栏中的"插入"→"符号"命令，弹出如图 8-110 所示的"符号选择"对话框，选择需要的元件"常闭触点"，完成元件选择后，单击"确定"按钮，原理图中在光标上显示浮动的元件符号，选择需要放置的位置，单击鼠标左键，在原理图中放置常闭触点，自动弹出"属性（元件）：常规设备"对话框，输入设备标识符 FR1，单击"确定"按钮，完成设置，常闭触点放置结果如图 8-111 所示。

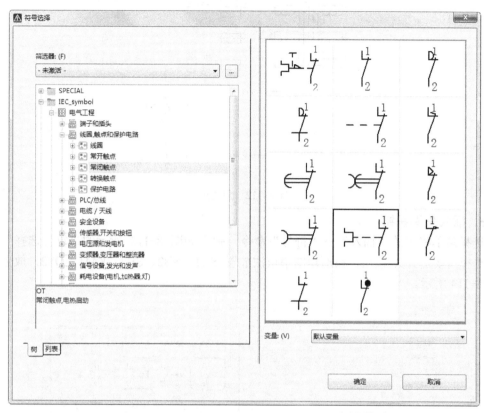

图 8-110 "符号选择"对话框

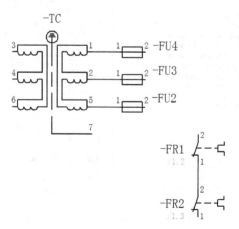

图 8-111 放置常闭触点

4．添加连接节点

选择菜单栏中的"插入"→"连接符号"→"角（左下）"命令，或单击"连接符号"工具栏中的"左下角"按钮▢，放置角，结果如图 8-112 所示。放置完毕，按右键"取消操作"命令或按〈Esc〉键退出该操作。

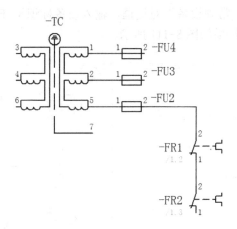

图 8-112　角连接

5．插入开关/按钮

选择菜单栏中的"插入"→"符号"命令，弹出如图 8-113 所示的"符号选择"对话框，选择需要的开关/按钮，在原理图中依次放置 SB1、SB2、SB3、KM1、QS2，放置结果如图 8-114 所示。

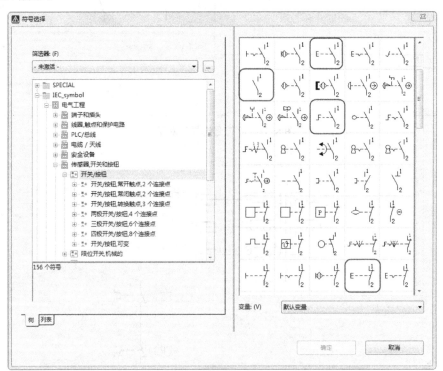

图 8-113　"符号选择"对话框

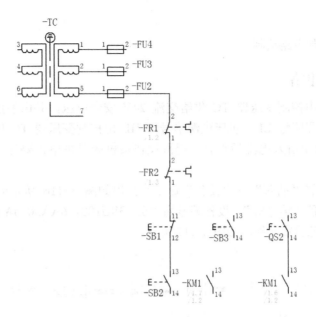

图 8-114 放置开关/按钮

复制中间继电器 KA1 的线圈，利用节点连接与角连接，与开关按钮进行连接，结果如图 8-115 所示。

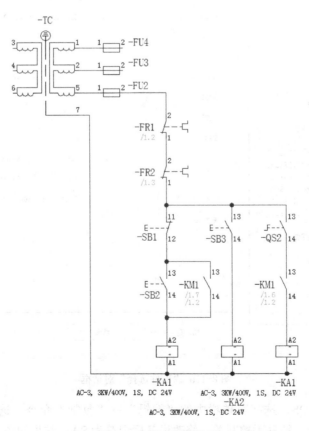

图 8-115 绘制控制电路

至此，完成控制电路绘制。

8.7.4 绘制照明电路

机床照明电路由控制变压器 TC 供给交流 24V 安全电压，并由手控
开关 SA 直接控制照明灯 EL；机床电源信号灯 HL 由控制变压器 TC 供
给 6V 电压，当机床引入电源后点亮，提醒操作员机床已带电，要注意
安全。

8.7.4 绘制照明
电路

选择菜单栏中的"插入"→"设备"命令，弹出如图 8-116 所示的"部件选择"对话
框，选择需要的设备"信号灯"，设备编号为"SIE.3SU1001-6AA50-0AA0"，单击"确定"
按钮，单击鼠标左键放置元件，如图 8-117 所示。

图 8-116 "部件选择"对话框

选择手控开关 QS，选择菜单栏中的"编辑"→"复制"命令，选择菜单栏中的"编
辑"→"粘贴"命令，粘贴手控开关，修改设备标识符为 SA，结果如图 8-118 所示。

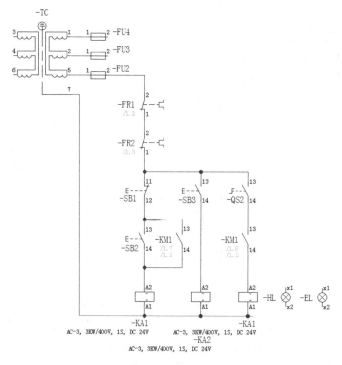

图 8-117　放置信号灯

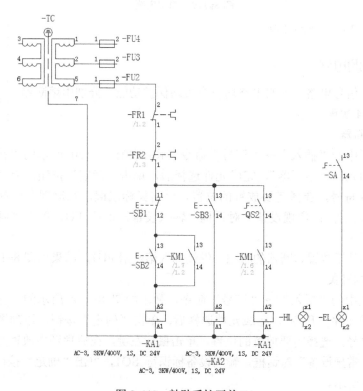

图 8-118　粘贴手控开关 SA

利用节点连接与角连接，连接控制电路与照明电路原理图，结果如图 8-119 所示。

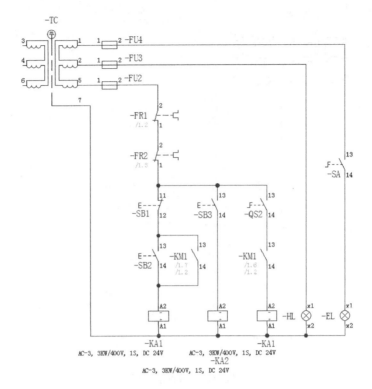

图 8-119 照明电路

至此,完成照明电路的绘制。

8.7.5 绘制辅助电路

控制电路、信号电路、照明电路均没有短路保护功能,分别由熔断器
FU2、FU3、FU4 实现。

8.7.5 绘制辅助
电路

1. 插入熔断器

选择菜单栏中的"插入"→"符号"命令,弹出如图 8-120 所示的"符号选择"对话
框,选择需要的元件"熔断器",完成元件选择后,单击"确定"按钮,原理图中在光标上
显示浮动的元件符号,选择需要放置的位置,单击鼠标左键,在原理图中放置熔断器,自
动弹出"属性(元件):常规设备"对话框,输入设备标识符 FU,单击"确定"按钮,完
成设置。

此时鼠标仍处于放置熔断器的状态,继续插入熔断器 FU1,结果如图 8-121 所示。

2. 插入控制开关

选择菜单栏中的"插入"→"符号"命令,弹出如图 8-122 所示的"符号选择"对话
框,选择需要的元件"开关",完成元件选择后,单击"确定"按钮,原理图中在光标上显
示浮动的元件符号,选择需要放置的位置,单击鼠标左键,在原理图中放置开关,自动弹出
"属性(元件):常规设备"对话框,输入设备标识符 SQ1,单击"确定"按钮,完成设置,
结果如图 8-123 所示。

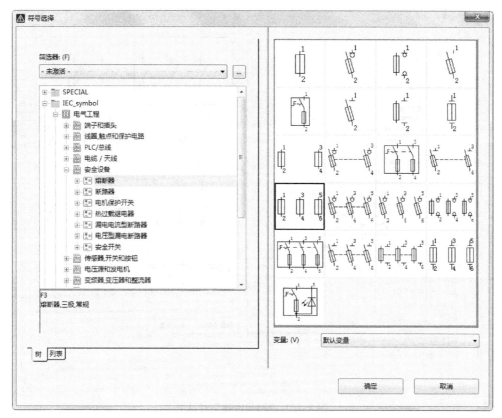

图 8-120 "符号选择"对话框

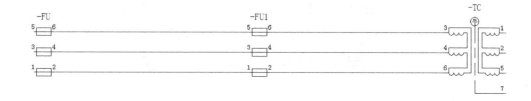

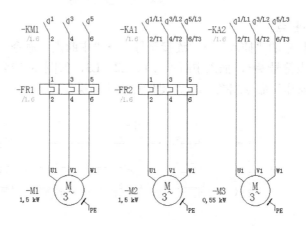

图 8-121 放置熔断器

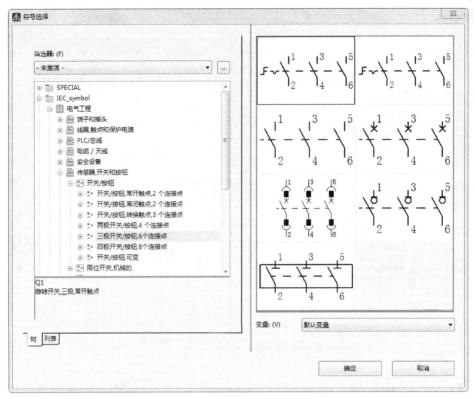

图 8-122 "符号选择"对话框

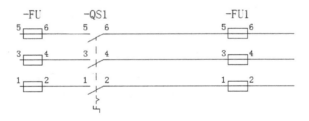

图 8-123 放置开关

3. 插入中断点

选择菜单栏中的"插入"→"连接符号"→"中断点"命令，此时光标变成交叉形状并附加一个中断点符号，插入中断点 L1、L2、L3，如图 8-124 所示。中断点插入完毕，按右键"取消操作"命令或按〈Esc〉键即可退出该操作。

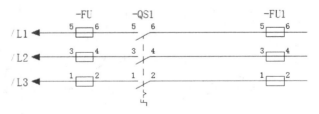

图 8-124 插入中断点

利用节点连接与角连接，连接控制电路与辅助电路原理图，至此，完成车床控制系统电路，如图8-125所示。

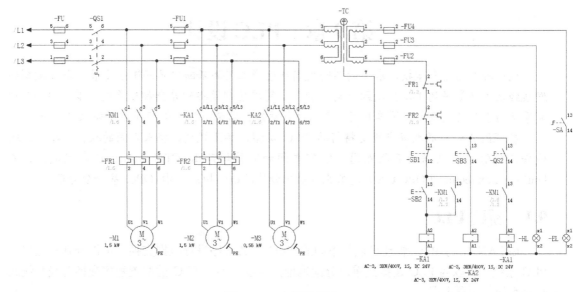

图8-125 电路原理图

第9章 PLC设计

电气控制随着科学技术水平的不断提高及生产工艺的不断完善而迅速发展，电气控制的发展经历了从最早的手动控制到自动控制，从简单控制设备到复杂控制系统。其中 PLC 控制系统由于其功能强大、简单易用，在机械、纺织、冶金、化工等行业应用越来越广泛。

在 EPLAN 中的数据交换支持新的 PLC 类型，按照规划，将来不同的软件、硬件、软硬件都能够进行数据的互联互通，它们之间的通信规范由 OPC UA 协议来完成。OPC Unified Architecture（OPC UA）是工业自动化领域的通信协议，由 OPC 基金会管理。

9.1 新建 PLC

EPLAN 中的 PLC 管理可以与不同的 PLC 配置程序进行数据交换，可以分开管理多个 PLC 系统，可以为 PLC 连接点重新分配地址，可以与不同 PLC 的配置程序交换总线系统或控制系统的配置数据。

在原理图编辑环境中，有专门的 PLC 命令与工具栏，如图 9-1 所示，各种 PLC 工具按钮与菜单中的各项 PLC 命令具有对应的关系。EPLAN 中使用 PLC 盒子和 PLC 连接点来表达 PLC。

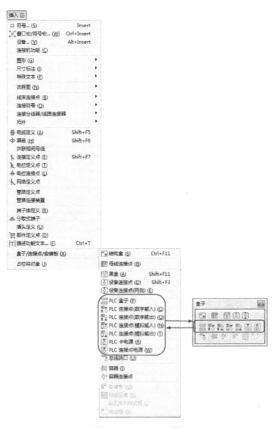

图 9-1 PLC 工具

- ![icon]：用于创建 PLC 盒子。
- ![icon]：用于创建 PLC 连接点，数字输入。
- ![icon]：用于创建 PLC 连接点，数字输出。
- ![icon]：用于创建 PLC 连接点，模拟输入。
- ![icon]：用于创建 PLC 连接点，模拟输出。
- ![icon]：用于创建 PLC 卡电源。

9.1.1 创建 PLC 盒子

在原理图中绘制各种 PLC 盒子，描述 PLC 系统的硬件。

1. 插入 PLC 盒子

选择菜单栏中的"插入"→"盒子连接点/连接板/安装板"→"PLC 盒子"命令，或单击"盒子"工具栏中的"PLC 盒子"按钮![icon]，此时光标变成交叉形状并附加一个 PLC 盒子符号![icon]。

将光标移动到需要插入 PLC 盒子的位置上，移动光标，选择 PLC 盒子的插入点，单击确定 PLC 盒子的角点，再次单击确定另一个角点，确定插入 PLC 盒子，如图 9-2 所示。此时光标仍处于插入 PLC 盒子的状态，重复上述操作可以继续插入其他的 PLC 盒子。PLC 盒子插入完毕，按右键"取消操作"命令或按〈Esc〉键即可退出该操作。

图 9-2 插入 PLC 盒子

2. 设置 PLC 盒子的属性

在插入 PLC 盒子的过程中，用户可以对 PLC 盒子的属性进行设置。双击 PLC 盒子或在插入 PLC 盒子后，弹出如图 9-3 所示的 PLC 盒子属性设置对话框，在该对话框中可以对 PLC 盒子的属性进行设置。

图 9-3 PLC 盒子属性设置对话框

1）在"显示设备标识符"中输入 PLC 盒子的编号，PLC 盒子名称可以是信号的名称，也可以自己定义。

2）打开"符号数据/功能数据"选项卡，如图 9-4 所示，显示 PLC 盒子的符号数据，在"编号/名称"文本框中显示 PLC 盒子编号名称，单击 按钮，弹出"符号选择"对话框，在符号库中重新选择 PLC 盒子符号，如图 9-5 所示，单击"确定"按钮，返回电缆属性设置对话框。显示选择名称后的 PLC 盒子，如图 9-6 所示。完成名称选择后的 PLC 盒子显示结果如图 9-7 所示。

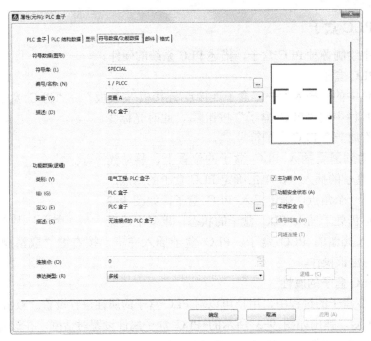

图 9-4 "符号数据/功能数据"选项卡

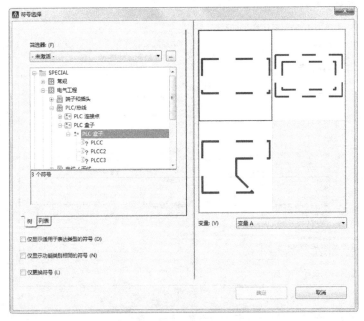

图 9-5 "符号选择"对话框

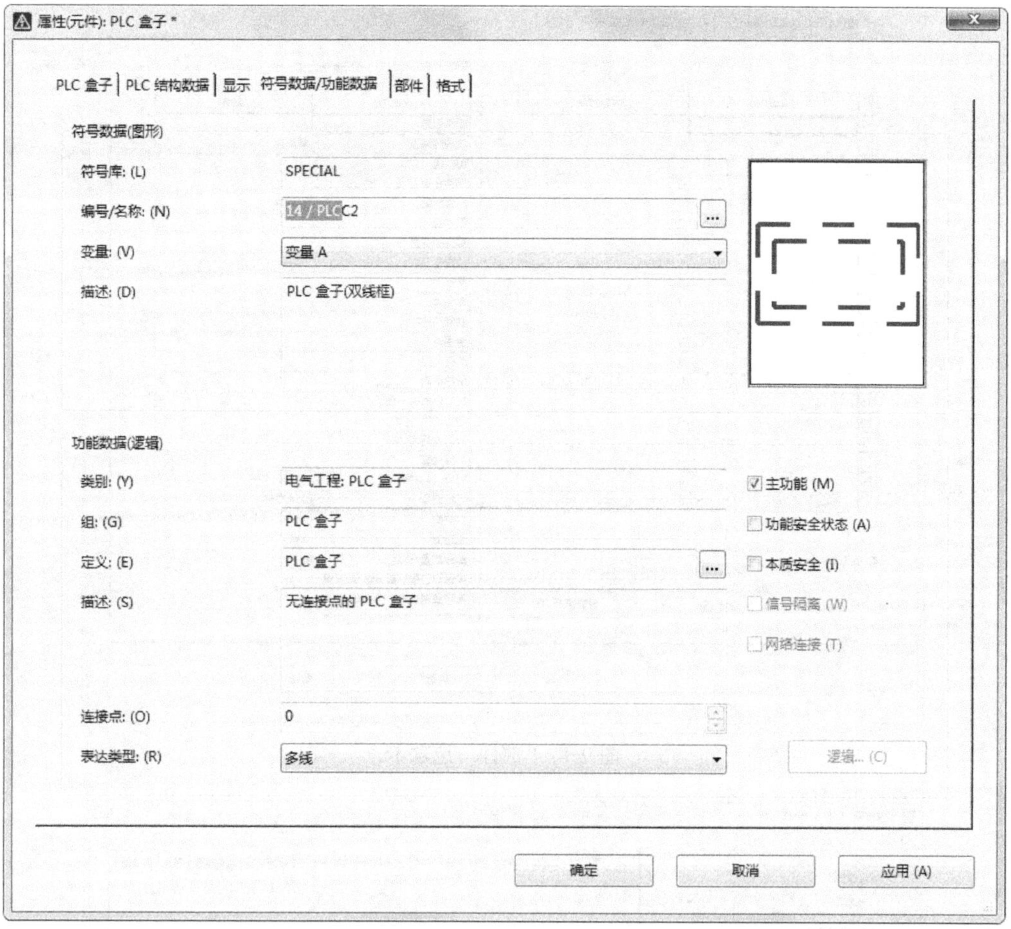

属性(元件): PLC 盒子 *

PLC 盒子 | PLC 结构数据 | 显示 符号数据/功能数据 | 部件 | 格式

符号数据(图形)

符号库: (L)　　　　　SPECIAL

编号/名称: (N)　　　14 / PLCC2

变量: (V)　　　　　变量 A

描述: (D)　　　　　PLC 盒子(双线框)

功能数据(逻辑)

类别: (Y)　　　　　电气工程: PLC 盒子　　　　　☑ 主功能 (M)

组: (G)　　　　　　PLC 盒子　　　　　　　　　☐ 功能安全状态 (A)

定义: (E)　　　　　PLC 盒子　　　　　　　　　☐ 本质安全 (I)

描述: (S)　　　　　无连接点的 PLC 盒子　　　　☐ 信号隔离 (W)

　　　　　　　　　　　　　　　　　　　　　　☐ 网络连接 (T)

连接点: (O)　　　　0

表达类型: (R)　　　多线　　　　　　　　　　　　逻辑... (C)

确定　　　取消　　　应用 (A)

图 9-6　设置 PLC 盒子编号

图 9-7　修改后的 PLC 盒子

3）打开"部件"选项卡，如图 9-8 所示，显示 PLC 盒子中已添加部件。在左侧"部件编号-件数/数量"列表中显示添加的部件。单击空白行"部件编号"中的"..."按钮，系统弹出如图 9-9 所示的"部件选择"对话框，在该对话框中显示部件管理库，可浏览所有部件信息，为元件符号选择正确的元件，结果如图 9-10 所示。

图 9-8 "部件"选项卡

图 9-9 "部件选择"对话框

图 9-10　选择部件

9.1.2　PLC 导航器

选择菜单栏中的"项目数据"→"PLC"→"导航器"命令，打开"PLC"导航器，如图 9-11 所示，包括"树"标签与"列表"标签。在"树"标签中包含项目所有 PLC 的信息，在"列表"标签中显示配置信息。

选型前　　　　　　　　　　　　　　　　　选型后

图 9-11　"PLC"导航器

在选中的 PLC 盒子上单击鼠标右键，弹出如图 9-12 所示的快捷菜单，提供新建和修改 PLC 的功能。

1）选择"新建"命令，弹出"部件选择"对话框，选择 PLC 型号，创建一个新的 PLC，如图 9-13 所示，也可以选择一个相似的 PLC 执行复制命令，进行修改以达到新建 PLC 的目的。

图 9-12　快捷菜单

图 9-13　新建 PLC

2）直接将"PLC"导航器中的 PLC 连接点拖动到 PLC 盒子上，直接完成 PLC 连接点的放置，如图 9-14 所示。若需要插入多个连接点，选择第一个连接点，同时按〈SHIFT〉键一次选择到最后一个连接点放入原理图中。

图 9-14　拖动导航器中的 PLC 连接点

9.1.3　PLC 连接点

通常情况下，PLC 连接点代号在每张卡中仅允许出现一次，而在 PLC 中可多次出现。如果通过附加插头名称区分 PLC 连接点，则连接点代号允许在一张卡中多次出现。连接点描述每个通道只允许出现一次，而每个卡可出现多次。卡电源可具有相同的连接点描述。

在实际设计中常用的 PLC 连接点有以下几种，如图 9-15 所示。

PLC 数字输入（DI）。

PLC 数字输出（DO）。

PLC 模拟输入（AI）。

PLC 模拟输出（AO）。

PLC 连接点：多功能（可编程的 IO 点）。

PLC 端口和网络连接点。

1. PLC 数字输入

选择菜单栏中的"插入"→"盒子连接点/连接板/安装板"→"PLC 连接点（数字输入）"命令，或单击"盒子"工具栏中的"PLC 连接点（数字输入）"按钮，此时光标变成交叉形状并附加一个 PLC 连接点（数字输入）符号⊹⊱。将光标移动到 PLC 盒子边框上，移动光标，单击鼠标左键确定 PLC 连接点（数字输入）的位置，如图 9-16 所示。此时光标仍处于放置 PLC 连接点（数字输入）的状态，重复上述操作可以继续放置其他的 PLC 连接点（数字输入）。PLC 连接点（数字输入）放置完毕，按右键"取消操作"命令或按〈Esc〉键即可退出该操作。

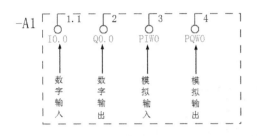

图 9-15　常用的 PLC 连接点　　　　　　图 9-16　放置 PLC 连接点（数字输入）

在光标处于放置 PLC 连接点（数字输入）的状态时按〈Tab〉键，旋转 PLC 连接点（数字输入）符号，变换 PLC 连接点（数字输入）模式。

2. 设置 PLC 连接点（数字输入）的属性

在插入 PLC 连接点（数字输入）的过程中，用户可以对 PLC 连接点（数字输入）的属性进行设置。双击 PLC 连接点（数字输入）或在插入 PLC 连接点（数字输入）后，弹出如图 9-17 所示的 PLC 连接点（数字输入）属性设置对话框，在该对话框中可以对 PLC 连接点（数字输入）的属性进行设置。

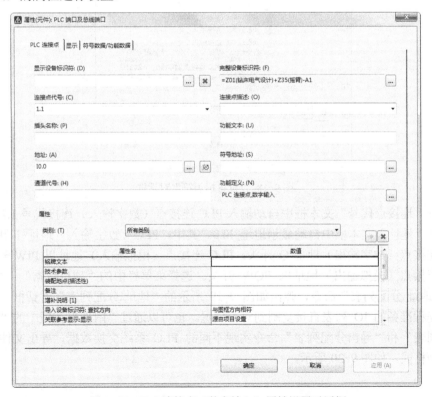

图 9-17　PLC 连接点（数字输入）属性设置对话框

- 在"显示设备标识符"中输入 PLC 连接点（数字输入）的编号。单击 □ 按钮，弹出如图 9-18 所示的"设备标识符"对话框，在该对话框中选择 PLC 连接点（数字输入）的标识符，完成选择后，单击"确定"按钮，关闭对话框，返回 PLC 连接点（数字输入）属性设置对话框。

图 9-18 "设备标识符"对话框

- 在"连接点代号"文本框中自动输入 PLC 连接点（数字输入）连接代号 1.1。
- 在"地址"文本框中自动显示地址 I0.0。其中，PLC（数字输入）地址 I 开头，PLC 连接点（数字输出）地址 Q 开头，PLC 连接点（模拟输入）地址以 PIW 开头，PLC 连接点（模拟输出）地址以 PQW 开头。选择菜单栏中的"项目数据"—"PLC"->"地址\分配列表"命令，弹出如图 9-19 所示的"地址\分配列表"对话框，通过它将编程准备的 IO 列表直接复制到对应位置。也可以通过"附件"按钮中的"导入分配列表"和"导出分配列表"命令实现不同的 PLC 系统交换数据，导出文件可以有多种格式，如图 9-20 所示。

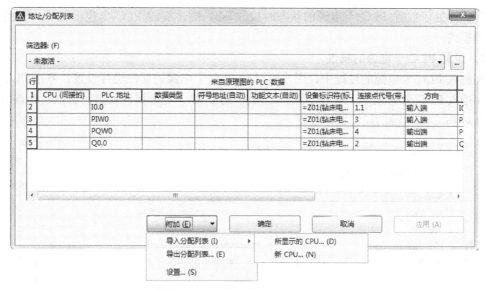

图 9-19 "地址\分配列表"对话框

图 9-20 放置 PLC 连接点（数字输入）

PLC 连接点（数字输出）、PLC 连接点（模拟输入）、PLC 连接点（模拟输出）的插入方法与 PLC 连接点（数字输入）的插入方法相同，这里不再赘述。

9.1.4 PLC 电源和 PLC 卡电源

在 PLC 设计中，为避免传感器故障对 PLC 本体的影响，确保安全回路切断 PLC 输出端时 PLC 通信系统仍然能够正常工作，故把 PLC 电源和通道电源分开供电。

1. PLC 卡电源

为 PLC 卡供电的电源称为 PLC 卡电源。

选择菜单栏中的"插入"→"盒子连接点/连接板/安装板"→"PLC 卡电源"命令，或单击"盒子"工具栏中的"PLC 卡电源"按钮，此时光标变成交叉形状并附加一个 PLC 卡电源符号。

将光标移动到 PLC 盒子边框上，移动光标，单击鼠标左键确定 PLC 卡电源的位置，如图 9-21 所示。此时光标仍处于放置 PLC 卡电源的状态，重复上述操作可以继续放置其他的 PLC 卡电源。PLC 卡电源放置完毕，按右键"取消操作"命令或按〈Esc〉键即可退出该操作。

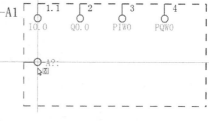

图 9-21 放置 PLC 卡电源

在光标处于放置 PLC 卡电源的状态时按〈Tab〉键，旋转 PLC 卡电源符号，变换 PLC 卡电源模式。

2．设置 PLC 卡电源的属性

在插入 PLC 卡电源的过程中，用户可以对 PLC 卡电源的属性进行设置。双击 PLC 卡电源或在插入 PLC 卡电源后，弹出如图 9-22 所示的 PLC 卡电源属性设置对话框，在该对话框中可以对 PLC 卡电源的属性进行设置。

图 9-22　PLC 卡电源属性设置对话框

● 在"显示设备标识符"中输入 PLC 卡电源的编号。

● 在"连接点代号"文本框中自动输入 PLC 卡电源连接代号。

● 在"连接点描述"文本框下拉列表中选择 PLC 卡电源符号，例如 DC、L+、M。结果如图 9-23 所示。

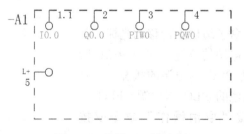

图 9-23　放置 PLC 卡电源

3．PLC 电源

为 PLC IO 通道供电的电源称为 PLC 连接点电源。

选择菜单栏中的"插入"→"盒子连接点/连接板/安装板"→"PLC 连接点电源"命令，或单击"盒子"工具栏中的"PLC 连接点电源"按钮，此时光标变成交叉形状并附加一个 PLC 连接点电源符号。

将光标移动到 PLC 盒子边框上，移动光标，单击鼠标左键确定 PLC 连接点电源的位置。此时光标仍处于放置 PLC 连接点电源的状态，重复上述操作可以继续放置其他的 PLC 连接点电源。PLC 连接点电源放置完毕，按右键"取消操作"命令或按〈Esc〉键即可退出该操作。

在光标处于放置 PLC 连接点电源的状态时按〈Tab〉键，旋转 PLC 连接点电源符号，变换 PLC 连接点电源模式。

4．设置 PLC 连接点电源的属性

在插入 PLC 连接点电源的过程中，用户可以对 PLC 连接点电源的属性进行设置。双击 PLC 连接点电源或在插入 PLC 连接点电源后，弹出如图 9-24 所示的 PLC 连接点电源属性设置对话框，在该对话框中可以对 PLC 连接点电源的属性进行设置。

图 9-24　PLC 连接点电源属性设置对话框

- 在"显示设备标识符"中输入 PLC 连接点电源的编号。
- 在"连接点代号"文本框中自动输入 PLC 连接点电源连接代号。
- 在"连接点描述"文本框下拉列表中选择 PLC 连接点电源代号，例如 1M、2M。

结果如图 9-25 所示。

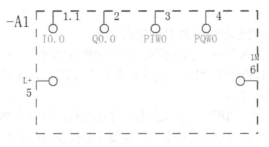

图 9-25　放置 PLC 连接点电源

9.1.5　创建 PLC

创建 PLC 包括窗口宏和总览宏。

框选 PLC，选择菜单栏中的"编辑"→"创建窗口宏/符号宏"命令，或在选中电路上单击鼠标右键选择"创建窗口宏/符号宏"命令，或按〈Ctrl+5〉键，系统将弹出如图 9-26 所示的宏"另存为"对话框。在"目录"文本框中输入 PLC 目录，在"文件名"文本框中输入 PLC 名称。

图 9-26　"另存为"对话框

在"表达类型"下拉列表中选择 EPLAN 中"多线"类型。在"变量"下拉列表中可选择变量 A，勾选"考虑页"复选框，单击"确定"按钮，完成 PLC 窗口宏创建。

选择菜单栏中的"插入"→"窗口宏/符号宏"命令，或按〈M〉键，系统将弹出如图 9-27 所示的宏"选择宏"对话框，在之前的保存目录下选择创建的"m.ema"宏文件。

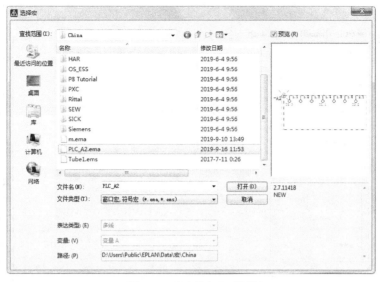

图 9-27 "选择宏"对话框

单击"打开"命令,此时光标变成交叉形状并附加选择的宏符号,如图 9-28 所示,将光标移动到需要插入宏的位置上,在原理图中单击鼠标左键确定插入宏。此时系统自动弹出"插入模式"对话框,选择插入宏的标示符编号格式与编号方式,如图 9-29 所示。此时光标仍处于插入宏的状态,重复上述操作可以继续插入其他的宏。宏插入完毕,按右键"取消操作"命令或按〈Esc〉键即可退出该操作。

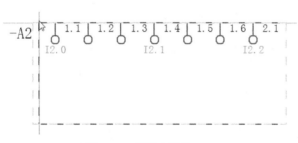

图 9-28 显示宏符号

图 9-29 "插入模式"对话框

可以发现,插入宏后的电路模块与原电路模块相比,如图 9-30 所示,仅多了一个虚线组成的边框,称之为宏边框,宏通过宏边框储存宏的信息,如果原始宏项目中的宏发生改变,可以通过宏边框来更新项目中的宏。

双击宏边框,弹出如图 9-31 所示的宏边框属性设置对话框,在该对话框中可以对宏边框的属性进行设置,在"宏边框"选显卡下可设置插入点坐标,改变插入点位置。宏边框属性设置还包括"显示""符号数据""格式""部件数据分配"选项卡,与一般的元件属性设置类似,宏可看作是一个特殊的元件,该元件可能是多个元件和连接导线或电缆的组合,在"部件数据分配"选项卡中显示不同的元件的部件分配。如图 9-32 所示。

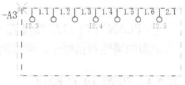

图 9-30 插入宏后

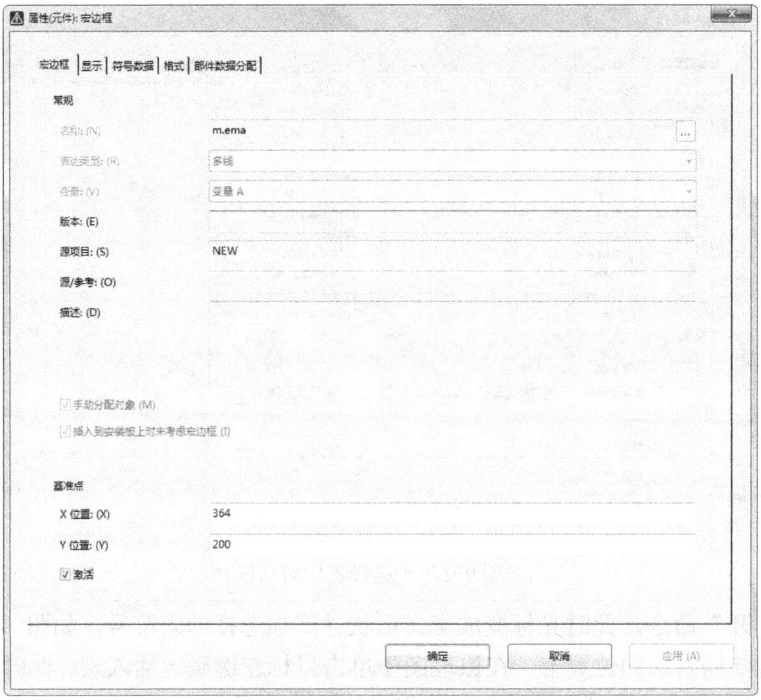

图 9-31 宏边框属性设置对话框

图 9-32 "部件数据分配"选项卡

9.2 PLC 编址

EPLAN 中对 PLC 编址有三种方式: 地址、符号地址、通道代号。在 PLC 的连接点及连接点电源的属性对话框中, 可以随意编辑地址, 但对于 PLC 卡电源 (CPS), 地址是无法输入的。

9.2.1 设置 PLC 编址

选择菜单栏中的"选项"→"设置"命令, 弹出"设置"对话框, 选择"项目"→"项

目名称"→"设备"→"PLC"选项，在"PLC 相关设置"下拉列表中选择系统预设的一些
PLC 的编址格式，如图 9-33 所示。单击⬚按钮，弹出"设置：PLC 相关"对话框，单击⬚
按钮，添加特殊 PLC 的编址格式，如图 9-34 所示。

图 9-33 "PLC"选项

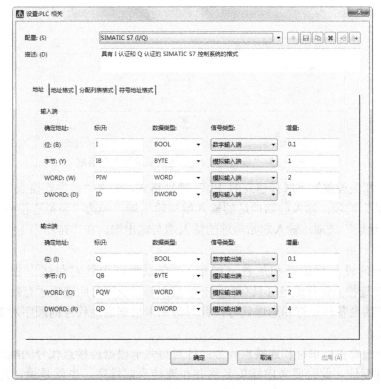

图 9-34 "设置：PLC 相关"对话框

9.2.2 进行 PLC 编址

选择整个项目或者在"PLC"导航器中选择需要编址的 PLC，选择菜单栏中的"项目数据"→"PLC"→"PLC 编址"命令，弹出"重新确定 PLC 连接点地址"对话框，如图 9-35 所示。

图 9-35 "重新确定 PLC 连接点地址"对话框

在"PLC 相关设置"下选择建立的 PLC 地址格式，勾选"数字连接点"复选框，激活"数字起始地址"选项，输入起始地址的输入端与输出端。勾选"模拟连接点"复选框，激活"模拟起始地址"选项，输入起始地址的输入端与输出端。在"排序"下拉列表中选择排序方式。

- 根据卡的设备标识符和放置（图形）：在原理图中针对每张卡根据其图形顺序对 PLC 连接点进行编址（只有在所有连接点都已放置时此选项才有效）。
- 根据卡的设备标识符和通道代号：针对每张卡根据通道代号的顺序对 PLC 连接点进行编址。
- 根据卡的设备标识符和连接点代号：针对每张卡根据连接点代号的顺序对 PLC 连接点进行编址。此时要考虑插头名称并在连接点前排序，也就是说，连接点"-A2-

1.2"在连接点"-A2-1.1"之前。

单击"确定"按钮，进行编址，结果如图9-36所示。

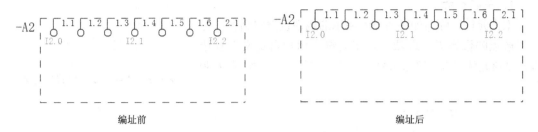

图9-36 PLC编制

9.2.3 触点映像

触点映像是指电气图中触点示意图，包括刀闸、公共触点、常开常闭触点符号，用于表达电器元件的控制逻辑。在 EPLAN 中，通过线圈和触点使用相同的"显示设备标识"自动生成触点映像，触点映像包括元件上的触点映像和路径上的触点映像。

双击元件，弹出元件属性对话框，打开"显示"选项卡，在"触点映像"下拉列表中选择触点映像的三个类型，包括"无""在元件""在路径"，如图9-37所示。

图9-37 "显示"选项卡

单击 按钮，弹出"触点映像位置"对话框，勾选"自动排列"复选框，自动排列触点映像。不自动排列触点映像，设置该元件或该路径上触点映像的 XY 坐标，如图 9-38 所示。

图 9-38 "触点映像位置"对话框

1. 关联参考

双击元件，弹出如图 9-39 所示的属性设置对话框，打开"触点映像设置"选项卡，未勾选"用户自定义"复选框，则该元件只有关联参考号，无触点映像符号，如图 9-40 所示。

图 9-39 "触点映像"选项卡

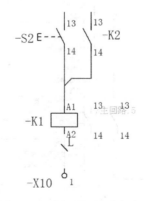

图 9-40 选择成对关联参考

2. 元件上的触点映像

选择菜单栏中的"选项"→"设置"命令，弹出"设置"对话框，选择"项目"→"项目名称"→"关联参考/触点映像"→"元件上的触点映像"选项，设置整个项目中元件上触点映像的显示格式，显示为自己的关联参考或符号映像，如图 9-41 所示。

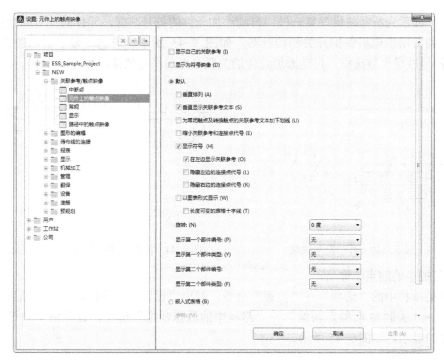

图 9-41 "元件上的触点映像"选项

　　双击元件，弹出如图 9-42 所示的属性设置对话框，打开"触点映像设置"选项卡，勾选"用户自定义"复选框，显示该元件的触点映像符号，如图 9-42 所示。

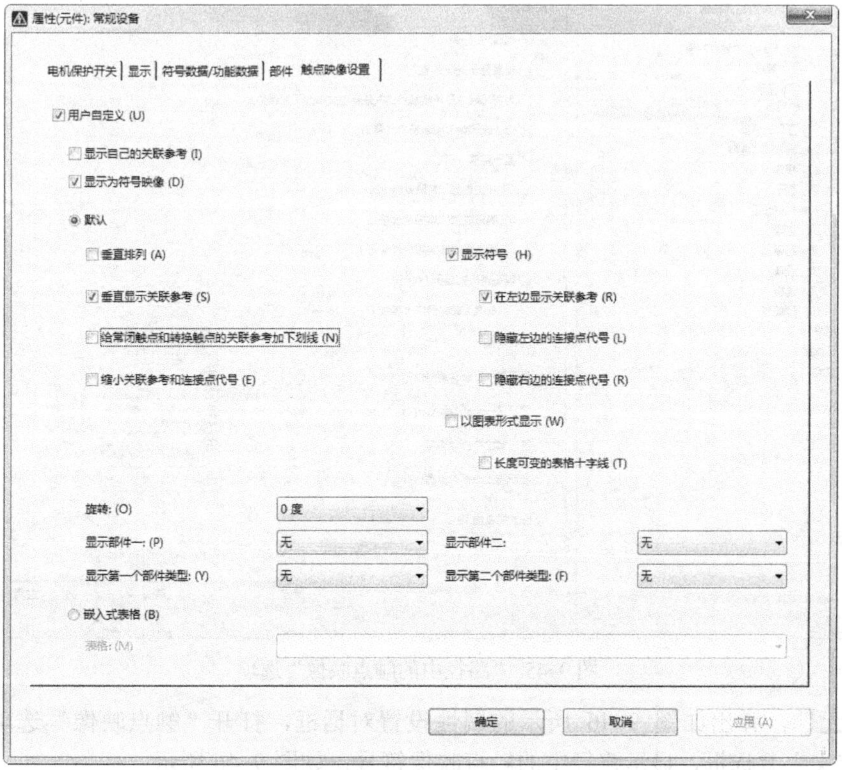

图 9-42　属性设置对话框

勾选"显示为符号映像"复选框,自动添加元件的符号映像,元件的符号映像在元件旁边显示,通常用于电机保护开关和接触器,如图 9-43 所示。勾选"显示自己的关联参考""显示为符号映像"复选框,自动添加元件的关联参考与符号映像,如图9-44 所示。

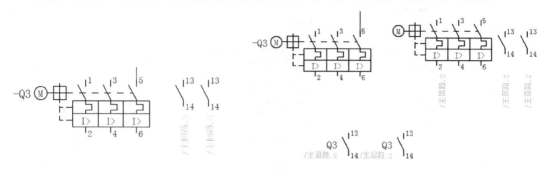

图 9-43 显示添加元件的符号映像   图 9-44 添加元件的关联参考与符号映像

3．路径中的触点映像

选择菜单栏中的"选项"→"设置"命令,弹出"设置"对话框,选择"项目"→"项目名称"→"关联参考/触点映像"→"路径中的触点映像"选项,设置整个项目中路径上触点映像的显示,如图 9-45 所示。

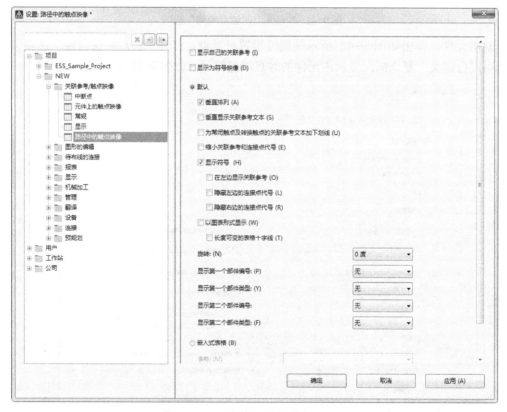

图 9-45 "路径中的触点映像"选项

双击元件,弹出如图 9-46 所示的属性设置对话框,打开"触点映像"选项卡,勾选"用户自定义"复选框,显示路径中的触点映像符号,如图 9-46 所示。

图9-46 属性设置对话框

勾选"显示为符号映像"复选框，自动添加符号映像，一般在标题栏的路径区域中显示。如图9-47所示。

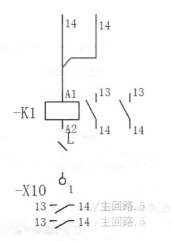

图9-47 自动添加符号映像

4. 触点映像位置

在 EPLAN 中绘制电气图纸时，会自动添加触点信息，但添加的触点关联信息显示位置可能需要修改。

在原理图页上单击鼠标右键，选择"属性"命令，弹出"页属性"对话框，在"属性名-数值"列表中显示当前图纸页的属性，如图9-48所示。单击 按钮，弹出"属性选择"

对话框，选择与触点映像相关的属性，<12059>触点映像间距（元件上）；<12061>触点映像偏移（控制偏移位置）；<12060>触点映像间距（路径中），如图9-49所示，单击"确定"按钮，将属性添加到"页属性"对话框中，如图9-50所示。

图9-48 "页属性"对话框

图9-49 "属性选择"对话框

图9-50 添加属性

在"属性名"对应的"数值"列中输入对应的间距值。

9.2.4　PLC 总览输出

在原理图页上单击鼠标右键，选择"新建"命令，弹出"页属性"对话框，在图纸中新建页，"页类型"选择为"总览（交互式）"，如图 9-51 所示。

图 9-51　"页属性"对话框

建立总览页，绘制的部件总览是以信息汇总的形式出现的，不作为实际电气接点应用。

9.3　综合实例——花样喷泉控制电路

喷泉广泛用于广场、车站、公园等公共休闲娱乐场所。用 PLC 控制喷泉，可变换不同的造型及颜色。

喷泉平面图如图 9-52 所示，喷泉由五种不同的水柱组成，其中 1 表示大水柱所在的位置，其水柱较大，喷射高度较高；2 表示中水柱所在的位置，由 6 支中水柱均匀分布在 2 的圆（r=2m）的轨迹上，水量比大水柱的水量小，其喷射高度比大水柱低；3 表示小水柱，它由 150 支小水柱均匀分布在 3（r=3m）的圆的轨迹上，其水柱较细，其喷射高度比中水柱略矮；4 和 5 为花朵式和旋转式喷泉，各由 19 支喷头组成，均匀分布在 4 和 5 的轨迹上，其水量压力均较弱。

整个喷泉喷射分为 8 段，每段持续 1min，各段自动转换，

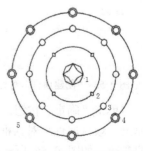

图 9-52　喷泉平面示意图

全过程持续 8min。

花样喷泉 PLC 的输入输出端口分配见表 9-1。

表 9-1　花样喷泉 PLC 的输入输出端口分配表

输入			输出		
名称	代号	输入点编号	名称	代号	输出点编号
起动按钮	SB1	X0	大水柱接触器	K1	Y0
停止按钮	SB2	X1	中水柱接触器	K2	Y1
			小水柱接触器	K3	Y2
			花朵式喷泉接触器	K4	Y3
			旋转式喷泉接触器	K5	Y4
			大水柱映灯接触器	K6	Y5
			中水柱映灯接触器	K7	Y6
			小水柱映灯接触器	K8	Y7
			花朵式喷泉映灯接触器	K9	Y10
			旋转式喷泉映灯接触器	K10	Y11

9.3.1　设置绘图环境（花样喷泉控制）

1. 创建项目

选择菜单栏中的"项目"→"新建"命令，或单击"默认"工具栏中的 （新项目）按钮，弹出如图 9-53 所示的对话框，在"项目名称"文本框下输入创建新的项目名称"Pattern Fountain Control"，在"默认位

9.3.1　设置绘图环境

置"文本框下选择项目文件的路径，在"模板"下拉列表中选择带 GOST 标准标识结构的项目模板"GOST_tpl001.ept"，如图 9-54 所示。

<table>
<tr><td style="text-align:center">图 9-53　"创建项目"对话框</td><td style="text-align:center">图 9-54　"项目模板"对话框</td></tr>
</table>

单击"确定"按钮，显示项目模板导入进度对话框，如图 9-55 所示，进度条完成后，弹出"项目属性"对话框，显示当前项目的图纸的参数属性。默认"属性名-数值"列表中的参数，如图 9-56 所示，单击"确定"按钮，关闭对话框，在"页"导航器中显示创建的空白新项目"Pattern Fountain Control.elk"，如图 9-57 所示。

图 9-55 进度对话框 　　　　　　　　　　 图 9-56 "项目属性"对话框

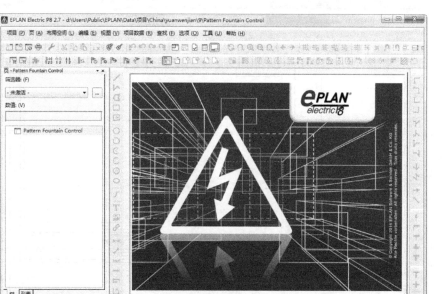

图 9-57 创建新项目

2. 图页的创建

在"页"导航器中选中项目名称"Pattern Fountain Control.elk",选择菜单栏中的"页"→"新建"命令,或在"页"导航器中选中项目名称后单击右键,选择"新建"命令,弹出如图 9-58 所示的"新建页"对话框。在该对话框中"完整页名"文本框内输入电路图页名称,默认名称为"/1",单击▣按钮,弹出"完整页名"对话框,输入高层代号与位置代号,如图 9-59 所示;在"页类型"下拉列表中选择"多线原理图(交互式)";在"页描述"文本框中输入图纸描述"PLC 线路图"。

图 9-58 "新建页"对话框

图 9-59 "完整页名"对话框

单击"确定"按钮,在"页"导航器中创建原理图页 1。在"页"导航器中显示添加原理图页结果,如图 9-60 所示。

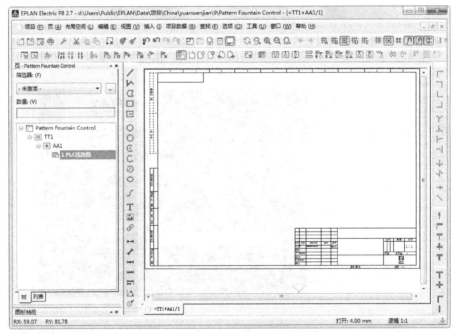

图 9-60 新建图页文件

9.3.2 绘制 PLC

1. 插入 PLC 盒子

9.3.2 绘制 PLC

选择菜单栏中的"插入"→"盒子连接点/连接板/安装板"→"PLC盒子"命令,或单击"盒子"工具栏中的"PLC 盒子"按钮 ,此时光标变成交叉形状并附加一个 PLC 盒子符号 ,单击确定 PLC 盒子的角点,再次单击确定另一个角点,确定插入 PLC 盒子。弹出如图 9-61 所示的 PLC 盒子属性设置对话框,在"显示设备标识符"中输入 PLC 盒子的编号。打开"格式"选项卡,在"线型"下拉列表下选择线型,如图 9-62 所示,单击"确定"按钮,关闭对话框。结果如图 9-63 所示。此时光标仍处于插入 PLC 盒子的状态,按右键"取消操作"命令或按〈Esc〉键即可退出该操作。

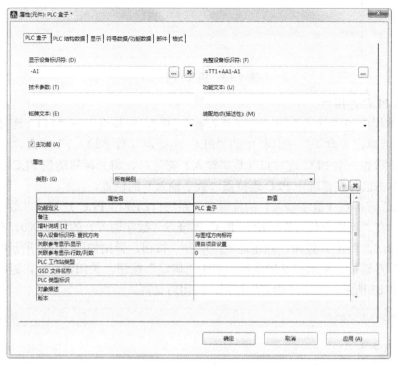

图 9-61   PLC 盒子属性设置对话框

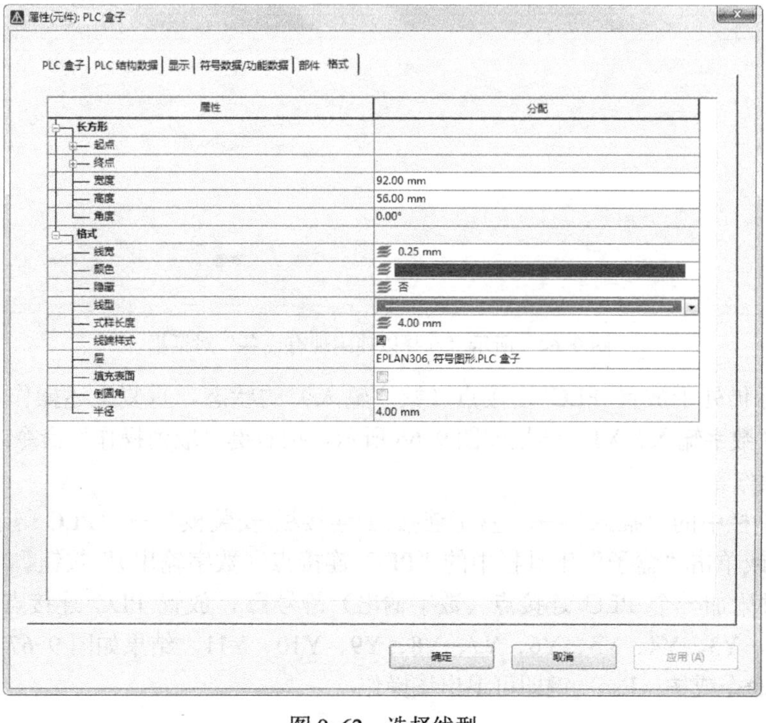

图 9-62   选择线型

图 9-63　插入 PLC 盒子

2．插入 PLC 连接点

选择菜单栏中的"插入"→"盒子连接点/连接板/安装板"→"PLC 连接点（数字输入）"命令，或单击"盒子"工具栏中的"PLC 连接点（数字输入）"按钮，此时光标变成交叉形状并附加一个 PLC 连接点（数字输入）符号，将光标移动到 PLC 盒子边框上，移动光标，单击鼠标左键确定 PLC 连接点（数字输入）的位置。

确定 PLC 连接点（数字输入）的位置后，系统自动弹出 PLC 连接点（数字输入）属性设置对话框，在"连接点代号"中输入 PLC 连接点（数字输入）的编号 X0。在"地址"栏默认认地址为 I0.0，单击 按钮，归还地址；单击 按钮，弹出如图 9-64 所示的"选择以使用现有设备"对话框，显示定义的地址。单击"确定"按钮，关闭对话框，返回属性设置对话框，如图 9-65 所示，单击"确定"按钮，关闭对话框。

图 9-64　所示"选择以使用现有设备"对话框

此时光标仍处于放置 PLC 连接点（数字输入）的状态，重复上述操作可以继续放置 PLC 连接点（数字输入）X1，结果如图 9-66 所示，按右键"取消操作"命令或按〈Esc〉键即可退出该操作。

选择菜单栏中的"插入"→"盒子连接点/连接板/安装板"→"PLC 连接点（数字输出）"命令，或单击"盒子"工具栏中的"PLC 连接点（数字输出）"按钮，此时光标变成交叉形状并附加一个 PLC 连接点（数字输出）符号，放置 PLC 连接点（数字输出）Y0、Y1、Y2、Y3、Y4、Y5、Y6、Y7、Y8、Y9、Y10、Y11，结果如图 9-67 所示，按右键"取消操作"命令或按〈Esc〉键即可退出该操作。

图 9-65 PLC 连接点（数字输入）属性设置对话框

图 9-66 放置 PLC 连接点（数字输入）

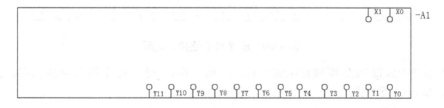

图 9-67 放置 PLC 连接点（数字输出）

3. PLC 电源

选择菜单栏中的"插入"→"盒子连接点/连接板/安装板"→"PLC 连接点电源"命令，或单击"盒子"工具栏中的"PLC 电源"按钮，此时光标变成交叉形状并附加一个 PLC 连接点电源符号，放置 PLC 连接点电源 COM，弹出如图 9-68 所示的 PLC 连接点电源属性设置对话框，在该对话框中可以对 PLC 连接点电源的属性进行设置，在"连接点代号"中输入 PLC 连接点电源的编号。重复上述操作可以继续放置其他的 PLC 连接点电源

COM1、COM2、COM3，如图 9-69 所示。PLC 连接点电源放置完毕，按右键"取消操作"命令或按〈Esc〉键即可退出该操作。

图 9-68　PLC 连接点电源属性设置对话框

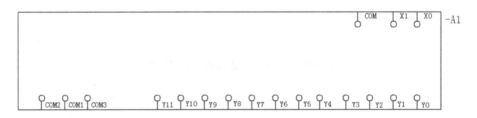

图 9-69　放置 PLC 连接点电源

在光标处于放置 PLC 连接点电源的状态时按〈Tab〉键，旋转 PLC 连接点电源符号，变换 PLC 连接点电源模式。

4．PLC 卡电源

选择菜单栏中的"插入"→"盒子连接点/连接板/安装板"→"PLC 卡电源"命令，或单击"盒子"工具栏中的"PLC 卡电源"按钮，此时光标变成交叉形状并附加一个 PLC 卡电源符号，放置 PLC 卡电源 L，弹出如图 9-70 所示的 PLC 卡电源属性设置对话框，在该对话框中可以对 PLC 连接点电源的属性进行设置，在"符号数据/功能数据"选项卡中选择符号数据，单击"编号/名称"后的 按钮，弹出如图 9-71 所示的"符号选择"对话框，选择 PLC 卡电源符号，结果如图 9-72 所示。

图 9-70 PLC 卡电源属性设置对话框

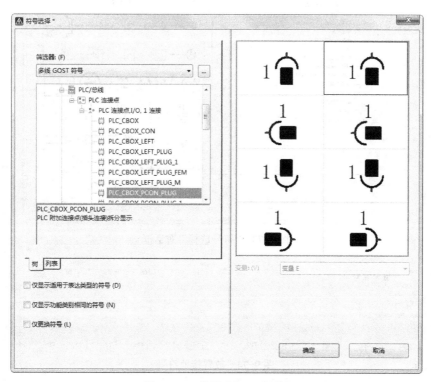

图 9-71 "符号选择"对话框

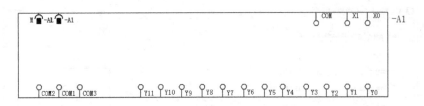

图 9-72　放置 PLC 卡电源

重复上述操作可以继续放置 PLC 卡电源 N。PLC 卡电源放置完毕，按右键"取消操作"命令或按〈Esc〉键即可退出该操作。

在光标处于放置 PLC 卡电源的状态时按〈Tab〉键，旋转 PLC 卡电源符号，变换 PLC 卡电源模式。

5. 插入接地

选择菜单栏中的"插入"→"符号"命令，弹出如图 9-73 所示的"符号选择"对话框，选择需要的接地符号，完成元件选择后，单击"确定"按钮，在原理图中放置元件，如图 9-74 所示。

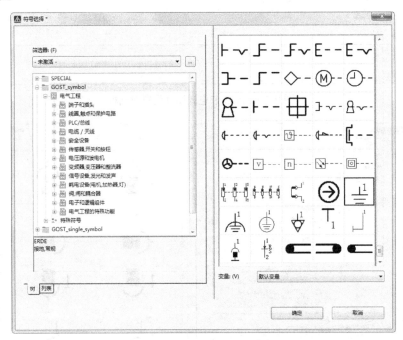

图 9-73　"符号选择"对话框

图 9-74　放置接地符号

6. 组合 PLC

框选绘制完成的 PLC，选择菜单栏中的"编辑"→"其他"→"组合"命令，将 PLC

盒子、PLC 连接点、PLC 电源,将其组成一体。

双击组合好的 PLC 元件,弹出属性设置对话框,打开"部件"选项卡,单击 .... 按钮,弹出"部件选择"对话框,如图 9-75 所示,选择设备部件,部件编号为"PXC.2703994",添加部件后如图 9-76 所示。单击"确定"按钮,关闭对话框。

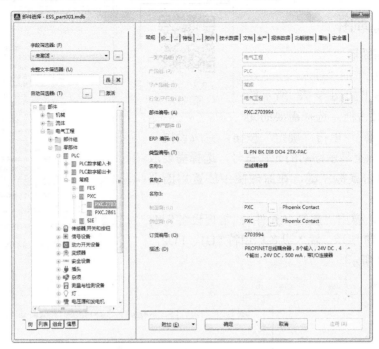

图 9-75 "部件选择"对话框

图 9-76 添加部件

选择菜单栏中的"项目数据"→"PLC"→"导航器"命令，打开"PLC"导航器，如图 9-77 所示，显示 PLC 及 PLC 中的输入点、输出点。

9.3.3 绘制原理图

9.3.3 绘制
原理图

1. 插入熔断器

选择菜单栏中的"插入"→"设备"命令，弹出如图 9-78 所示的"部件选择"对话框，选择需要的元件部件"熔断器"，单击"确定"按钮，完成设置，原理图中在光标上显示浮动的元件符号，选择需要放置的位置，单击鼠标左键，在原理图中放置熔断器 FU1、FU2。

双击设备，弹出"属性（元件）：常规设备"对话框，如图 9-79 所示，输入设备标识符 FU1、FU2，结果如图 9-80 所示。

图 9-77　显示 PLC

图 9-78　"部件选择"对话框

图 9-79 "属性（元件）：常规设备"对话框

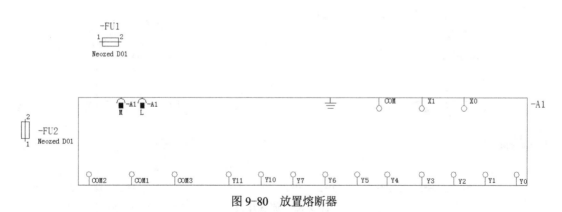

图 9-80 放置熔断器

2．插入开关

选择菜单栏中的"插入"→"设备"命令，弹出如图 9-81 所示的"部件选择"对话框，选择需要的元件部件"开关"，单击"确定"按钮，完成设置，原理图中在光标上显示浮动的元件符号，选择需要放置的位置，单击鼠标左键，在原理图中放置开关 SB1、SB2。

双击设备，弹出"属性（元件）：常规设备"对话框，输入设备标识符 SB1、SB2，结果如图 9-82 所示。

图 9-81 "部件选择"对话框

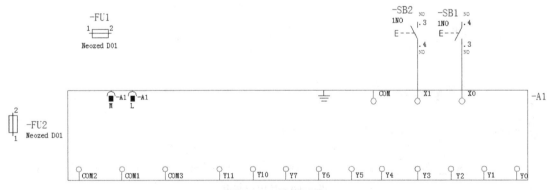

图 9-82 放置开关

3. 插入线圈

1）选择菜单栏中的"插入"→"设备"命令，弹出如图 9-83 所示的"部件选择"对话框，选择需要的元件部件"线圈"，单击"确定"按钮，完成设置，原理图中在光标上显示浮动的元件符号，选择需要放置的位置，单击鼠标左键，在原理图中放置线圈 K1，结果如图 9-84 所示。

图 9-83 "部件选择"对话框

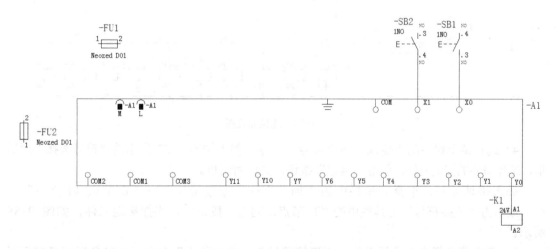

图 9-84 放置线圈

2）选择线圈 K1，选择菜单栏中的"编辑"→"复制"命令，选择菜单栏中的"编辑"→"粘贴"命令，粘贴线圈 K1，设置插入模式为"编号"，插入线圈，结果如图 9-85 所示。

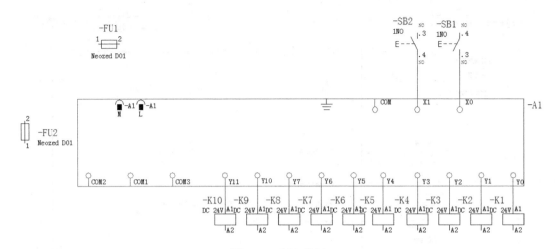

图 9-85 插入线圈

3）选择菜单栏中的"插入"→"连接符号"→"T 节点（向右）"命令，或单击"连接符号"工具栏中的"T 节点，向右"按钮 ，选择菜单栏中的"插入"→"连接符号"→"T 节点（向右）"命令，或单击"连接符号"工具栏中的"T 节点，向右"按钮 ，连接原理图，如图 9-86 所示。

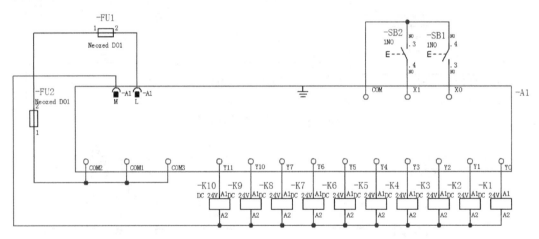

图 9-86 连接原理图

4）选择菜单栏中的"插入"→"符号"命令，弹出如图 9-87 所示的"符号选择"对话框，选择需要的接地元件，单击"确定"按钮，关闭对话框。

插入接地元件，选择菜单栏中的"插入"→"连接符号"→"T 节点（向右）"命令，或单击"连接符号"工具栏中的"T 节点，向右"按钮 ，连接接地元件，如图 9-88 所示。

5）选择菜单栏中的"插入"→"连接符号"→"中断点"命令，此时光标变成交叉形状并附加一个中断点符号 ，插入中断点 L、N，如图 9-89 所示。

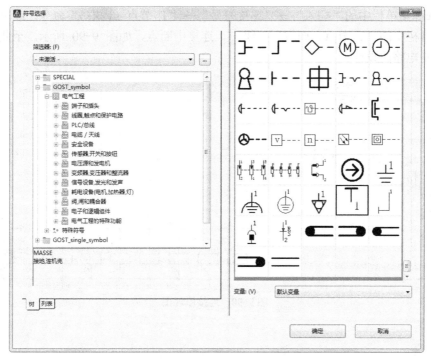

图 9-87　"符号选择"对话框

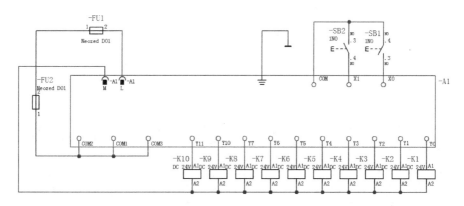

图 9-88　插入接地元件

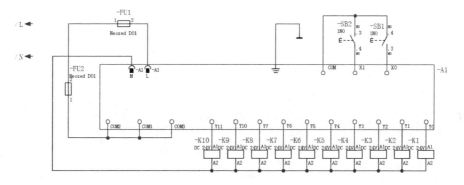

图 9-89　插入中断点

6）选择菜单栏中的"插入"→"连接符号"→"T 节点（向右）"命令，或单击"连接符号"工具栏中的"T 节点，向右"按钮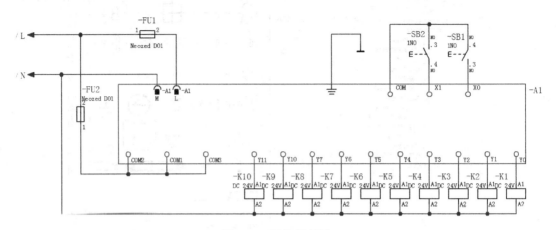，连接中断点，如图 9-90 所示。至此，完成花样喷泉控制电路的设计。

图 9-90　连接原理图

第10章　报表生成与输出

原理图设计完成后，经常需要输出一些数据或图纸。报表是以一种图形表格方式输出、生成的一类项目图纸页，本节将介绍 EPLAN 原理图的打印与报表输出。

EPLAN 具有丰富的报表功能，可以方便地生成各种不同类型的报表。当电路原理图设计完成并且经过编译检测后，应该充分利用系统所提供的这种功能来创建各种原理图的报表文件。借助于这些报表，用户能够从不同的角度，更好地掌握整个项目的有关设计信息，为下一步的设计工作做好充足的准备。

10.1　报表设置

选择菜单栏中的"选项"→"设置"命令，系统弹出"设置"对话框，在"项目"→"NEW"→"报表"选项，包括"显示/输出""输出为页""部件"三个选项卡，如图 10-1 所示。

图 10-1　"设置：显示/输出"对话框

10.1.1 显示/输出

打开"显示/输出"选项卡，设置报表的显示与输出格式。在该选项卡中可以进行报表的有关选项设置。

- 相同文本替换为：对于相同文本，为避免重复显示，使用"="替代。
- 可变数值替换为：用于对项目中占位符对象的控制，在部件汇总表中替代当前的占位符文本。
- 输出组的起始页偏移量：作为添加的报表变量。
- 将输出组填入设备标识块：与属性设置对话框中的"输出组"组合使用，作为添加的报表变量。
- 按主标识符合并报表：激活此复选框后，当标识符变化时，生成表格数据中最后一个标示符结束后不产生分页符，直接输出下一个数据。
- 电缆/端子/插头：处理最小数量记录数据时允许制定项目数据输出。
- 电缆表格中读数的符号：在端子图表中，使用制定的符号替代芯线颜色。

10.1.2 输出为页

打开"输出为页"选项卡，预定设置表格，如图 10-2 所示。在该选项卡中可以进行报表的有关选项设置。

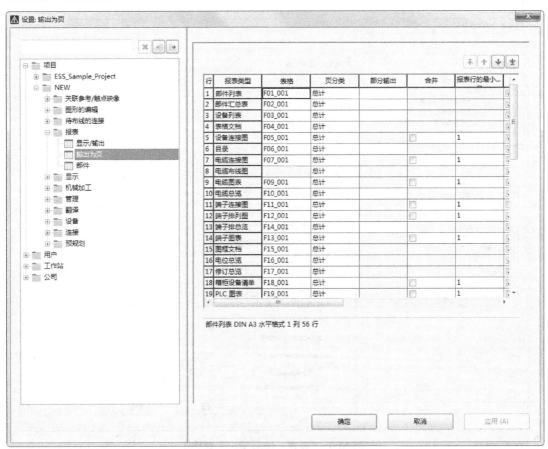

图 10-2 "输出为页"选项卡

- 报表类型：默认系统下提供所有报表类型，根据项目要求，选择需要生成的项目类型。
- 表格：确定表格模板，单击按钮▼，选择"查找"命令，弹出如图 10-3 所示的"选择表格"对话框，用于选择表格模板，激活"预览"复选框，预览表格，单击"打开"按钮，导入选中的表格。

图 10-3 "选择表格"对话框

- 页分类：确定输出的图纸页报表的保存结构，单击■按钮，弹出"页分类-部件列表"对话框，如图 10-4 所示，设置排序依据。

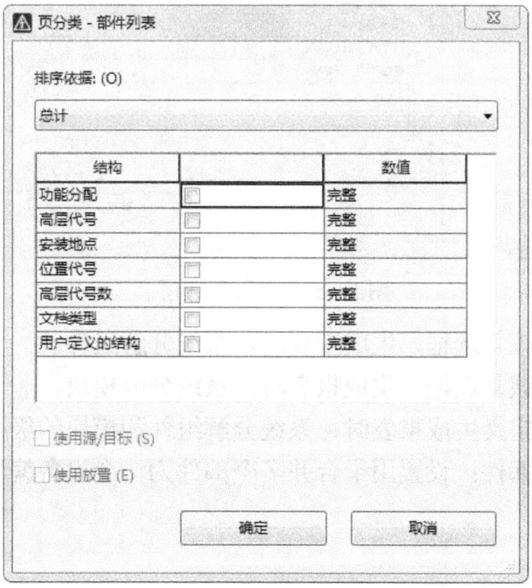

图 10-4 "页分类-部件列表"对话框

- 部分输出：根据"页分类"设置，为每一个高层代号生成一个同类的部分报表。
- 合并：将分散在不同页上的表格合并在一起连续生成。
- 报表行的最小数量：指定了到达换页前生成数据集的最小行数。
- 子页面：输出报表时，报表页名用子页名命名。
- 字符：定义子页的命名格式。

10.1.3 部件

打开"部件"选项卡，如图 10-5 所示，该选项卡用于定义在输出项目数据生成报表时部件的处理操作。在该选项卡中可以进行报表的有关选项设置。

图 10-5 "部件"选项卡

- 分解组件：勾选该复选框，生成报表时，系统分解组件。
- 分解模块：勾选该复选框，生成报表时，系统分解模块。
- 达到级别：可以定义生成报表时，系统分解组件和模块的级别，默认级别为 1。
- 汇总一个设备的部件：设置用于合并多个部件为一个设备编号显示。

10.2 报表生成

选择菜单栏中的"工具"→"报表"命令，弹出如图 10-6 所示的子菜单，用于生成报表。

图 10-6　子菜单

选择菜单栏中的"工具"→"报表"→"生成"命令，弹出"报表"对话框，如图 10-7 所示，在该对话框中包括"报表"和"模板"两个选项卡，分别用于生成没有模板与有模板的报表。

图 10-7　"报表"对话框

10.2.1　自动生成报表

打开"报表"选项卡，显示项目文件下的文件。在项目文件下包含"页"与"嵌入式报表"两个选项，展开"页"选项，显示该项目下的图纸页，如图 10-8 所示。"嵌入式报表"不是单独成页的报表，是在原理图或安装板图中放置的报表，只统计本图纸中的部件。

图 10-8 "页"选项

单击"新建"按钮 ，打开"确定报表"对话框，如图 10-9 所示。

图 10-9 "确定报表"对话框

在"输出形式"下拉列表中显示可选择项：

- 页：表示报表一页页显示。
- 手动放置：嵌入式报表。
- 源项目：选择需要的项目。
- 选择报表类型：选择生成报表的类型，安装板的报表是柜箱设备清单。
- 当前页：生成当前页的报表。
- 手动选择：不勾选该复选框，生成的报表包含所有柜体；勾选该复选框，包括多个机柜时，只生成选中机柜的报表。

单击"设置"按钮，在该按钮下包含三个命令，"显示/输出""输出为页"和"部件"，用于设置报表格式。

选择报表种类后，单击"确定"按钮，弹出"设置-端子图表"对话框，如图 10-10 所示，系统提供筛选器和排序的默认配置，按照预定义要求输出项目数据，并生成报表。

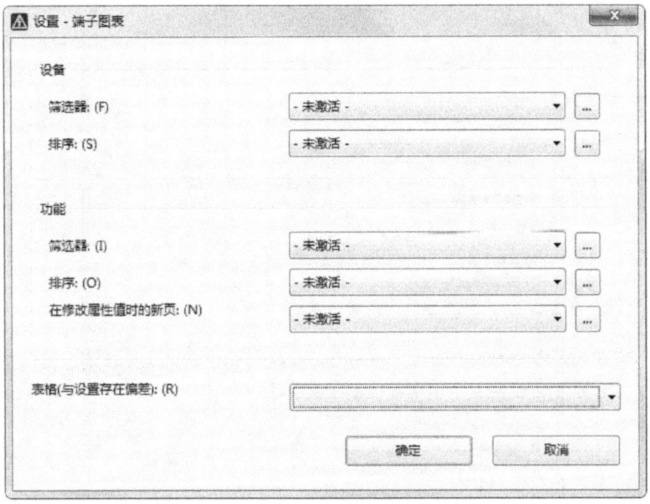

图 10-10 "设置-端子图表"对话框

某些生成的部件汇总表中有些部件编号为空，表示部件无型号，因此需要设置筛选器。单击"筛选器"后的扩展按钮，打开"筛选器"对话框，设置新的筛选规则，如图 10-11 所示。生成的报表是包含部件型号的。

图 10-11 "筛选器"对话框

完成设置后，单击"确定"按钮，打开"端子图表"对话框（选择不同的报表类型，打开不同的对话框），输入新建报表的高层代号和位置代号，（表示是报表类中的部件表），如图 10-12 所示。

图 10-12 "端子图表"对话框

10.2.2 实例——创建自动化流水线电路

1. 打开项目

选择菜单栏中的"项目"→"打开"命令,弹出如图 10-13 所示的"打开项目"对话框,选择项目文件的路径,打开项目文件"Auto Production Line.elk",如图 10-14 所示。

10.2.2 实例——创建自动化流水线电路

图 10-13 打开项目文件

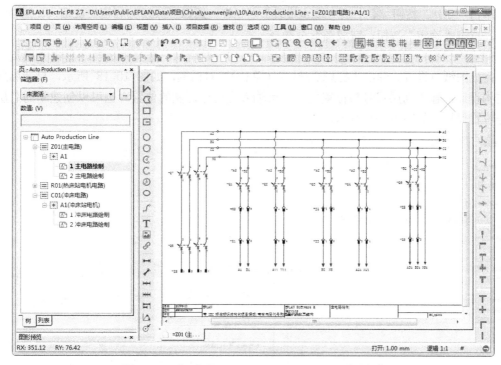

图 10-14　打开"Auto Production Line.elk"项目文件

在"页"导航器中选择"=Z01(主电路)+A1/1"原理图页，双击进入原理图编辑环境。

2．生成报表文件

选择菜单栏中的"工具"→"报表"→"生成"命令，弹出"报表"对话框，如图 10-15 所示，在该对话框中打开"报表"选项卡，选择"页"选项，展开"页"选项，显示该项目下的图纸页为空。

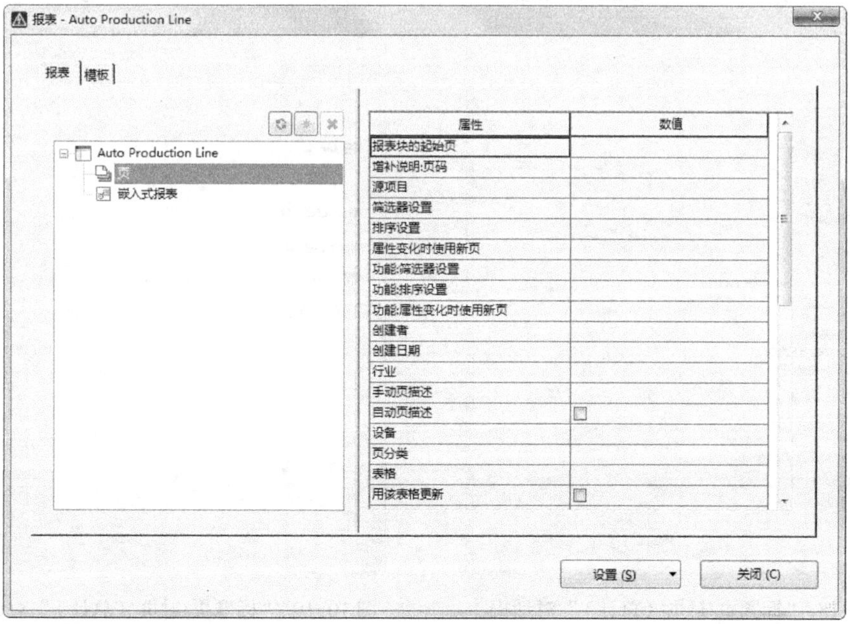

图 10-15　"报表"对话框

单击"新建"按钮 ,打开"确定报表"对话框,选择"标题页/封页"选项,如图 10-16 所示。单击"确定"按钮,完成图纸页选择。

弹出"设置:标题页/封页"对话框,如图 10-17 所示,选择筛选器,单击"确定"按钮,完成图纸页设置。弹出"标题页/封页(总计)"对话框,如图 10-18 所示,显示标题页的结构设计,输入高层代号与位置代号,可输入当前原理图的位置,也可以创建新的高层代号与位置代号,如图 10-19 所示。

图 10-16 "确定报表"对话框   图 10-17 "设置:标题页/封页"对话框

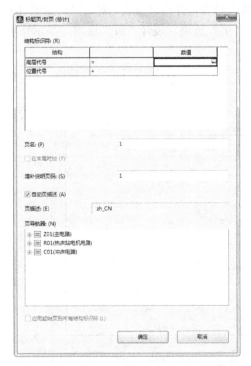

图 10-18 "标题页/封页(总计)"对话框 1

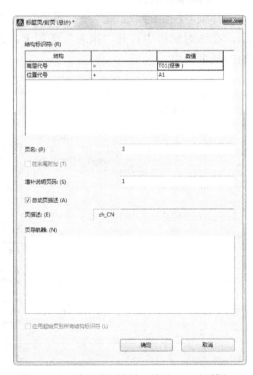

图 10-19 "标题页/封页(总计)"对话框 2

单击"确定"按钮，完成图纸页设置，返回"报表"对话框，在"页"选项下添加标题页，如图 10-20 所示。单击"确定"按钮，关闭对话框，完成标题页的添加，在"页"导航器下显示添加的标题页，如图 10-21 所示。

图 10-20　"报表"对话框

图 10-21　生成标题页

10.2.3　按照模板生成报表

如果在一个项目中建立多个报表（部件汇总、电缆图表、端子图表、设备列表），而以后使用同样的报表和格式，用户就可以建立报表模板。报表模板只是保存了生成报表的规则（筛选器、排序）、格式（报表类型）、操作、放置路径，并不生成报表。

打开"模板"选项卡，定义显示项目文件下生成的报表种类，如图 10-22 所示。

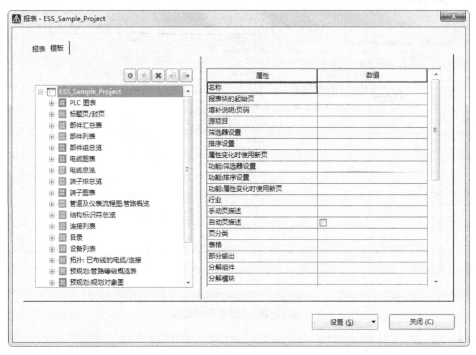

图 10-22　"模板"选项卡

新建报表的方法与上一节相同，上一节直接生成报表，这里生成模板文件，模板自动命名为 0001，为方便识别模板文件，可以为模板文件添加描述性文字。

10.2.4　报表操作

完成报表模板文件的设置后，可直接生成目的报表文件，也可以对报表文件进行其他操作，包括报表的更新等。

1．报表的更新

当原理图出现更改时，需要对已经生成的报表进行及时更新。

选择菜单栏中的"工具"→"报表"→"更新"命令，自动更新报表文件。

2．生成项目报表

选择菜单栏中的"工具"→"报表"→"生成项目报表"命令，自动生成所有报表模板文件。

10.3　打印与报表输出

原理图设计完成后，经常需要输出一些数据或图纸。本节将介绍 EPLAN 原理图的打印与报表输出。

10.3.1　打印输出

为方便原理图的浏览、交流，经常需要将原理图打印到图纸上。EPLAN 提供了直接将原理图打印输出的功能。在打印之前首先进行页面设置。

选择菜单栏中的"项目"→"打印"命令，即可弹出"打印"对话框，如图 10-23 所示。

图 10-23　"打印"对话框

其中各项设置说明如下。

- "打印机"下拉列表：选择所需的打印机。
- "页范围"选项组：用于设置打印范围，打印时可打印单独页，也可以打印一个项目的全部页。
- "打印本"选项组：

"数量"文本框：输入打印的图纸页数量；

"颠倒的打印顺序"复选框：选中该复选框，将使图纸打印顺序颠倒。

1）单击"设置"按钮，弹出如图 10-24 所示的"设置：打印"对话框，具体包括以下几个选项。

①"打印尺寸"选项组：用于设置打印比例。选择比例模式，有两个选项。

- 选择"按比例尺(1：1)打印"选项，由用户自己定义比例的大小，这时整张图纸将以用户定义的比例打印，有可能是打印在一张图纸上，也有可能打印在多张图纸上。用户可以在"水平缩放系数""垂直缩放系数"文本框中设置打印比例。
- 选择"按页面尺寸缩放"选项，系统自动调整比例，以便将整张图纸打印到一张图纸上。

②"页边距"选项组：用于设置页边距，共有以下 4 个选项。

● "左"数值框：设置水平页边距。

● "右"数值框：设置水平页边距。

● "上"数值框：设置垂直页边距。

● "下"数值框：设置垂直页边距。

③"打印位置"选项组：用于选择打印位置。

④ 黑白打印：勾选该复选框，原理图黑白色打印。

完成设置后，单击"确定"按钮，关闭对话框。

2）单击"打印预览"按钮，可以预览打印效果。

3）设置、预览完成后，即可单击"打印"按钮，打印原理图。

此外，执行"文件"→"打印附带文档"命令，可以实现打印原理图附带文档的功能，弹出如图 10-25 所示的"打印附带文档"对话框，勾选需要打印的文件。

图 10-24 "设置"对话框

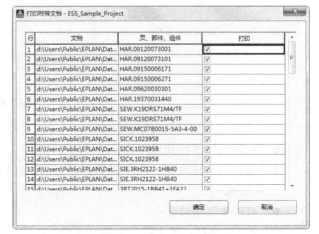

图 10-25 "打印附带文档"对话框

10.3.2 设置接口参数

选择菜单栏中的"选项"→"设置"命令，弹出"设置"对话框，打开"用户"→"接口"，设置接口文件的参数，如图 10-26 所示。

在该选项下显示导入导出不同类型的文件，将这些设置进行管理与编辑，并以配置形式保存，方便不同类型文件进行导入导出时使用。对于特殊设置，在使用特定命令时，再进行设置。

图 10-26 "接口"选项

10.3.3 导出 PDF 文件

在绘制的电气原理图中，经常会使用到 PDF 导出功能，打开导出的 PDF 文件后，单击中断点，可以跳转到关联参考的目标，同时会对图纸进行放大，对图纸的审图有很大帮助。

在"页"导航器中选择需要导出的图纸页，选择菜单栏中的"页"→"导出"→"PDF.."命令，弹出"PDF 导出"对话框，如图 10-27 所示。

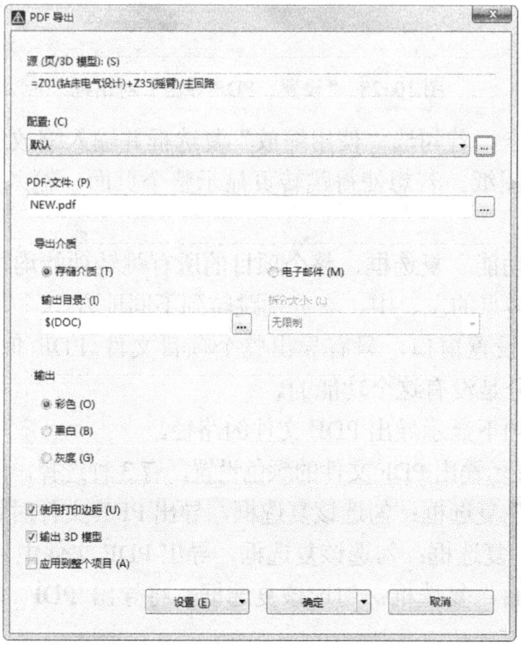

图 10-27 "PDF 导出"对话框

1）在"源"下拉列表中显示选中的图纸页。

2）选择"配置"后面的编辑按钮 ⋯ ，切换到"设置：PDF 导出"对话框，如图 10-28 所示。

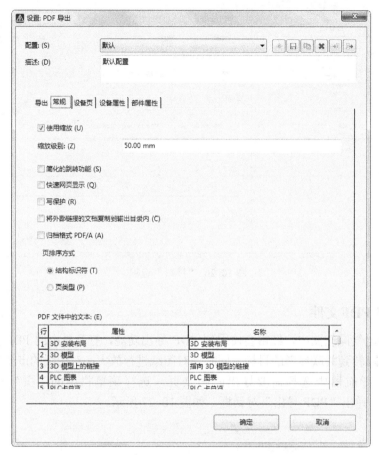

图 10-28 "设置：PDF 导出"对话框

选择"常规"选项卡，若勾选"使用缩放"复选框并输入缩放级别，则导出的 PDF 文件根据要求修改后缩放图纸。若想使得跳转页显示整个页面，输入应接近页面宽度 297 的值，如输入 300。

勾选"简化的跳转功能"复选框，整个项目的所有跳转功能均得到简化，只能跳转到对应主功能处，而不是跳转点的左、中、右分别跳转到不同地方。

单击"确认"退出设置窗口，只有导出整个项目文件 PDF 时才会有图纸上的跳转功能，只导出图纸的一部分是没有这个功能的。

3）"输出目录"选项下显示导出 PDF 文件的路径。

①"输出"选项下显示输出 PDF 文件的颜色设置，有 3 种选择，即为黑白、彩色或灰度。

②"使用打印边距"复选框：勾选该复选框，导出 PDF 文件时设置页边距。

③"输出 3D 模型"复选框：勾选该复选框，导出 PDF 文件中包含 3D 模型。

④"应用到整个项目"复选框：勾选该复选框，将导出 PDF 文件中的设置应用到整个项目。

单击"设置"按钮，显示三个命令，输出语言、输出尺寸、页边距。

- 选择"输出语言"命令，弹出"设置：PDF 输出语言"对话框，选择导出 PDF 文件中的语言，如图 10-29 所示。

- 选择"输出尺寸"命令，弹出"设置：PDF 输出尺寸"对话框，选择导出 PDF 文件中的尺寸及缩放尺寸，如图 10-30 所示。

- 选择"页边距"命令，弹出"设置：页边距"对话框，选择导出 PDF 文件中的页边距上、下、左、右尺寸，如图 10-31 所示。

图 10-29 "设置：PDF 输出语言"对话框

图 10-30 "设置：PDF 输出尺寸"对话框

图 10-31 "设置：页边距"对话框

完成设置后，单击"确定"按钮，生成 PDF 文件，如图 10-32 所示。

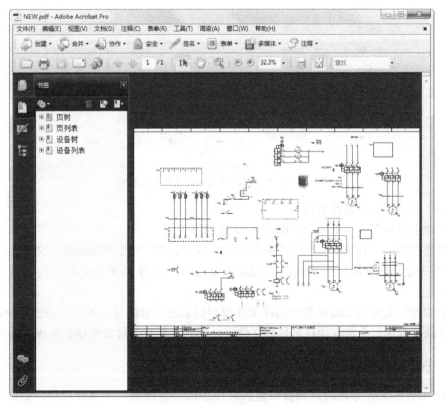

图 10-32 PDF 文件

10.3.4 导出图片文件

可以把原理图以不同的图片格式输出，输出格式包括 BMP、GIF、JPG、PNG 和 TIFF。可以导出一个单独的图纸页，也可以制定文件名，导出多个图纸页时，不能自主分配文件名，需要使用代号替代。

在"页"导航器中选择需要导出的图纸页，选择菜单栏中的"页"→"导出"→"图片文件"命令，弹出"图片文件"对话框，导出图片文件，如图 10-33 所示。

1）在"源"下拉列表中显示选中的图纸页。

2）选择"配置"后面的编辑按钮 ⃞，切换到"设置：导出图片文件"对话框，如图 10-34 所示，设置图片文件的目录、文件类型、压缩、颜色类型、宽度。

图 10-33 "图片文件"对话框

图 10-34 "设置：导出图片文件"对话框

单击"确认"退出设置窗口。

3）"输出目录"选项下显示导出 PDF 文件的路径。

4）"黑白输出"复选框：原理图中所有元素以白底黑字输出到输出图片文件上。

5）"应用到整个项目"复选框：勾选该复选框，将导出图片文件中的设置应用到整个项目。

输出的图片文件每页以独立的图片文件保存到制定的目标目录下，若输出整个项目，则在目标目录下创建一个带有项目名称的文件夹，同时将所有图片文件保存在该文件夹下。

10.3.5 导出 DWX/DWF 文件

DWX/DWF 文件导出时，需要设置原理图中的层、颜色、字体和线型，完成这些设置后，方能实现 DWX/DWF 文件的导入和导出。

在"页"导航器中选择需要导出的图纸页，选择菜单栏中的"页"→"出"→"DWX/DWF
文件"命令，弹出"DWX/DWF 导出"对话框，导出 DWX/DWF 文件，如图 10-35 所示。

图 10-35 "DWX/DWF 导出"对话框

1）在"源"下拉列表中显示选中的图纸页。

2）选择"配置"后面的编辑按钮，切换到"设置：DWX/DWF 文件导出和导入"对
话框，如图 10-36 所示，设置 DWX/DWF 文件的导出、导入、层、颜色、线型、块定义和
快特性等。

图 10-36 "设置：DWX/DWF 文件导出和导入"对话框

可以通过鼠标拖曳的方法把 DWX/DWF 文件插入到原理图中。

10.4　综合实例——细纱机控制电路

细纱机是纺织厂中主要的生产设备之一，细纱设备数量是标识工厂的规模和生产能力的指标。细纱共组是成砂的最后一道工序，其产品质量对企业是非常重要的，因此采用 PLC 控制系统来控制生产过程。

本例不仅要求设计一个细纱机控制电路，还需要对其进行报表输出操作。

10.4.1　设置绘图环境（细纱机）

10.4.1　设置绘图环境

1．创建项目

选择菜单栏中的"项目"→"新建"命令，或单击"默认"工具栏中的![]（新项目）按钮，弹出如图 10-37 所示的"创建项目"对话框，在"项目名称"文本框下输入创建新的项目名称"Spinning Frame Control Circuit"，在"保存位置"文本框下选择项目文件的路径，在"模板"下拉列表中选择默认国家标准项目模板"IEC_tpl001.ept"。

单击"确定"按钮，显示项目创建进度对话框，如图 10-38 所示，进度条完成后，弹出"项目属性"对话框，显示当前项目的图纸的参数属性。默认"属性名-数值"列表中的参数，如图 10-39 所示，单击"确定"按钮，关闭对话框，在"页"导航器中显示创建的空白新项目"Spinning Frame Control Circuit.elk"，如图 10-40 所示。

图 10-37　"创建项目"对话框

图 10-39　"项目属性"对话框

图 10-38　进度对话框

图 10-40　空白新项目

2. 图页的创建

1）在"页"导航器中选中项目名称"Spinning Frame Control Circuit.elk"，选择菜单栏中的"页"→"新建"命令，或在"页"导航器中选中项目名称上单击右键，选择"新建"命令，弹出"新建页"对话框。

2）在该对话框中"完整页名"文本框内输入电路图页名称，默认名称为"/1"，单击 ⋯ 按钮，弹出"完整页名"对话框，输入高层代号与位置代号。在"页类型"下拉列表中选择"多线原理图（交互式）"，在"页描述"文本框中输入图纸描述"细纱机主电路1"。

3）单击"应用"按钮，在"页"导航器中创建原理图页 1。将"新建页"对话框置为当前，在该对话框中"页描述"文本框输入图纸描述"细纱机主电路 2"，单击"确定"按钮，在"页"导航器中创建原理图页 2。在"页"导航器中显示添加原理图页结果，如图 10-41 所示。

图 10-41　新建图页文件

10.4.2　绘制主电路 1

1. 绘制钢领板升降电动机电路

10.4.2　绘制主电路 1

BS516 型细纱机中 M1 是钢领板升降电动机，中间继电器 KA1 控制上升，KA2 控制下降。进入主电路 1 原理图编辑环境。

（1）插入电机元件

选择菜单栏中的"插入"→"设备"命令，弹出"部件选择"对话框，选择需要的元件部件"电机"，完成元件选择后，单击"确定"按钮，原理图中在光标上显示浮动的元件符号，选择需要放置的位置，单击鼠标左键，在原理图中放置元件 M1，如图 10-42 所示。

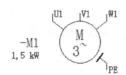

图 10-42　插入电机 M1

（2）插入电机保护开关

选择菜单栏中的"插入"→"设备"命令，弹出"部件选择"对话框，选择需要的元件部件"电机保护开关"，单击"确定"按钮，完成设置，原理图中在光标上显示浮动的元件符号，选择需要放置的位置，单击鼠标左键，在原理图中放置开关 Q1，双击元件，弹出属性设置对话框，修改设备标识符名称为 QF1，复制元件 QF2，如图 10-43 所示。

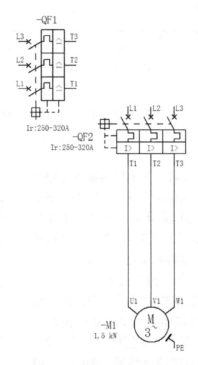

图 10-43　放置电机保护开关

（3）插入继电器常开触点

1）选择菜单栏中的"插入"→"设备"命令，弹出"部件选择"对话框，选择需要的元件部件"接触器"，选择需要插入的元件"接触器常开触点"，单击"确定"按钮，关闭对话框。

2）单击将元件符号插入在原理图中，双击元件，弹出"属性（元件）：常规设备"对话框，输入设备标识符为 KA1，复制粘贴 KA2，如图 10-44 所示，显示放置在原理图中的与电机元件 M1 自动连接的中间继电器常开触点 KA1。

3）选择菜单栏中的"插入"→"连接符号"→"T 节点（向右）"命令，或单击"连接符号"工具栏中的"T 节点，向右"按钮 ⊢；选择菜单栏中的"插入"→"连接符号"→"T 节点（向右）"命令，或单击"连接符号"工具栏中的"T 节点，向右"按钮 ⊢，连接原理图，如图 10-45 所示。

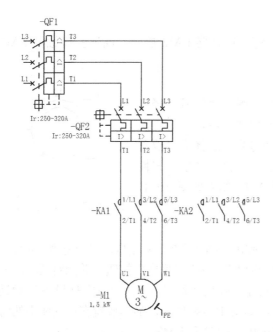

图 10-44　放置常开触点 KA1、KA2

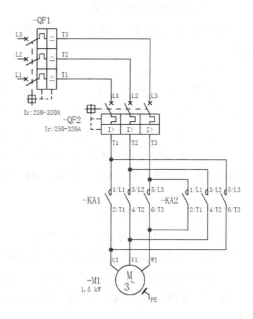

图 10-45　连接原理图

2．绘制滴油电动机电路

M3 是吸风电动机，受接触器电动机 KM1 控制。

选择纲领板电动机电路，选择菜单栏中的"编辑"→"复制"命令，选择菜单栏中的"编辑"→"粘贴"命令，粘贴 M1 钢领板升降电动机局部电路，设置插入模式为"编号"，插入滴油电动机电路并修改设备标识符，结果如图 10-46 所示。

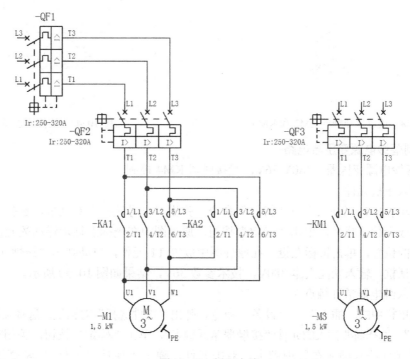

图 10-46　插入电路

3. 绘制主轴电动机电路

M4 是主轴电动机，双绕组（4/6 极），低速受接触器 KM2 控制，高速受接触器 KM3 控制。

（1）插入电机元件

选择菜单栏中的"插入"→"符号"命令，弹出"符号选择"对话框，选择需要的双绕组电机元件，完成元件选择后，单击"确定"按钮，原理图中在光标上显示浮动的元件符号，选择需要放置的位置，单击鼠标左键，元件被放置在原理图中，自动弹出"属性（元件）：常规设备"对话框，输入设备标识符 M4，结果如图 10-47 所示。

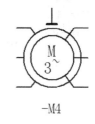

图 10-47　放置电机元件

（2）插入继电器常开触点

选择菜单栏中的"插入"→"设备"命令，弹出"部件选择"对话框，选择需要的元件部件"接触器"，选择需要插入的元件"接触器常开触点"，单击"确定"按钮，关闭对话框。

单击将元件符号插入在原理图中，双击元件，弹出"属性（元件）：常规设备"对话框，输入设备标识符为 KM2，复制粘贴 KM3，如图 10-48 所示，显示放置在原理图中的将要与双绕组电机元件 M4 自动连接的接触器常开触点 KM2 和 KM3。

选择菜单栏中的"插入"→"连接符号"→"T 节点（向右）"命令，或单击"连接符号"工具栏中的"T 节点，向右"按钮，连接原理图，如图 10-49 所示。

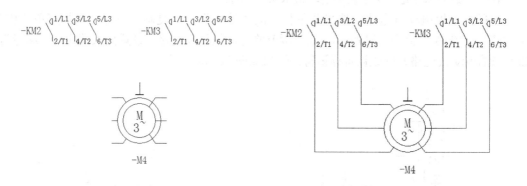

图 10-48　放置常开触点 KM2 和 KM3　　　　　图 10-49　连接原理图

4. 绘制落纱电源变压器电路

T1 是落纱电源变压器，380V/36V，受接触器 KM4 控制。

（1）插入电机元件

选择菜单栏中的"插入"→"符号"命令，弹出"符号选择"对话框，选择需要的变压器元件，完成元件选择后，单击"确定"按钮，原理图中在光标上显示浮动的元件符号，选择需要放置的位置，单击鼠标左键，在原理图中放置 T1 元件，自动弹出"属性（元件）：常规设备"对话框，输入功能文本 380V，技术参数 36V，结果如图 10-50 所示。

（2）插入继电器常开触点

选择菜单栏中的"插入"→"设备"命令，弹出"部件选择"对话框，选择需要的元件部件"接触器"，选择需要插入的元件"接触器常开触点"，单击"确定"按钮，关闭对话框。

单击将元件符号插入在原理图中，双击元件，弹出"属性（元件）：常规设备"对话框，输入设备标识符为 KM4，结果如图 10-51 所示。

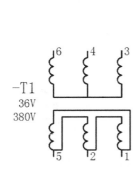

图 10-50 放置变压器元件

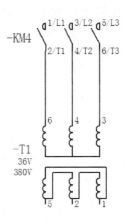

图 10-51 放置常开触点 KM4

（3）插入电机保护开关

选择菜单栏中的"插入"→"设备"命令，弹出"部件选择"对话框，选择需要的元件部件"电机保护开关"，单击"确定"按钮，完成设置，原理图中在光标上显示浮动的元件符号，选择需要放置的位置，单击鼠标左键，在原理图中放置开关 Q1，双击元件，弹出属性设置对话框，修改设备标识符名称为 QF4，如图 10-52 所示。

5．绘制吹吸风电动机电路

M5 是吹吸风电动机，受接触器 KM5 控制。

1）选择吹风机电动机电路，选择菜单栏中的"编辑"→"复制"命令，选择菜单栏中的"编辑"→"粘贴"命令，复制 M3 滴油电动机电路，设置插入模式为"编号"，粘贴 M5 吹吸风电动机电路，修改设备标识符，结果如图 10-53 所示。

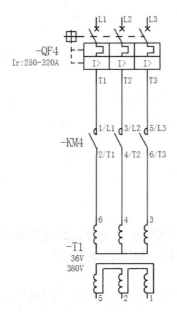

图 10-52 放置保护开关

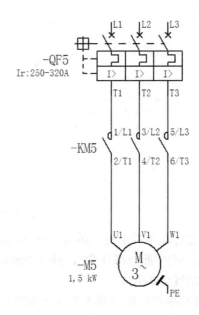

图 10-53 插入吹吸风电路

2）选择菜单栏中的"插入"→"连接符号"→"T 节点（向右）"命令，或单击"连接符号"工具栏中的"T 节点，向右"按钮 ，选择菜单栏中的"插入"→"连接符号"→"T 节点（向右）"命令，或单击"连接符号"工具栏中的"T 节点，向右"按钮 ，连接原理图，如图 10-54 所示。

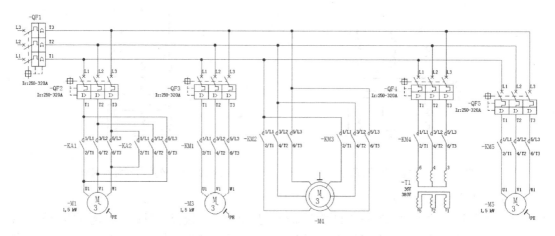

图 10-54　连接原理图

3）选择菜单栏中的"插入"→"符号"命令，弹出"符号选择"对话框，选择需要的接地元件，单击"确定"按钮，关闭对话框。

4）插入接地元件，选择菜单栏中的"插入"→"连接符号"→"T 节点（向右）"命令，或单击"连接符号"工具栏中的"T 节点，向右"按钮 ，连接接地元件，如图 10-55 所示。

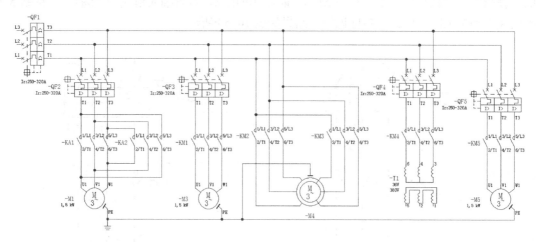

图 10-55　插入接地元件

5）选择菜单栏中的"插入"→"连接符号"→"中断点"命令，此时光标变成交叉形状并附加一个中断点符号 ，插入中断点 L1、L2、L3，如图 10-56 所示。

6. 放置文本标注

选择菜单栏中的"插入"→"图形"→"文本"命令，或者单击"图形"工具栏中的（文本）按钮 T，弹出"属性（文本）"对话框，在文本框中输入"钢领板升降电动机"。

416

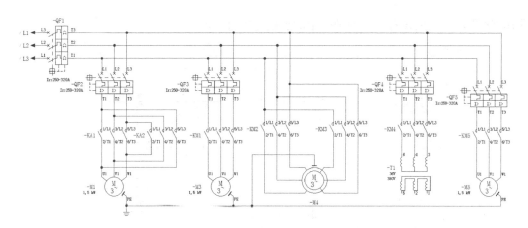

图 10-56　插入中断点

单击"确定"按钮，关闭对话框，时光标变成交叉形状并附带文本符号 **T**，移动光标到需要放置文本的位置处，单击鼠标左键，完成当前文本放置。

此时鼠标仍处于绘制文本的状态，继续绘制其他的文本，单击右键选择"取消操作"命令或按〈Esc〉键，便可退出操作，原理图标注结果如图 10-57 所示。

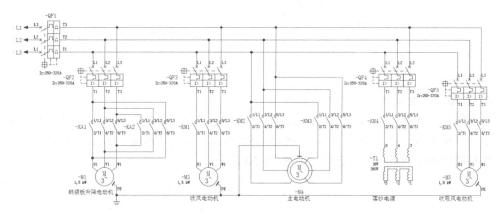

图 10-57　标注原理图

10.4.3　绘制多绕组电源变压器

1. 创建符号库

选择菜单栏中的"工具"→"主数据"→"符号库"→"新建"命令，弹出"创建符号库"对话框，新建一个名为"My Design"的符号库。

10.4.3　绘制多绕组电源变压器

单击"保存"按钮，弹出"符号库属性"对话框，显示栅格大小，默认值为 1.00mm，单击"确定"按钮，关闭对话框。

2. 加载符号库

完成原理图元件符号库创建后，为方便项目使用，需要将原理图元件符号库加载到符号库路径下。

选择菜单栏中的"选项"→"设置"命令，系统弹出"设置"对话框，在"项目"→"项目名称"→"管理"→"符号库"选项下，在"符号库"列下单击 **…** 按钮，弹出"选择符号库"对话框，选择要加载的新建的符号库，单击"打开"按钮，完成符号库的加载，如

图 10-58 所示。完成设置后，原理图中添加新建的符号库。

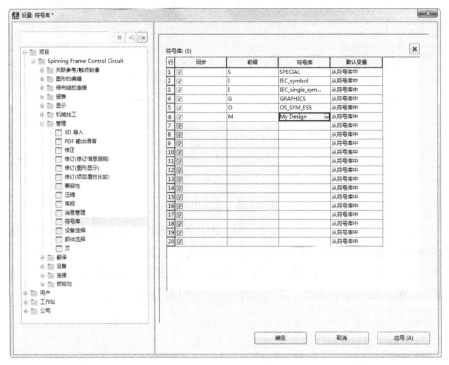

图 10-58 加载符号库

3. 创建符号变量 A

选择菜单栏中的"工具"→"主数据"→"符号"→"新建"命令，弹出"生成变量"对话框，目标变量选择"变量 A"，如图 10-59 所示，单击"确定"按钮，关闭对话框，弹出"符号属性-My Design"对话框，如图 10-60 所示。

图 10-59 "生成变量"对话框

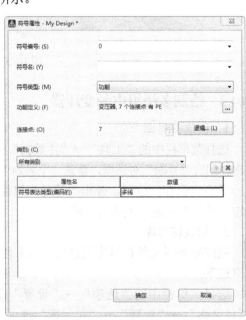

图 10-60 "符号属性-My Design"对话框

在"符号编号"文本框中命名符号编号；在"符号名"文本框中命名符号名 T1；在"功能定义"文本框中选择功能定义，单击 ⋯ 按钮，弹出"功能定义"对话框，可根据绘制的符号类型，选择功能定义，如图 10-61 所示，在"连接点数据"选项卡中，功能定义选择"变压器，7 个连接点，有 PE"，在"连接点"文本框中定义连接点，连接点为"11"。单击 逻辑… (L) 按钮，弹出"连接点逻辑"对话框，如图 10-62 所示。

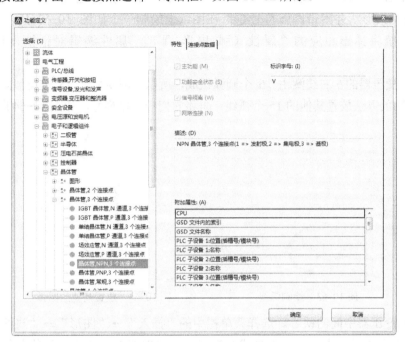

图 10-61 "功能定义"对话框

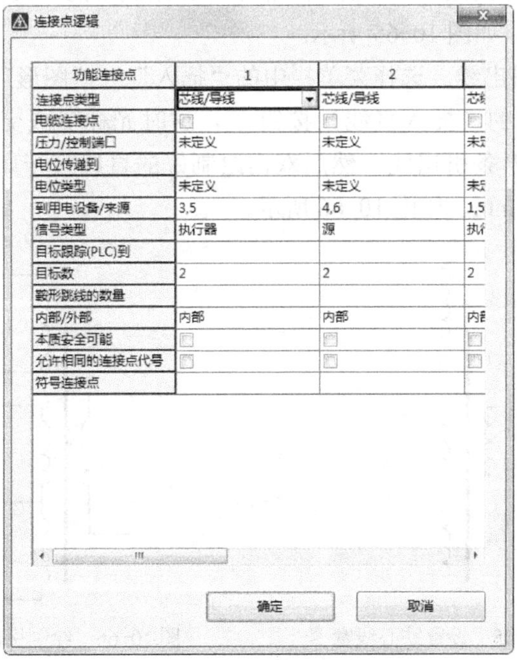

图 10-62 "连接点逻辑"对话框

默认连接点逻辑信息，单击"确定"按钮，进入符号编辑环境，绘制符号外形。

4．绘制原理图符号

1）在图纸上绘制变压器元件的弧形部分。选择菜单栏中的"插入"→"图形"→"圆弧通过中心点"命令，或者单击"图形"工具栏中的（圆弧通过中心点）按钮⟂，这时光标变成交叉形状并附带圆弧符号⟂，在图纸上绘制一个如图 10-63 所示的弧线，双击圆弧，系统将弹出相应的"属性（弧/扇形/圆）" 属性编辑对话框，设置线宽为 0.20mm。

2）因为变压器的左右线圈由 16 个圆弧组成，所以还需要另外 15 个类似的弧线。可以用复制、粘贴的方法放置其他的 15 个弧线，再将它们一一排列好，如图 10-64 所示。

图 10-63　绘制弧线　　　　　　　　　图 10-64　放置其他的圆弧

3）绘制变压器中间的铁心。选择菜单栏中的"插入"→"图形"→"直线"命令，或者单击"图形"工具栏中的（插入直线）按钮⟋，这时光标变成交叉形状并附带直线符号⟋，在一次和二次线圈中间绘制一条直线，然后双击绘制好的直线打开"属性（直线）"，将铁心线宽设置为 0.5mm，如图 10-65 所示。

4）绘制线圈上的引出线。选择菜单栏中的"插入"→"图形"→"直线"命令，或者单击"图形"工具栏中的（插入直线）按钮⟋，这时光标变成交叉形状并附带直线符号⟋，在线圈上绘制出 7 条引出线。然后双击绘制好的直线打开属性面板，将"属性（直线）"中线宽设置为 0.25mm，如图 10-66 所示。

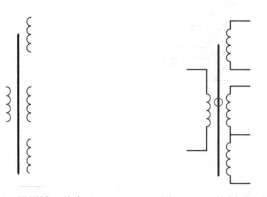

图 10-65　设置铁心线宽　　　　　　　图 10-66　绘制引出线

5）绘制线圈上的连接点。选择菜单栏中的"插入"→"图形"→"连接点左"命令，这时光标变成交叉形状并附带连接点符号 ，按住〈Tab〉键，旋转连接点方向，单击确定连接点位置，自动弹出"连接点"属性对话框，在该对话框中，默认显示"连接点代号"为1，如图10-67所示。绘制7个引脚连接点，如图10-68所示。

图 10-67 设置连接点属性

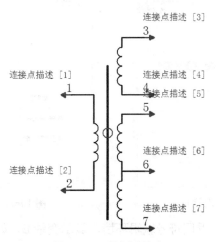

图 10-68 绘制连接点

这样变压器元件符号就创建完成了，如图10-69所示。

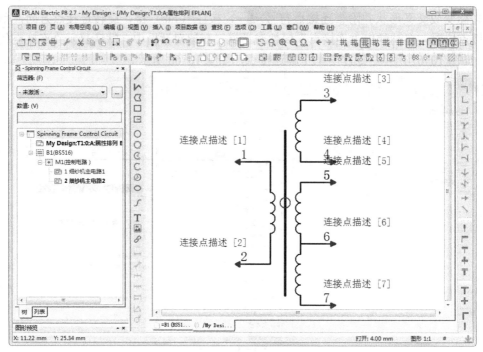

图 10-69　变压器绘制完成

5. 创建其余符号变量

1）选择菜单栏中的"工具"→"主数据"→"符号"→"新变量"命令，弹出"生成变量"对话框，目标变量选择"变量 B"，如图 10-70 所示，单击"确定"按钮，在"生成变量"对话框中设置变量 B，选择元变量为变量 A，旋转 90°，如图 10-71 所示。

图 10-70　"生成变量"对话框

图 10-71　"生成变量"对话框

2）单击"确定"按钮，返回符号编辑环境，显示变量 B，如图 10-72 所示。

3）使用同样的方法，旋转 180°，生成变量 C；旋转 270°，生成变量 D；勾选"绕 Y 轴镜像图形"复选框，旋转 0°、90°、180°、270°，分别生成变量 E、F、G、H，如图 10-73 所示。

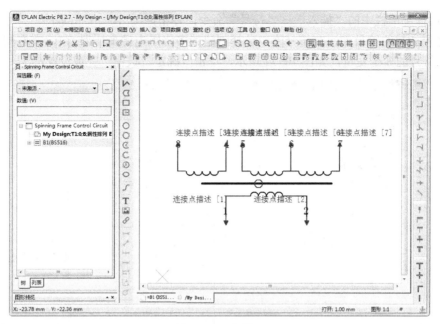

图 10-72　变量 B

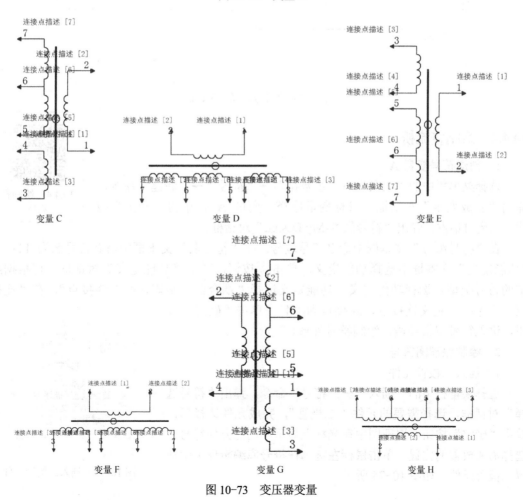

变量 C　　　　　　　变量 D　　　　　　　变量 E

变量 F　　　　　　　变量 G　　　　　　　变量 H

图 10-73　变压器变量

4）选择菜单栏中的"插入"→"符号"命令，弹出如图 10-74 所示的"符号选择"对话框，选择加载的符号库，在符号库中选择创建的多绕组电源变压器 T1，在右侧预览框中显示元件符号的 8 个变量，如图 10-74 所示，单击"确定"按钮，完成设置。

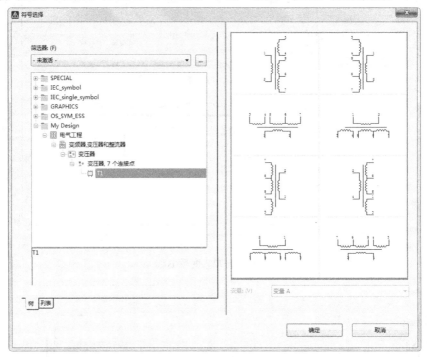

图 10-74 "符号选择"对话框

10.4.4 绘制整流桥

1. 创建符号变量 A

选择菜单栏中的"工具"→"主数据"→"符号"→"新建"命令，弹出"生成变量"对话框，目标变量选择"变量 A"，单击"确定"按钮，关闭对话框，弹出"符号属性-My Design"对话框。

在"符号编号"文本框中命名符号编号；在"符号名"文本框中命名符号名为 T1；在"功能定义"文本框中选择功能定义。单击 按钮，弹出"功能定义"对话框，可根据绘制的符号类型，选择功能定义，功能定义选择"耦合器，常规，4 个连接点"，在"连接点"文本框中定义连接点，连接点为"4"。单击"确定"按钮，进入符号编辑环境，绘制符号外形。

2. 绘制原理图符号

1）插入二极管元件

选择菜单栏中的"插入"→"符号"命令，弹出"符号选择"对话框，选择需要的元件"二极管"，完成元件选择后，单击"确定"按钮，原理图中在光标上显示浮动的元件符号，选择需要放置的位置，单击鼠标左键，在符号库编辑环境中放置二极管元件，如图 10-75 所示。

图 10-75 插入二极管元件

2）选择菜单栏中的"插入"→"图形"→"直线"命令，或者单击"图形"工具栏中的（插入直线）按钮，这时光标变成交叉形状并附带直线符号，绘制二极管外轮廓线，如图 10-76 所示。

3）绘制线圈上的引出线。选择菜单栏中的"插入"→"图形"→"直线"命令，或者单击"图形"工具栏中的（插入直线）按钮，这时光标变成交叉形状并附带直线符号，在轮廓上绘制出 4 条引出线，如图 10-77 所示。

图 10-76　绘制二极管外轮廓线

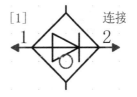

图 10-77　绘制引出线

4）绘制线圈上的连接点。选择菜单栏中的"插入"→"图形"→"连接点上"命令，这时光标变成交叉形状并附带连接点符号，按住〈Tab〉键，旋转连接点方向，单击确定连接点位置，自动弹出"连接点"属性对话框，在该对话框中，默认显示连接点号 3，如图 10-78 所示，添加 2 个连接点，如图 10-79 所示。

图 10-78　设置连接点属性

图 10-79　绘制连接点

3.创建其余符号变量

选择菜单栏中的"工具"→"主数据"→"符号"→"新变量"命令,弹出"生成变量"对话框,目标变量选择"变量B",单击"确定"按钮,在"生成变量*"对话框中设置变量B,选择元变量为变量A,旋转90°。

单击"确定"按钮,返回符号编辑环境,显示变量B,如图 10-80 所示。

图 10-80　变量 B

使用同样的方法,旋转 180°,生成变量 C;旋转 270°,生成变量 D;勾选"绕 Y 轴镜像图形"复选框,旋转0°、90°、180°、270°,分别生成变量E、F、G、H,如图10-81所示。

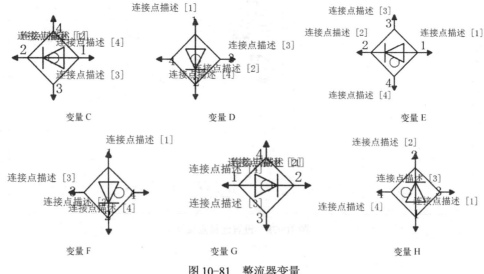

图 10-81　整流器变量

426

这样整流桥元件符号就创建完成了，如图 10-82 所示。

图 10-82 整流桥绘制完成

10.4.5 绘制主电路 2

10.4.5 绘制主
电路 2

BS516 型细纱机中 M2 是滴油电动机，受中间继电器 KA3 控制。T2 是多绕组电源变压器，220V 电源供 PLC 和滴油电动机 M2 使用。24V AC 电源经整流后供单片机制动器 Y2 制动用。10V DC 电源供指示灯用，进入主电路 2 原理图编辑环境。

1. 插入信号灯元件

选择菜单栏中的"插入"→"设备"命令，弹出"部件选择"对话框，选择需要的元件部件"信号灯"，完成元件选择后，单击"确定"按钮，原理图中在光标上显示浮动的元件符号，选择需要放置的位置，单击鼠标左键，在原理图中放置元件 H1、H2，如图 10-83 所示。

2. 插入电机元件

选择菜单栏中的"插入"→"符号"命令，弹出"符号选择"对话框，选择需要的元件部件"电机"，完成元件选择后，单击"确定"按钮，原理图中在光标上显示浮动的元件符号，选择需要放置的位置，单击鼠标左键，在原理图中放置元件 M2，如图 10-84 所示。

图 10-83 放置元件 H1、H2   图 10-84 插入电机 M2

3. 插入多绕组电源变压器

选择菜单栏中的"插入"→"符号"命令，弹出"符号选择"对话框，选择需要的元件部件"多绕组电源变压器"，单击"确定"按钮，完成设置，原理图中在光标上显示浮动的元件符号，选择需要放置的位置，单击鼠标左键，在原理图中放置设备 T2，结果如图 10-85 所示。

4. 插入熔断器

选择菜单栏中的"插入"→"符号"命令，弹出"符号选择"对话框，选择需要的元件部件"熔断器"，单击"确定"按钮，完成设置，原理图中在光标上显示浮动的元件符号，选择需要放置的位置，单击鼠标左键，在原理图中放置熔断器 FU1。

选择菜单栏中的"插入"→"设备"命令，弹出"部件选择"对话框，选择需要的元件部件"熔断器"，单击"确定"按钮，完成设置，原理图中在光标上显示浮动的元件符号，选择需要放置的位置，单击鼠标左键，在原理图中放置熔断器 F1、F2。双击设备，弹出"属性（元件）：常规设备"对话框，输入设备标识符 FU2、FU3，结果如图 10-86 所示。

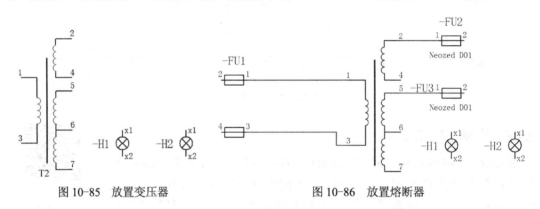

图 10-85　放置变压器　　　　　　　图 10-86　放置熔断器

5. 插入开关

选择菜单栏中的"插入"→"符号"命令，弹出"符号选择"对话框，选择需要的元件部件"开关"，单击"确定"按钮，完成设置，原理图中在光标上显示浮动的元件符号，选择需要放置的位置，单击鼠标左键，在原理图中放置开关 SB，结果如图 10-87 所示。

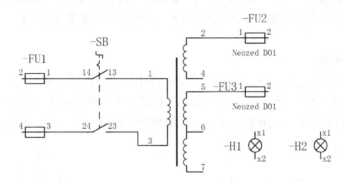

图 10-87　放置开关

6. 插入整流器

选择菜单栏中的"插入"→"符号"命令，弹出"符号选择"对话框，选择需要的元件部件"整流器"，单击"确定"按钮，完成设置，原理图中在光标上显示浮动的元件符号，

428

选择需要放置的位置，单击鼠标左键，在原理图中放置元件 V，结果如图 10-88 所示。

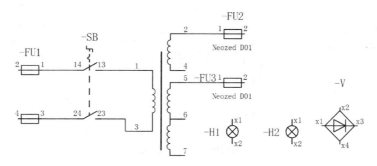

图 10-88　放置整流器

7. 插入 PLC

选择菜单栏中的"插入"→"设备"命令，弹出"部件选择"对话框，选择需要的元件部件"线圈"，单击"确定"按钮，完成设置，原理图中在光标上显示浮动的元件符号，选择需要放置的位置，单击鼠标左键，在原理图中放置线圈，双击线圈，弹出属性设置对话框，如图 10-89 所示，修改线圈名称为 PLC。同样的方法，放置单片机制动器元件 Y2，结果如图 10-90 所示。

图 10-89　属性设置对话框

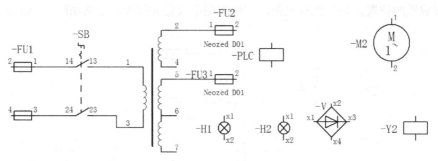

图 10-90　放置线圈

8. 插入继电器常开触点

选择菜单栏中的"插入"→"符号"命令，弹出"符号选择"对话框，选择需要的元件部件"触点"，单击"确定"按钮，完成设置，原理图中在光标上显示浮动的元件符号，选择需要放置的位置，单击鼠标左键，在原理图中放置继电器常开触点 KA3、KA4，结果如图 10-91 所示。

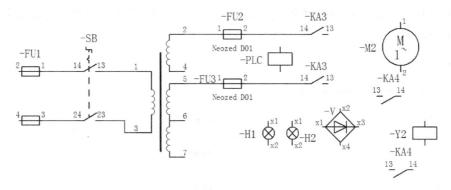

图 10-91　放置继电器常开触点

选择菜单栏中的"插入"→"连接符号"→"T 节点（向右）"命令，或单击"连接符号"工具栏中的"T 节点，向右"按钮 ；选择菜单栏中的"插入"→"连接符号"→"T 节点（向右）"命令，或单击"连接符号"工具栏中的"T 节点，向右"按钮 ，连接原理图，如图 10-92 所示。

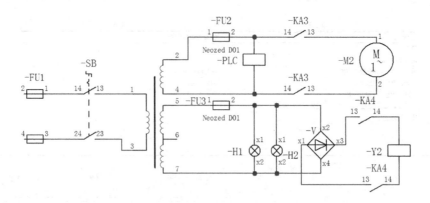

图 10-92　连接原理图

9．插入端子

选择菜单栏中的"插入"→"设备"命令，弹出"部件选择"对话框，选择需要的元件部件"端子"，完成元件选择后，单击"确定"按钮，原理图中在光标上显示浮动的元件符号，选择需要放置的位置，单击鼠标左键，在原理图中放置端子，如图10-93所示。

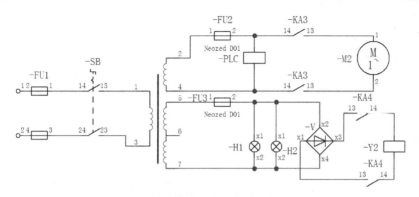

图10-93　插入端子

10．放置文本标注

选择菜单栏中的"插入"→"图形"→"文本"命令，或者单击"图形"工具栏中的（文本）按钮**T**，弹出"属性（文本）"对话框，在文本框中输入"220V"。

单击"确定"按钮，关闭对话框，时光标变成交叉形状并附带文本符号**T**，移动光标到需要放置文本的位置处，单击鼠标左键，完成当前文本放置。

此时鼠标仍处于绘制文本的状态，继续绘制其他的文本，单击右键选择"取消操作"命令或按〈Esc〉键，便可退出操作，原理图标注结果如图10-94所示。

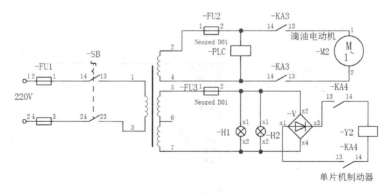

图10-94　标注原理图

10.4.6　报表输出

1．生成报表项目

选择菜单栏中的"工具"→"报表"→"生成报表项目"命令，自动生成带有报表模板的项目文件。弹出"生成报表项目"对话框，选择项目文件，单击保存按钮，显示复制文件进度对话框，进度完成后，在"页"导航器中显示创建的报表项目文件，如图10-95所示。

10.4.6　报表输出

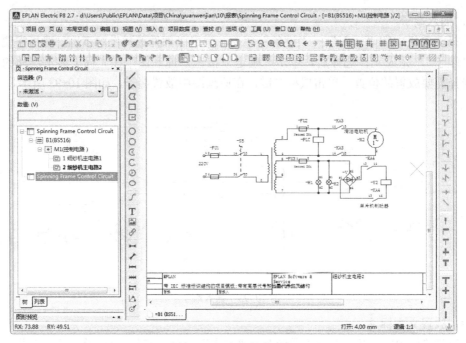

图 10-95　生成报表项目

2．生成标题页

1）选择菜单栏中的"工具"→"报表"→"生成"命令，弹出"报表"对话框，如图 10-96 所示，在该对话框中打开"报表"选项卡，选择"页"选项，展开"页"选项，显示该项目下的图纸页为空。

图 10-96　"报表"对话框

2）单击"新建"按钮 ，打开"确定报表"对话框，选择"标题页/封页"选项，如图 10-97 所示。单击"确定"按钮，完成图纸页选择。

图 10-97 "确定报表"对话框

3）弹出"设置：标题页/封页"对话框，如图 10-98 所示，选择筛选器，单击"确定"按钮，完成图纸页设置。弹出"标题页/封页（总计）"对话框，如图 10-99 所示，显示标题页的结构设计，输入高层代号与位置代号，可输入当前原理图的位置，也可以创建新的高层代号与位置代号。

图 10-98 "设置：标题页/封页"对话框　　　　图 10-99 "标题页/封页（总计）"对话框

4）单击"确定"按钮，完成图纸页设置，返回"报表"对话框，在"页"选项下添加标题页，如图 10-100 所示。单击"确定"按钮，关闭对话框，完成标题页的添加，在"页"导航器下显示添加的标题页，如图 10-101 所示。

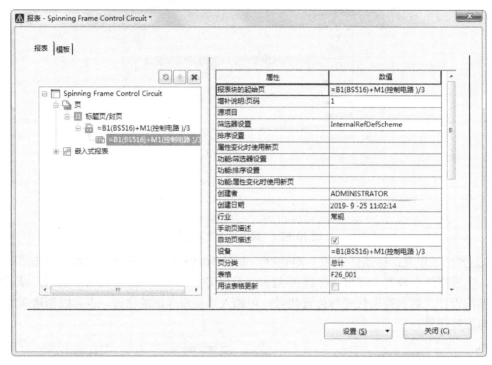

图 10-100 "报表"对话框

图 10-101 生成标题页

434

3. 生成目录

选择菜单栏中的"工具"→"报表"→"生成"命令,弹出"报表"对话框,如图 10-102 所示,在该对话框中打开"报表"选项卡,选择"页"选项,展开"页"选项,单击"新建"按钮 ,打开"确定报表"对话框,选择"目录"选项,如图 10-103 所示。单击"确定"按钮,完成图纸页选择。

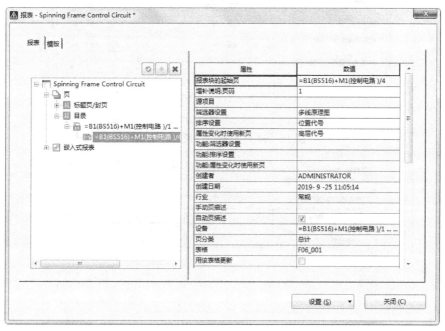

图 10-102 "报表"对话框

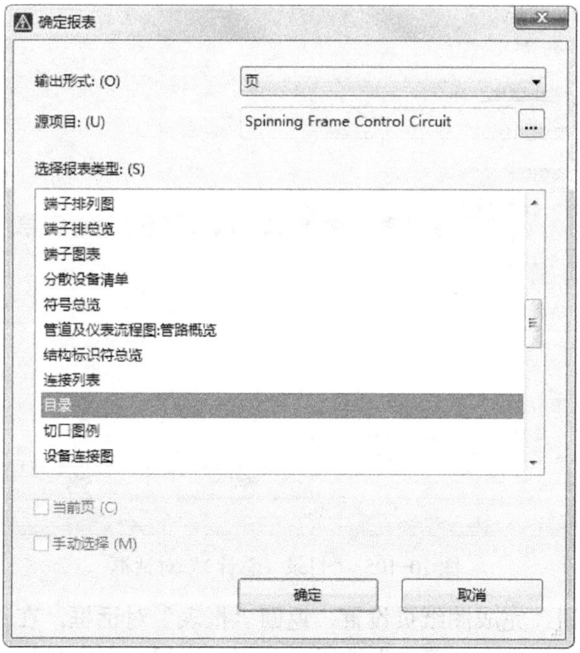

图 10-103 "确定报表"对话框

弹出"设置：目录"对话框，如图 10-104 所示，选择筛选器，单击"确定"按钮，完成图纸页设置。弹出"目录（总计）"对话框，如图 10-105 所示，在"页导航器"列表下选择当前原理图的位置。

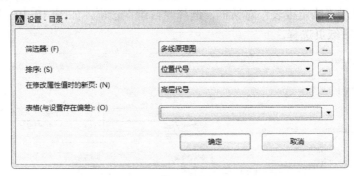

图 10-104 "设置：目录"对话框

图 10-105 "目录（总计）"对话框

单击"确定"按钮，完成图纸页设置，返回"报表"对话框，在"页"选项下添加目录页，如图 10-106 所示。单击"确定"按钮，关闭对话框，完成目录页的添加，在"页"导航器下显示添加的目录页，如图 10-107 所示。

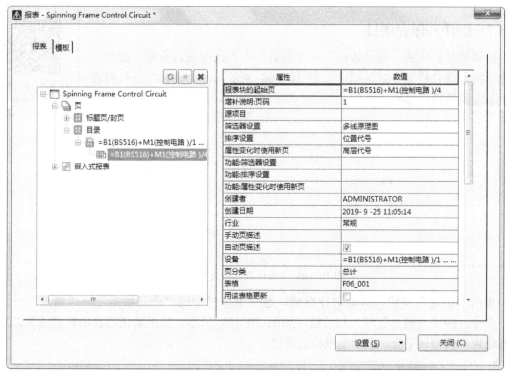

图 10-106 "报表"对话框

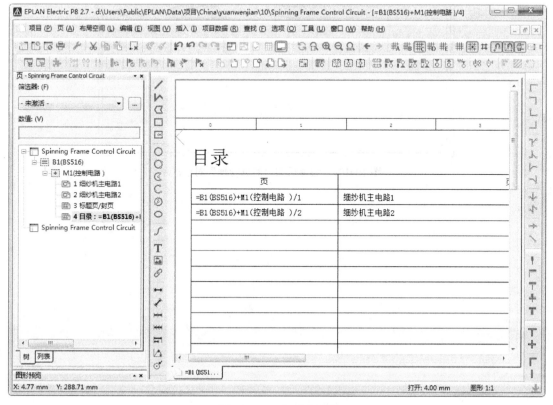

图 10-107 生成目录页

10.4.7 编译并保存项目

选择菜单栏中的"项目数据"→"消息"→"执行项目检查"命令，
弹出"执行项目检查"对话框，如图 10-108 所示，在"设置"下拉列表
中显示设置的检查标准。

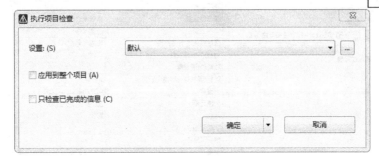

图 10-108 "执行项目检查"对话框

单击"确定"按钮，自动进行检测。选择菜单栏中的"项目数据"→"消息"→"管
理"命令，弹出"消息管理"对话框，如图 10-109 所示，显示系统的自动检测结果。本例
没有出现任何错误信息，表明电气检查通过。

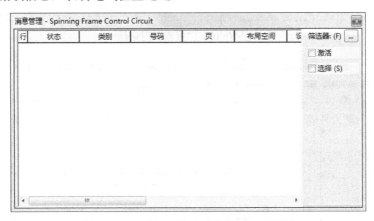

图 10-109 编译后的"消息管理"对话框

附录　常用逻辑符号对照表

名　称	国标符号	曾用符号	国外常用符号	名　称	国标符号	曾用符号	国外常用符号
与门	&			基本 RS 触发器	S R	S Q R $\overline{Q}$	S Q R $\overline{Q}$
或门	≥1	+		同步 RS 触发器	1S C1 1R	S Q CP R $\overline{Q}$	S Q CK R $\overline{Q}$
非门	1						
与非门	&			正边沿 D 触发器	S 1D C1 R	D Q >CP $\overline{Q}$	D S_D Q >CK R_D $\overline{Q}$
或非门	≥1	+					
异或门	=1	⊕		负边沿 JK 触发器	S 1J C1 1K R	J Q CP K $\overline{Q}$	J S_D Q CK K R_D $\overline{Q}$
同或门	=	⊙					
集电极开路与非门	& ◇			全加器	Σ CI CO	FA	FA
三态门	1 ▽ EN			半加器	Σ CO	HA	HA
施密特与门	& ⎍	⎍	⎍	传输门	TG	TG